红壤典型侵蚀区土壤碳流失与调控

李定强 等 著

广东省自然科学基金研究项目
国家重点研发计划课题
国家自然科学基金项目　资助
广东省科学院专项资金项目

U0287179

科学出版社

北　京

内 容 简 介

土壤侵蚀环境下的碳流失与调控技术研究是目前全球碳循环与土壤侵蚀研究领域中的热点问题，基于我国红壤典型侵蚀区的土壤碳流失现状，本书基于大量的实测资料，从土壤碳流失机理、土壤碳流失负荷模型、固碳技术等方面展开论述，得到一系列原创性结论。

本书可供从事水土保持、国土整治、生态环境保护研究的科技工作者阅读，也可作为高等院校相关专业的参考书使用。

图书在版编目（CIP）数据

红壤典型侵蚀区土壤碳流失与调控/李定强等著. —北京：科学出版社，2020.8

 ISBN 978-7-03-064041-3

Ⅰ. ①红⋯ Ⅱ. ①李⋯ Ⅲ. ①红壤—土壤侵蚀—研究—华南地区

Ⅳ. ①S157

中国版本图书馆 CIP 数据核字(2019)第 296147 号

责任编辑：石　珺　朱　丽 / 责任校对：何艳萍
责任印制：吴兆东 / 封面设计：图阅盛世

科学出版社 出版

北京东黄城根北街 16 号
邮政编码：100717
http://www.sciencep.com

北京建宏印刷有限公司 印刷
科学出版社发行　各地新华书店经销
*

2020 年 8 月第 一 版　开本：720×1000　1/16
2020 年 8 月第一次印刷　印张：16 3/4
字数：319 000

定价：138.00 元
(如有印装质量问题，我社负责调换)

作者名单

李定强　卓慕宁　郭太龙　张会化

廖义善　庄　莉　袁再健　李俊杰

聂小东　韦高玲　谢真越　郑明国

张思毅　吴新亮　黄　斌

序

人类可持续发展面临全球变暖的严峻挑战，碳循环是全球变化研究的重要组成部分，对全球生态系统的可持续发展具有重要意义。土壤碳的源汇受到广泛关注，土壤侵蚀作为土壤碳流失的主要途径，对全球气候变化和碳循环有着重要影响。由于土壤碳流失过程的复杂性和水土保持措施对土壤固碳效应的重要性，土壤碳流失与调控成为全球碳循环与土壤侵蚀研究领域中的热点和难点。

红壤广布于我国多个省（市、自治区）。充沛的水热条件、活跃的地球化学过程以及高强度的人类活动，导致红壤区土壤侵蚀与土壤碳循环过程别具特色。

该书着眼于红壤典型侵蚀区的土壤碳流失及调控问题，系统总结了广东省生态环境技术研究所水土保持与非点源污染研究中心近十年来在中国南方红壤区土壤碳流失与调控方面的相关学术成果。全书内容丰富、资料翔实，在红壤典型侵蚀区土壤碳循环的科学理论与实践应用方面均具特色与创新之处。该书内容对深入理解土壤侵蚀环境效应与土壤碳循环过程具有重要价值，对区域水土保持与环境治理也有实践指导意义。

非常高兴能够提前阅读，相信该书的付梓问世能为读者提供丰富的信息，为未来的研究者提供借鉴。

傅伯杰

2019 年 12 月

前　言

　　土壤侵蚀下的碳流失问题是全球碳循环研究的热点，也是土壤侵蚀基础性研究的弱点。探讨土壤侵蚀下的碳循环问题具有一定的前瞻性。中国红壤区土壤侵蚀严重，土壤碳流失量大，固碳潜力也大，能够形成土壤碳汇新的增长点。红壤典型侵蚀区碳循环问题的核心是土壤侵蚀下的碳循环及其驱动机制。本书以红壤典型侵蚀区土壤碳为核心，系统阐述了该区土壤碳库的空间格局及演变机制、土壤碳流失的物理迁移机制、土壤碳的稳定性机制、土壤碳流失形态转化的生物化学机制，阐明了其环境效应与生态功能，揭示了关键驱动机制，构建了土壤碳流失负荷估算模型，并形成了有区域特色的固碳技术理论体系。本书有助于进一步提升我国在这一国际前沿基础研究的学术地位，也有助于提升水土保持、生态环境修复与重建、温室气体减排、土壤质量改善、土地资源高效利用等方面的科技创新能力，更有助于人们采取合理的土地利用和管理措施进行生态环境建设，为构建低碳、环保、和谐社会提供重要的理论指导。

　　本书凝炼了广东省生态环境技术研究所水土保持与非点源污染研究中心近十年来的研究成果。本书主要内容来自于广东省自然科学基金研究项目"华南红壤典型侵蚀区土壤碳流失及增碳技术研究"（编号：S2012030006144，李定强主持，郭太龙、张会化、廖义善、庄莉、李俊杰为核心成员，卓慕宁为总协调）；部分内容来自于国家重点研发计划课题"生态防护型水土流失治理技术集成与示范"（编号：2017YFC0505404，袁再健主持），国家自然科学基金项目"华南红壤侵蚀中有机碳流失的水动力学机制及负荷估算研究"（编号：41671227，郭太龙主持）、"珠三角水稻土耕层下有机碳的积累和稳定性分析"（编号：41771232，张会化主持）、"华南林地红壤碳同位素指示底层有机碳积累机制和稳定性研究"（编号：31270516，张会化主持）、"侵蚀作用下红壤铁形态与含量变化对有机碳稳定性的影响"（编号：41807069，聂小东主持）与"华南红壤坡面水蚀产沙的动力学机制模拟研究"（编号：41171221，李定强主持），国家重点研发计划子课题"林果地土壤结构改善与生物活性协同提升技术"（编号：2017YFC0505402，李俊杰主持），广东省自然科学基金广东省红壤侵蚀区水土养分流失预报与关键技术研究（编号：2016A030313816，郭太龙主持），广东省科学院建设国内一流研究机构行动专项资金项目"红壤元素循环机理与污染控制关键技术"（编号：2019GDASYL-0401003，刘承帅、袁再健主持）、

"华南林地土壤剖面有机碳循环机制"（编号：2019GDASYL-0104014，张会化主持），以及中国博士后科学基金面上项目"不同水蚀过程对土壤铁和有机碳及碳稳定性的影响"（编号：2018M643029，聂小东主持）。

本书具体内容包括：第 1 章概述了土壤碳流失与固碳研究现状，由郭太龙、袁再健、李定强主笔；第 2 章回顾了红壤典型侵蚀区土壤碳流失问题，由袁再健、郭太龙、李定强主笔；第 3 章分析了土壤碳库空间格局及演变机制，由张会化主笔；第 4 章探讨了红壤侵蚀及土壤碳流失机制，由郭太龙主笔；第 5 章分析了侵蚀/沉积作用下土壤有机碳稳定性，由聂小东、李定强主笔；第 6 章探讨了侵蚀区土壤微生物学特征及有机碳的转化机制，由庄莉主笔；第 7 章构建了土壤碳流失负荷估算及定量模型，由廖义善主笔；第 8 章总结了红壤典型侵蚀区土壤固碳与调控，由廖义善、李定强、李俊杰主笔。参与编写的研究人员还包括卓慕宁、韦高玲、谢真越、郑明国、张思毅、吴新亮、黄斌等，全书由李定强、袁再健、郭太龙、卓慕宁、郑明国负责统稿。

目前，我国对土壤有机碳的研究主要集中在农用地和林地的背景碳库及其表层土壤碳密度等方面，对侵蚀区土壤有机碳的流失机制和固碳潜力方面的研究较少。本书资料翔实、内容丰富，并且所研究的固碳技术体系有一定的推广价值，可供从事水土保持、国土整治、生态环境保护研究的科技工作者阅读，也可作为高等院校相关专业的师生的教学参考用书。希望本书能对我国水土保持与环境治理工作有所裨益，对促进区域农业可持续发展有所帮助，对国内土壤碳循环系统研究有所启迪。

本书得到科学技术部、广东省科学技术厅、广东省科学院、中国科学院广州分院、广东省生态环境技术研究所、华南土壤污染控制与修复国家地方联合工程研究中心、广东省农业环境综合治理重点实验室、广东省面源污染防治工程中心、广东省五华县水土保持试验推广站（水利部水土保持科技示范园区）以及相关单位的大力支持，在写作过程中也得到了周成虎院士、蔡强国研究员、李芳柏研究员和周顺桂研究员的指导和帮助，感谢陈迪云、李志安、莫测辉、高全洲等教授的建议与评价，承蒙傅伯杰院士在百忙之中为本书作序，在此由衷地表示感谢。

由于作者水平有限，书中存在疏漏之处在所难免，敬请广大读者不吝赐教。

著　者

2019 年 12 月于广州

目　录

第1章 土壤碳流失与固碳研究现状

土壤侵蚀条件下的碳流失问题是目前全球碳循环研究的前沿，也是土壤侵蚀基础性研究中的弱点。土壤侵蚀过程中伴随着土壤碳库在陆地的重新分布，土壤侵蚀优先搬运细颗粒物质和活性碳组分，在碳的输出过程中常伴随着土壤碳的矿化，从而导致土壤碳库的消耗。同时，团聚体的破坏使得郁闭在内部的碳组分被分离出来，重新分布在不同地貌部位，沉积在低洼处的碳更易受到微生物或其他因素的影响，从而导致土壤碳的矿化（Lal，2003）。可见，土壤侵蚀在全球碳循环中发挥着重要的作用。

1.1 土壤碳流失研究现状

在小区域和坡面尺度，土壤侵蚀迁移了更多的活性有机碳组分，这可能会增加沉积泥沙中有机碳的矿化速率（Zhang et al.，2006）。然而，在半干旱地区，小区域尺度稳定性碳组分［矿物结合态有机碳（MOC）］是土壤侵蚀迁移的主要部分，而大部分活性碳组分［颗粒有机碳（POC）］的矿化主要源于耕作的影响（Martinez-Mena et al.，2008）。Jacinthe 等（2004）研究表明，活性碳组分的迁移主要取决于低强度的暴雨，而75%的碳活化源于高强度雨强。在黄土丘陵沟壑区，贾松伟等（2004）通过对野外径流小区观测和室内分析，结果表明，土壤有机碳主要随着泥沙的流失而流失且富集比大于 1；侵蚀强度与土壤有机碳流失程度呈明显的线性关系，即侵蚀强度越大，土壤有机碳流失越多。以上研究表明，不同研究区域农地土壤侵蚀迁移的有机碳类型存在一定差异，但土壤侵蚀的强度是影响有机碳迁移和输出数量的主要因素。然而，植被恢复及土地利用变化与土壤侵蚀过程的强度以及伴随的土壤有机碳的损失密切相关。Fullen 等（2006）通过在裸露小区种植草本并长期观测，结果表明，草地长期撂荒减少了土壤侵蚀并增加了土壤有机质的含量，同时表明沙质土壤中的粉粒有效黏结了土壤有机物质。邓瑞芬等（2011）对黄土丘陵沟壑区不同土地利用方式下土壤有机碳流失特征的研究表明，随径流流失的溶解性有机碳（DOC）含量表现为坡耕地>刈割草地>草地>刈割灌木地>刺槐林地，随泥沙流失的有机碳含量表现为坡耕地>草地>灌木地>刺槐林地，随泥沙流失的有机碳量占总流失量的主要部分，而随径流流失的可溶性有机碳含量占很小比例。Nadeu 等（2014）对地中海流域不同土地利用类型（林、灌、草、农地）下侵蚀碳流失特征的研究表明，占流域面积 70%的农业用地贡献了总侵蚀碳的 45%，而剩余部分主要来自土壤有机碳含量较高的林地土壤。

在流域尺度，大量有机碳组分迁移到悬浮泥沙中（Owens et al.，2002；Rhoton et al.，2006），导致悬浮泥沙中碳的富集比大于 1，而推移质泥沙中碳的富集比小于 1（Rhoton et al.，2006）。也有研究表明，流域尺度平均碳富集率小于 1（Haregeweyn et al.，2008）。Nadeu 等（2015）对地中海流域泥沙迁移途径及挟带的有机碳的动态的研究表明，矿物质和有机物质的分选性随着向下游迁移和沉积而增强，同时下游微团聚体数量最少并大量分布着黏、粉颗粒和矿物结合态有机碳，说明在土壤有机碳迁移过程中存在分选作用，而侵蚀过程、物质来源的特征及土壤颗粒的团聚水平是重要变量。

目前，有关全球有机碳储量的估算很少考虑土壤侵蚀对土壤有机碳的影响，对于土壤侵蚀对全球碳循环的影响机理还不清楚。目前，土壤侵蚀的研究也多侧重于侵蚀造成的泥沙、养分流失及土地退化方面，对土壤侵蚀对碳循环的影响关注不足。同时，对于土壤碳流失及再分布对陆地生态系统中碳储量的影响还不是很清楚，有研究认为，侵蚀土壤更有利于碳的积累，侵蚀导致土壤有机碳进入水体，这些地方土壤黏粒和水分含量较高，提供了一个厌氧环境，防止有机碳的矿化，有利于碳的积累（Noordwijk et al.，1997；Gregorich et al.，1998；Stallard，1998）；也有研究认为，土壤侵蚀会造成土壤有机碳的消耗，不利于碳的积累，土壤侵蚀对陆地生态系统碳储存产生负面影响（Anderson et al.，1986；Lal，2003）。土壤侵蚀究竟是大气的碳源还是碳汇存在较大争议（Lal，2003，2019；van Oost et al.，2007；Lal et al.，2008）。以美国俄亥俄州立大学 Lal 教授为代表的土壤学家认为，土壤侵蚀是碳源，碳源强度为 0.27～1.2 Gt C/a（Lal，2003）；而以比利时鲁汶大学 van Oost 教授为代表的沉积学家则认为土壤侵蚀是碳汇，碳汇强度为 0.06～2.7 Gt C/a（van Oost et al.，2007）。

对于土壤侵蚀是"碳源"这一观点，相关学者的依据主要有三点：①侵蚀产生的土壤母质及养分的流失导致返回土壤的植被残体下降；②侵蚀破坏了土壤团聚结构，极大地增加了微生物与土壤碳的可接近性，增大了土壤碳的矿化速率；③沉积埋藏作用诱导的无氧呼吸的增加大大超过了有氧呼吸下降的数值，从而导致更多土壤碳的矿化释放。相反，"碳汇"观点持有者则认为：①土壤侵蚀致使含碳量低的次表层土壤出露地表，降低了土壤碳的周转和矿化速率；②沉积埋藏作用能显著降低沉积的富含碳的土壤的矿化速率；③侵蚀后土壤碳存在动态替换，不仅能有效抵消侵蚀导致的矿化流失量，还能显著增加土壤碳库总量。总而言之，"碳源"观点持有者主要强调的是侵蚀各个过程对有机碳及其周围环境的破坏与改变加剧了土壤碳的矿化，而"碳汇"观点持有者则强调了在更长时间尺度上侵蚀增加了土壤有机碳动态更新速率，其实质上则反映了侵蚀作用下土壤碳动态过程的不确定性。基于这个事实，Ran 等（2014）认为，从侵蚀区域土壤碳的变化角度来说，侵蚀是大气"碳源"，从土壤碳矿化的巨大变化过程和内在的多重不确定性来说，侵蚀是大气"碳汇"，但简单地认为侵蚀是"源"或"汇"都太过武断。Nadeu 等（2012）认为，在当前情况下，侵蚀"源汇"争议还面临两个亟待解决的问题：①被侵蚀土壤中有机碳的更新替换速率；②沉积土壤中有机碳的稳定性。其中，侵蚀区土壤尽管长期受到侵蚀作用，但其中的有机碳含量并没有随时间的增加而急剧下降，这表明被侵蚀土壤存在有机碳的动态替换。碳的同位素（^{13}C 和 ^{14}C）常常被用来分析土壤碳的动态替换速率（Berhe et al.，2008；Nadeu et al.，2012）。研究结果表明，侵蚀导致的全部有机碳流失的情况中，30%的有机碳能得到有效替换（Harden et al.，1999）。然而，侵蚀后土壤有机碳的稳定性过程复杂，影响因素众多，相关过程与机制还存在较大的不确定性，它们是阻碍深入剖析侵蚀作用下土壤碳去向的关键环节。

　　土壤有机碳是全球碳循环研究中的热点之一，土壤侵蚀物理过程对于土壤有机碳的迁移流失有着重要影响。侵蚀土壤有机碳主要分布于土壤的表层，其容易遭受土壤侵蚀的影响（Lowrance and Williams，1989）。土壤侵蚀影响土壤有机碳动态的主要途径有：①使土壤团聚体破坏（碳损失）；②有机碳随径流和灰尘迁移（碳损失）；③土壤有机质矿化（碳损失）；④土壤搬运、再分布过程中土壤有机碳矿化（碳损失）；⑤沉积区域有机−无机复合体重新形成（碳积累）；⑥泥沙沉积区域，如冲积平原、水库和海底等富碳沉积物深埋作用（碳积累）；⑦随径流流走的可溶性有机碳、与泥沙黏粒结合的吸附性有机碳及以有机残体碎屑形式存在的颗粒态有机碳。土壤侵蚀对土壤有机碳流失过程的影响如图 1.1 所示。

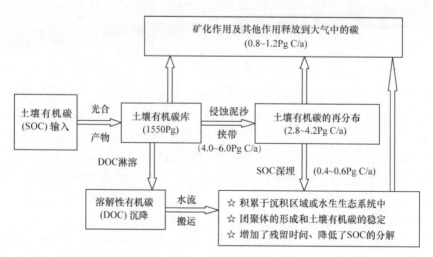

图 1.1　土壤侵蚀对土壤有机碳流失过程的影响（Lal，2003）

　　土壤有机碳的稳定性主要受有机碳的可降解性、土壤理化性质、环境条件及土壤分解者生物群落的影响。有机碳的稳定机制是有机质因得到保护而免于矿化，从而延长其在土壤中的周转时间（Lützow et al.，2006）。Six 等（2002）总结认为，土壤有机碳存在物理保护稳定机制、有机质与粉黏粒紧密结合实现的稳定机制以及生物化学稳定机制。Lützow 等（2006）研究认为，土壤有机碳存在三种稳定机制：①有机质的物理保护作用；②有机质的化学特性抵抗氧化或矿化分解作用；③以上两种作用同时存在实现有机碳的稳定。与此相似，Trumbore（2009）分析认为，土壤有机碳的稳定机制涉及以下四个方面：①气候稳定机制，极端气候特征（如冷冻天气、低氧条件或高湿条件）能保护土壤有机质免受矿化分解影响；②有机质内在抵抗分解机制，主要为有机质具有的特殊化学结构能有效抵抗微生物的分解；③物理稳定机制，有机质与团聚体或矿物之间相互作用能有效降低有机碳的矿化速率；④微生物行为/不可接近性形成的稳定机制，一系列物理化学过程导致有机质不被微生物接近、无法被微生物有效利用，进而导致有机碳的稳定存在。土壤团聚体是土壤结构的基本单元，是土壤的重要组成部分。土壤团聚体的物理保护导致的生物与有机碳的空间隔离是土壤有机碳主要的稳定机制之一（刘满强等，2007）。土壤有机碳主要分布于土壤表层，容易遭受土壤侵蚀的影响，而表层土壤中近 90%的土壤有机碳位于团聚体内（Jastrow，1996），因此研究表层土壤团聚体对揭示侵蚀作用下土壤有机碳流失机制具有重要意义。另外，土壤团聚过程是土壤固碳最重要的途径之一，土壤团聚过程决定了土壤有机碳被保护的程度（Oades and Waters，1991），因此对二者关系的研究有助于揭示土壤有机碳的物理保护固碳机制。侵蚀作用下团聚体保护能力或容量是挖掘侵蚀土壤区固碳潜力的物理基础，但是目前对侵蚀作用下团聚体的形成、稳定和更新过程及其对土壤固碳能力的影响的研究还较少。研究发现，土壤组成成分（如钙、铁、铝）与有机碳的化学键合稳定化可能是土壤固碳作用的重要机制。宋国菡（2005）研究发现，水稻土有机碳的氧化稳定性与铁铝氧化物键合量存在显著的正相关。红壤中富含铁铝氧化物，红壤中的氧化铁可能对土壤有机碳的固定和化学稳定有重要的贡献（潘根兴等，2003，2007）。土壤侵蚀作用必然影响土壤有机物质的数量和质量，以及微生物活动的环境因素，从而造成土壤有机质转化和土壤微生物群落功能特性的显著差异。目前，普遍认为土壤侵蚀会增加土壤呼吸、增加温室气体释放，这主要是因为：①遭受侵蚀的土壤生物生成量下降；②土壤结构体破坏，使得受团聚体保护的碳处于氧化环境中；③暴露的碳遭受生物分解。土壤侵蚀造成表层土壤碳损失是土壤碳的一个重要的损失途径。目前，侵蚀作用对土壤有机碳循环过程的影响研究大多数集中在农田或林地，并且土壤碳循环机制在微观尺度上的研究还不够深入。因此，从微观尺度上研究土壤侵蚀过程中土壤团聚体、活性矿物质、土壤微生物生物量、微生物代谢活性和功能多样性等各项理化生物特性的演变过程及其与土壤有机碳的响应关系，对理解侵蚀作用下土壤有机碳的动态及固碳潜力调控途径具有积极意义。

1.2　土壤固碳研究进展

　　由于土壤碳流失过程的复杂性，目前我国对土壤碳的研究集中在耕地和部分林地，侵蚀区的土壤固碳研究薄弱。在全球碳循环中，土壤侵蚀和沉积导致了土壤碳的固存（Harden et al.，1999；van Oost et al.，2007）。全球陆地土壤侵蚀和泥沙沉积导致的碳固存速率为 $0.6\sim1.5$ Pg/a（Stallard，1998；Aufdenkampe et al.，2011）。有机碳从侵蚀区迁移到沉积区必然伴随一系列变化，如不同有机碳组分在迁移和沉积过程中的变化、有机碳的矿化、土壤团聚体的破坏或在沉积区的重新团聚作用（Hemelryck et al.，2011；Martinez-Mena et al.，2008），以及沉积区植被生长促使新的有机碳补充。Ran 等（2014）估算了黄河流域碳的收支，在 60 年的时间里 49.5%的有机碳埋藏在河流生态系统不同的碳库里，27%在侵蚀和迁移过程中矿化，23.5%输送到海洋中。然而，在众多碳库里，有机碳的稳定性和残存时间仍存在不确定性，它们受到地形地貌和水文动态的影响（Hoffmann et al.，2013）。Lü 等（2012）研究了延安市的淤地坝对碳储量的影响，研究表明，大中型淤地坝共储存了 4.23×10^{6} t 有机碳，且有较高的空间变异性，总库容是碳储量最大的影响因素，修建年限、淤地坝数量、土地利用以及地形也影响着淤地坝的碳储量。李勇和白玲玉（2003）研究表明，到 2002 年底黄土高原地区淤地坝工程共增加有机碳储量 1.23×10^{8} t，其占 1994~1998 年全国大面积人工造林工程增加的碳储量的 17.08%，是美国年沉积泥沙有机碳储量的 3.08 倍，因此认为黄土高原地区淤地坝拦蓄泥沙是陆地生态系统重要的碳汇。然而，淤地坝拦截泥沙沉积的碳储存效应相关的研究仍然较少（Wang et al.，2014）。

　　土壤具有持续的固碳能力，而土壤侵蚀防治有助于土壤碳汇的形成。土壤作为减缓全球气候温暖化首要考虑的碳库、作为延缓碳在各库间的运转周期的主导因子已成为全球气候变化的热门课题。尽管土壤侵蚀而流失的碳可能以更稳定的形式沉积了下来（Noordwijk et al.，1997；Gregorich et al.，1998），但就陆地生态系统而言，土壤侵蚀必然造成土壤碳的流失（Lal，1999）。广东省侵蚀区表层土壤有机碳总量估算为 3×10^{7} t，而广东省表层土壤侵蚀有机碳年流失量高达 1.18×10^{6} t。以此计算，侵蚀区土壤有机碳仅需 25 年左右即可流失殆尽。事实上，这些地区在经历了几十年的侵蚀作用后，区域尺度上的土壤有机碳的含量并没有明显的降低。显然，土壤碳在侵蚀作用下流失的同时，仍存在持续的碳固定。如何认识和揭示侵蚀区土壤的持续固碳机制，对研究区固碳潜力的综合评价具有重要意义。土壤侵蚀防治有助于土壤碳汇的形成，与同纬度的地带性植物群落相比，侵蚀区植被碳库和土壤碳库都相差甚远，这揭示了侵蚀区具有巨大的碳汇潜力。Lal（1999）认为，退化土壤损失碳的 60%～75%能通过生态恢复重新固定，全球恢复退化土壤的碳固定潜力为 0.3～0.8 Pg /a。已有研究表明，通过对侵蚀区人工林地修复可明显增加侵蚀退化地有机质的恢复，其固定了大量的 CO_2、增加了碳汇，从而显示其显著的固碳效益，尤其是 0～10 cm 土层土壤有机碳含量和储量受植被恢复影响最大，0～20 cm 土层是储存有机碳的主要层次（黄荣珍等，2010）。此外，对红壤侵蚀区而言，除了增加植被覆盖之外，通过改变微地形来减少径流与泥沙损失、改善侵蚀区土壤理化特性等也是增加碳固定的重要方式。

　　总的来说，研究土壤侵蚀条件下土壤碳库的空间分布、土壤碳流失的物理迁移机制、土壤碳的稳定性机制及土壤碳转化的生物学机制等，进一步对土壤碳的流失负荷定量化，最终集成新型的固碳技术，将有助于生态重建和低碳环保体系的构建。

参 考 文 献

黄荣珍, 樊后保, 李凤, 等. 2010. 人工修复措施对严重退化红壤固碳效益的影响. 水土保持通报, 30(2): 60-64.

贾松伟, 贺秀斌, 陈云明, 等. 2004. 黄土丘陵区土壤侵蚀对土壤有机碳流失的影响研究. 水土保持研究, 11(4): 88-90.

李勇, 白玲玉. 2003. 黄土高原淤地坝对陆地碳贮存的贡献. 水土保持学报, 17(2): 1-4.

刘满强, 胡锋, 陈小云. 2007. 土壤有机碳稳定机制研究进展. 生态学报, 27(6): 2642-2650.

潘根兴, 李恋卿, 张旭辉, 等. 2003. 中国土壤有机碳库量与农业土壤碳固定动态的若干问题. 地球科学进展, 18(4): 609-618.

潘根兴, 周萍, 李恋卿, 等. 2007. 固碳土壤学的核心科学问题与研究进展. 土壤学报, 44(2): 327-337.

宋国菡. 2005. 耕垦下表土有机碳库变化及水稻土有机碳的团聚体分布与结合形态. 南京: 南京农业大学博士学位论文.

Anderson D W, Joug E, Verity G E, et al. 1986. The effects of cultivation on the organic matter of soils of the Canadian prairies. Transactions of the XIII Congress of International Society of Soil Science, Hamburg, 7: 1344-1345.

Aufdenkampe A K, Mayorga E, Raymond P A, et al. 2011. Riverine coupling of biogeochemical cycles between land, oceans, and atmosphere. Frontiers in Ecology and the Environment, 9(1): 53-60.

Berhe A A, Harden J W, Torn M S, et al. 2008. Linking soil organic matter dynamics and erosion-induced terrestrial carbon sequestration at different landform positions. Journal of Geophysical Research: Biogeosciences, 113(G4).

Fullen Ml A, Booth C A, Brandsma R T. 2006. Long-term effects of grass ley set-aside on erosion rates and soil organic matter on sandy soils in east Shropshire, UK. Soil and Tillage Research,

89(1): 122-128.

Gregorich E G, Greer K J, Anderson D W, et al. 1998. Carbon distribution and losses: erosion and deposition effects. Soil and Tillage Research, 47(3-4): 291-302.

Harden J W, Sharpe J M, Parton W J, et al. 1999. Dynamic replacement and loss of soil carbon on eroding cropland. Global Biogeochemical Cycles, 13(4): 885-901.

Haregeweyn N, Poesen J, Deckers J, et al. 2008. Sediment-bound nutrient export from micro-dam catchments in Northern Ethiopia. Land Degradation and Development, 19(2): 136-152.

Hemelryck H V, Govers G, Oost K V, et al. 2011. Evaluating the impact of soil redistribution on the in situ mineralization of soil organic carbon. Earth Surface Processes and Landforms, 36(4): 427-438.

Hoffmann T, Mudd S M, van Oost K, et al. 2013. Humans and the missing C-sink: erosion and burial of soil carbon through time. Earth Surface Dynamics, 1(1): 45-52.

Jacinthe P A, Lal R, Owens L B, et al. 2004. Transport of labile carbon in runoff as affected by land use and rainfall characteristics. Soil and Tillage Research, 77(2): 111-123.

Jastrow J D. 1996. Soil aggregate formation and the accrual of particulate and mineral-associated organic matter. Soil Biology and Biochemistry, 28(4-5): 665-676.

Lal R. 2019. Accelerated soil erosion as a source of atmospheric CO_2. Soil and Tillage Research, 188: 35-40.

Lal R. 2005. Soil erosion and carbon dynamics. Soil and Tillage Research, 81(2): 137-142.

Lal R. 2003. Soil erosion and the global carbon budget. Environment International, 29(4): 437-450.

Lal R. 1999. Soil management and restoration for C sequestration to mitigate the accelerated greenhouse effect. Progress in Environmental Science, 1(4): 307-326.

Lal R, Pimentel D, Oost V, et al. 2008. Soil erosion: a carbon sink or source? Science, 319(5866): 1040-1042.

Lowrance R, Williams R G. 1989. Carbon movement in runoff and erosion under simulated rainfall conditions. Soil Science Society of America Journal, 53(5): 1615-1616.

Lü Y H, Sun R, Fu B, et al. 2012. Carbon retention by check dams: regional scale Estimation. Ecological Engineering, 44: 139-146.

Lützow M V, Knabner I, Ekschmitt K, et al. 2006. Stabilization of organic matter in temperate soils: mechanisms and their relevance under different soil conditions-a review. European Journal of Soil Science, 57(4): 426-445.

Martinez-Mena M, Lopez M, Almagro M, et al. 2008. Effect of water erosion and cultivation on the soil carbon stock in a semiarid area of South-East Spain. Soil and Tillage Research, 99(1): 119-129.

Nadeu E, Berhe A A, de Vente J, et al. 2012. Erosion, deposition and replacement of soil organic carbon in Mediterranean catchments: a geomorphological, isotopic and land use change approach. Biogeosciences, 9(3): 1099-1111.

Nadeu E, Quinonero-Rubio J M, de Vente J, et al. 2015. The influence of catchment morphology, lithology and land use on soil organic carbon export in a Mediterranean mountain region. Catena, 126: 117-125.

Nadeu E, van Oost K, Boix-Fayos C, et al. 2014. Importance of land use patterns for erosion-induced carbon fluxes in a Mediterranean catchment. Agriculture Ecosystems and Environment, 189: 181-189.

Noordwijk M V, Cerri C, Woomer P L, et al. 1997. Soil carbon dynamics in the humid tropical forest zone. Geoderma, 79(1-4): 187-225.

Oades J M, Waters A G. 1991. Aggregate hierarchy in soils. Soil Research, 29(6): 815-828.

Owens L B, Malone R W, Hothem D L, et al. 2002. Sediment carbon concentration and transport from small watersheds under various conservation tillage practices. Soil and Tillage Research, 67(1): 65-73.

Ran L, Lu X X, Xin Z. 2014. Erosion-induced massive organic carbon burial and carbon emission in the Yellow River basin, China. Biogeosciences, 11(4): 945-959.

Rhoton F E, Emmerich W E, Goodrich D C, et al. 2006. Soil geomorphological characteristics of a semiarid watershed. Soil Science Society of America Journal, 70(5): 1532-1540.

Six J, Conant R T, Paul E A, et al. 2002. Stabilization mechanisms of soil organic matter: implications for C-saturation of soils. Plant and Soil, 241(2): 155-176.

Stallard R F. 1998. Terrestrial sedimentation and the carbon cycle: coupling weathering and erosion to carbon burial. Global Biogeochemical Cycles, 12(2): 231-257.

Trumbore S S. 2009. Radiocarbon and soil carbon dynamics. Annual Review of Earth and Planetary Sciences, 37(1): 47-66.

van Oost K, Quine T A, Govers G, et al. 2007. The impact of agricultural soil erosion on the global carbon cycle. Science, 318(5850): 626-629.

Wang C, Zhang Y, Xu Y, et al. 2015. Is the "ecological and economic approach for the restoration of Collapsed Gullies" in Southern China really economic? Sustainability, 7: 10308-10323.

Wang Y, Chen L, Fu B, et al. 2014. Check dam sediments: an important indicator of the effects of environmental changes on soil erosion in the Loess Plateau in China. Environmental Monitoring and Assessment, 186(7): 4275-4287.

Zhang J, Quine T A, Ni S, et al. 2006. Stocks and dynamics of SOC in relation to soil redistribution by water and tillage erosion. Global Change Biology, 12(10): 1834-1841.

第2章　红壤典型侵蚀区土壤碳流失

2.1　红壤区的水土流失与治理现状

2.1.1　水土流失现状与成因

1. 红壤区水土流失现状

水土流失是一个世界性的环境问题，水土流失包括土的流失和水的损失，土的流失指在水力、风力、冻融、重力以及其他地质营力的作用下，土壤、土壤母质及其他地面组成物质如岩屑损坏、剥蚀、转运和沉积的全部过程。水的损失一般是指植物截留损失、地面及水面蒸发损失、植物蒸腾损失、深层渗漏损失、坡地径流损失。水的损失过程与土壤侵蚀过程之间既有紧密的联系，又有一定的区别。水的损失形式中，如坡地径流损失，是引起土壤水蚀的主导因素，水冲土跑，水土损失一般同时发生。水的损失在干旱地区及半干旱地区加重了大气干旱及土壤干旱对农业、林业、牧业等生产活动的危害，因此，水的保持与土壤保持具有同等重要的作用。水土流失的形式除雨滴溅蚀、片蚀、细沟侵蚀、浅沟侵蚀、切沟侵蚀等典型的土壤侵蚀形式外，还包括山洪、泥石流、滑坡以及崩岗等侵蚀形式。造成水土流失的原因有自然因素和社会因素两个方面。自然因素包括：地质、地形、土壤、植被、降雨等。社会因素包括：土地利用方式不合理、毁林毁草、乱垦滥牧、开荒扩种、顺坡耕作、开矿修路建厂过程中忽视水土保持及不合理弃土弃渣等。

红壤区水土流失较为严重，20 世纪末，海南、广东、广西、湖南、江西、福建、湖北 7 省（自治区）已达 $2.2 \times 10^5 \, km^2$，而台湾、云南、贵州、四川、浙江、安徽等省估计还有 $8 \times 10^4 \, km^2$，合计可达 $3.0 \times 10^5 \, km^2$，比黄土区水土流失区面积 $2.8 \times 10^5 \, km^2$ 还要多（曾昭璇，1992）。广东省地处热带、亚热带，其气候温热，雨量充沛，人类活动强烈。1949 年，全省水土流失严重的地区的面积为 $7.44 \times 10^3 \, km^2$，若加上荒山等轻度流失地区，水土流失面积共约 $6 \times 10^4 \, km^2$，占当时全省土地总面积的 27.5%。1949 年后，随着社会生产建设的发展，开公路、筑铁道、修水利、挖渠道、采石、开矿、建房等，不注意水土保持和山坡土体的稳定性，挖出的土乱堆乱放，在挖开的断面上没有及时恢复植被，以致大雨时发生冲刷崩塌，造成人为的水土流失。特别是 1958 年、1968 年、1978 年前后 3 次全省性森林大砍伐，使本来就不多的山林再度遭受严重破坏，加上采伐迹地长期得不到恢复，荒山荒地造林成活率低，山火、病虫害和人为破坏等多种因素，林地面积持续减少。根据 1978 年和 1983 年广东陆地部分两次森林资源连续清查资料，有林地面积每年减少 2.28%，森林覆盖度从 30.7%下降为27.7%。据 1987 年统计，全省严重水土流失面积合计为 1.24×10^4 km²，比 1949年增加了 4.96×10^3 km²。21 世纪初，据遥感资料统计，广东省的水土流失面积约为 1.42×10^4 km²，其中自然水土流失面积约占总水土流失面积的 80%，其主要分布在北江上游、东江、西江、韩江中下游和粤东沿海流域。2000 年以来，伴随着广东省经济的快速发展，人为水土流失面积呈现出明显的增加趋势（陈俊合和张龙，2002），根据广东省第四次水土流失遥感普查，全省土壤侵蚀面积为 2.09×10^4 km²。

2. 红壤区水土流失主要类型

红壤区的水土流失主要有面状侵蚀（面蚀）、沟状侵蚀（沟蚀）和崩岗侵蚀三种类型（图 2.1，图 2.2）。从面状侵蚀发展为沟状侵蚀，相当一部分沟状侵蚀继续扩大成崩岗侵蚀，不少水土流失地区这三种类型同时存在。在广东省水土流失面积中，面状侵蚀范围最广，占 60%，沟状侵蚀占 27%，崩岗侵蚀占 13%，韩江上游各县，西江德庆、高要、广宁、四会，潭江台山，东江龙川、和平、惠东、紫金，鉴江上游信宜、高州等地和全省大部分水土流失地区多属花岗岩母质发育的红壤和砖红壤性红壤，风化深厚，土质疏松，多已从面状侵蚀、沟状侵蚀发展到崩岗侵蚀。

图 2.1　沟状侵蚀对坡面的破坏

图 2.2　典型崩岗侵蚀地貌

　　粤西沉积层以及玄武岩构成的低丘台地地区，如电白、吴川等沿海台地的土质以砖红壤为主，部分含有砾石，其特征与花岗岩相似，只是由于山丘不高，坡度较缓，多为严重的面状侵蚀和沟状侵蚀。北江上游南雄盆地、韩江上游兴梅盆地、西江罗定盆地等则为红色岩系发育成的紫色土（牛肝土），土质坚硬，土层浅薄，植被被破坏后，经过曝晒风化、降雨层层剥蚀，从面状侵蚀逐步发展成大片紫红色的不毛之地和大小不一的冲沟。粤北石灰岩地区及阳江等地存在着严重的喀斯特溶蚀侵蚀类型（图 2.3），石灰岩区植被被破坏后，原有浅薄的钙质土被暴雨冲蚀，山地丘陵成为岩石裸露的光山秃岭，只在山坡的低洼石洞或石缝中或不平缓岩盆中有面积不大的土层，其以粉粒为主、黏粒为次。

(a) 裸露基岩和土壤斑块　　　　　　　　　　　　(b) 农林措施后

图 2.3　喀斯特地区土壤侵蚀造成的裸露基岩和土壤斑块及实施农林措施后的效果

1）面状侵蚀

　　面状侵蚀包括细沟间侵蚀和细沟侵蚀，细沟间侵蚀包括片蚀和溅蚀。雨滴打击地面，使其受到破坏，当地面有水流时它可加强水流的紊动，搅起泥沙，增强径流的搬运和侵蚀能力。花岗岩含石英较多，在以雨滴击溅为主的侵蚀作用下，由于石英颗粒覆盖保护，其下土壤免遭侵蚀，因而形成许多溅蚀柱。在致密土壤表层，表面光滑平坦的土壤上会有层状水流产生，它们呈舌状向前推进并挟带运移的微粒，同时产生片蚀。大部分情况下，层状水流受到地形起伏或植物等影响而分成无数小股流，股流的下切使之成为细沟侵蚀，细沟侵蚀通常是面状侵蚀的主要部分（朱世清等，1990）。

2）沟状侵蚀

在红壤花岗岩地区，地表集中性水流很容易产生沟状侵蚀。由于花岗岩风化壳深厚，质地松散，丘陵坡上的沟谷与侵蚀基准面的高差很大，且沟床纵剖面远未达均衡状态，因此这些沟可以深深地下切到风化壳深处，沟谷形态多为 V 形、Y 形，甚至 U 形。Y 形和 U 形沟谷多由植被受到破坏后，在以前沟谷基础上的加速侵蚀作用所形成。沟状侵蚀相当普遍，而且也常常是联系面状侵蚀和崩岗侵蚀的纽带，其控制着它们的发展。崩壁也常发育沟谷，由于崩壁一般都很陡峭，这些沟谷便深深刻入崩壁内。侵蚀沟的向下延伸促进了重力崩塌作用的进行，这些沟谷通道将崩积物搬运至崩岗以外的地区，使下次侵蚀和崩塌更易于进行。侵蚀沟（图 2.4）的向上扩展（溯源侵蚀）则使得崩塌面积增大。这些侵蚀沟常常掏蚀崩壁的底部，使上部土体悬空，直至崩落。

(a) 沟壁崩塌位移   (b) 产生的侵蚀劣地

图 2.4　侵蚀沟壁崩塌位移及产生的侵蚀劣地

3）崩岗侵蚀

崩岗侵蚀（图 2.2）是我国南方热带及亚热带地区侵蚀强度最大、危害最为严重的一种侵蚀类型，被喻为"生态溃疡"。 1958 年，曾昭璇在其《韩江上游地形略论》中首次以研究论文的形式提及"崩岗地形"， 1960 年在其《地形学原理》一书中首次将"崩岗"一词引入地貌学研究（曾昭璇，1960），此后崩岗作为专用名词而被广泛使用。"崩岗"一词源于广东省梅州地区，当地客家人将"丘陵山地冲沟源头汇水区围椅状崩塌崖壁地貌"称为崩岗（张大林和刘希林，2014）。崩岗的"崩"是指以崩塌为主的侵蚀方式，"岗"则指经常发生这种侵蚀类型的原始地貌形态（李思平，1992），其较贴切地描述了崩岗的侵蚀方式及地貌形态，因此为当地老百姓口头流传。早期相关文献资料中，有学者将崩岗称为切沟（张木匋，1990）。

在崩岗研究早期（1990 年之前），姚庆元和钟五常（1966）从崩岗岩土特性、发育阶段、形态特征及治理措施等方面发表了系统研究崩岗的论文，吴克刚和李定强（1989）初步探讨了崩岗侵蚀的坡向差异，其间的研究多侧重于崩岗治理，且相关学者较少，发表的研究性论文总量不足。1990~2004 年，众多学者开始侧重研究崩岗发育机理，李定强（1992）探讨了崩岗发育的机理和发育过程，并提出了治理模式；Xu（1996）探讨了崩岗发育的影响因素，该阶段崩岗研究的单位及其人员有所增加，科研论文的发表量新增较多。2005 年及之后，我国南方崩岗侵蚀现状调查工作的完成基本明确了崩岗发育的典型区域、数量及其形态特征（Wang et al.，2015），进一步认识了其侵蚀特点及危害性。特别是 2009 年《南方崩岗防治规划》的正式批复及 2011 年新版《水土保持法》的颁布，体现了国家对崩岗研究、治理的迫切需求，使得崩岗侵蚀研究逐步成为土壤、地貌、防灾减灾等领域所关注的热点（Xia et al.，2015）。相关学者从崩岗内部土体特性、裂隙发育、节理构造，崩岗外部降雨、干湿循环条件及治理措施等方面开展了广泛而富有成果的研究。但由于崩岗侵蚀的随机性、崩岗发育的长期性以及崩岗影响因素的复杂性（Deng et al.，2017），当前崩岗侵蚀的发生、发育及其防治机理仍有待进一步揭示（廖义善等，2018）。

4）开发建设项目水土流失

随着经济的快速发展，开发建设项目剧增，开发建设项目造成的水土流失也较为严重（图 2.5）。与一般的水土流失不同的是，开发建设项目造成的水土流失的危害具有多样性、突发性、灾难性的特点；其成因、侵蚀方式、规律等极为复杂，也有别于传统的水土流失规律和过程，导致其治理难度和治理成本明显高于传统的水土流失。李定强（1992）以及何江华等（1993）最初将开发建设中的水土流失分为开挖边坡、机械夷平地和堆积坡，开展了定量观测和研究，并提出了治理的相关工程措施。开发建设项目造成的水土流失具有以下特点：①开发建设项目区占用的区域一般不是完整的小流域或坡面，具有地域不完整性；②所造成的水土流失具有突发性，在整个流失过程中水土流失有时轻微、有时非常剧烈，水土流失呈现出时空分布不均衡；③由于开发建设项目类型多种多样，其造成的水土流失的形式和危害也各不相同，开发建设项目间接影响了建设区和影响区的水土流失，其危害具有潜在性（焦居仁，1998）；④开发建设项目一般施工期较短，水土流失形成快（范修其和郑春明，2001）；⑤人为因素是开发建设项目水土流失的主导因素，开发建设活动对地表产生剧烈的扰动，破坏了植被和水土资源，对自然因素起着"再塑"的作用及影响（李夷荔和林文莲，2001）。

图2.5　开发建设过程中的边坡开挖与堆积

3. 红壤区水土流失成因

红壤区水土流失以水力侵蚀为主，造成水土流失的自然因素如下：一是山地丘陵多，存在不同的高度和坡度，易受水流冲刷，从而引起水土流失，坡度越陡，水土流失越严重；二是水土流失地区的土壤多为花岗岩和红色岩系风化发育而成的红壤、砖红壤、赤红壤及紫色土，土质疏松、结构性差、保水力弱、抗冲抗蚀性能低，容易导致土壤侵蚀；三是气候上高温多雨，暴雨多，强度大。例如，广东省全年降水量的70%～90%集中在4～9月，且多以暴雨形式出现，沿海地区24h降水量可高达700～800 mm。在强大的暴雨径流冲刷下，陡峻山岭和裸露坡地极易形成严重的水土流失，上述自然因素加上强烈的人为活动会造成该地区严重的水土流失。其人为因素主要包括以下三个方面：一是乱砍滥伐森林，这种情况在20世纪常有发生，植被被破坏后，高温多雨的气候又加速土壤有机质的分解和团粒结构的破坏，从而加剧水土流失；二是盲目开荒，陡坡种植，据调查，陡坡种植一般每年表土流失 1 cm，若遇暴雨或特大暴雨，表土流失达 6 cm 以上，有的表土层甚至被冲光；三是不合理的工程建设以及建设过程中水土保持措施不足，如工程建设的弃土场和矿渣堆积体常发生严重的水土流失（图 2.5）。

2.1.2　水土流失危害与治理

1. 破坏土地资源，威胁农业生产

水土流失冲走了肥沃的表土，造成光山秃岭、沟壑纵横。例如，广东省每年表土流失量达 4.28×10^7 t，相当于每年冲去 15 万亩[①]耕地的耕作层，其造成大量氮、磷、钾等土壤养分流失，使土壤性质恶化，不能保水、保土、保肥，作物难生，甚至会将作物冲走，造成颗粒不收。花岗岩风化的红壤土含沙多，酸性大，pH 一般为 4~5.5。有群众反映，黄泥水入田一次，三年不能恢复肥力，减产三到九成。而且严重的沟蚀和崩岗，把地面切割成千沟万壑，使地面支离破碎，不能耕作，甚至泥沙吞没良田耕地。崩岗侵蚀是中国南方最严重的土壤侵蚀类型（曾昭璇，1960；李定强，1992；牛德奎，2009），其侵蚀产沙量巨大，年均产沙模数达 $1 \times 10^4 \sim 16 \times 10^4$ t/（$km^2 \cdot a$）（Xu，1996；Lin et al.，2015），崩岗侵蚀产沙掩埋农田、淤积江河湖塘、损毁水利与交通设施，严重威胁到丘陵区粮食安全、生态安全与人居安全。群众形容崩岗侵蚀是"晴天张牙舞爪，下雨头破血流"的"田老虎"。

2. 淤高河床、淤塞水利设施

侵蚀泥沙流入河道，使得河床不断抬高，汛期洪涝加剧（图 2.6），甚至有些中小河流已成为"地上河"，每当暴雨，既危及堤防又易造成涝灾。上游的泥沙在河道上不断向下推移堆积，使中下游各段河床也逐年抬高。泥沙流入水库、渠道，降低蓄、引水量的效能，缩减水利工程寿命。例如，1985 年，广东省人大《关于韩江上游严重水土流失区整治及开发利用的议案》和《关于防治北江上游水土流失的议案》视察组调查发现，梅县地区淤积严重的山塘共 3507 座，占全区山塘总数的 31.6%，其中报废的 505 座；小（二）型以上水库淤积 370 座，淤积库容 4.12×10^7 m^3，减少灌溉面积 7.3 万亩；影响水电站 47 座，其中报废的 13 座。兴宁县 138 座水库中严重受淤积危害的有 98 座，平均每年水库淤积量达 1.04×10^6 m^3，相当于每年淤积掉一座小（一）型水库。南雄县每年冲入山塘、水库、渠道的泥沙达 4.16×10^5 t，全县受淤积的渠道长达 422 km，每年需大量劳动力清理才能正常通水，严重影响水利设施的效益和寿命。

---

① 1 亩≈666.7m^2。

图 2.6　淤积的河道

3. 生态环境恶化，自然灾害增加

水土流失地区的植被破坏大大削弱了它涵养水源、调节气候、防风固沙、保持水土、减免自然灾害的能力，使生态环境日趋恶化，自然灾害日益严重，泉水枯竭，山洪暴发，江河骤涨骤落，造成大雨大灾、小雨小灾、无雨旱灾的现象。伏旱时 0～5 cm 内土壤水分常常接近凋萎湿度，而地表温度可达 60～70℃。因此水患、土薄、肥少、缺水、高温构成了这些流失地区的生态特征，导致土地条件恶化，植物生长极其困难，水旱灾害频繁，农、林、牧、副各业均深受影响，生产发展缓慢，影响人民生活（以上资料部分来源于网站：http://slt.gd.gov.cn/stls/content/post_888861.html）。

广东省从 20 世纪 50 年代开始进行水土流失防治研究，先后在梅州五华、茂名小良、肇庆德庆、韶关南雄、河源龙川以及珠海大镜山水库等地建立了水土保持试验站，逐步开展观测、试验、治理及推广工作。从 20 世纪 80 年代开始，广东省加大了对韩江上游、北江上游和东江上中游等重点地区的治理，1985 年广东省六届人大三次会议通过了《关于韩江上游严重水土流失区整治及开发利用的议案》和《关于防治北江上游水土流失的议案》，在全国开创了通过人大议案方式治理水土流失的先河。80 年代中期，广东省实施了"五年消灭荒山，十年绿化广东大地"的重大决策。此外，相关部门先后开展了生态公益林建设、退耕还林、岩溶地区石漠化治理，以及土地整理、废弃矿山修复等工作。通过建设与保护，全省林草覆盖率大幅提高，生态环境明显好转。1991 年《水土保持法》颁布实施，1993 年《广东省实施〈中华人民共和国水土保持法〉办法》颁布实施，从此全省水土保持工作走向依法防治、治管结合的道路。近几十年来，广东省各地对治理水土流失进行了大量的工作，修建了数以万计的谷坊、鱼鳞坑、水平沟、拦沙坝等水土保持工程，并结合防洪、灌溉兴建了大批山塘水库；经过治理，取得了良好的效果，使全省原受水土流失危害的 140 万亩低产田得到保护，被泥沙淤埋的 19 万亩耕地得到复耕。通过几十年的实践，摸索出一套水土流失综合治理的经验和措施，如治山、治水与治田相结合，治坡与治沟相结合，工程措施与生物措施相结合，田间工程与蓄水保土耕作措施相结合，治理与开发、当前利益与长远利益相结合等，以下针对崩岗侵蚀治理与林下水土流失防治（黄斌等，2018；袁再健等，2020）进行详细叙述。

1）崩岗治理技术措施

（1）集水区的坡面治理

坡面是崩岗产生和发展的源头，对集水区的坡面治理的主要目的是减少地面径流的冲刷，削弱崩岗沟头跌水强度，从根本上控制崩岗发展的动力来源（陈晓安，2015），目前采取的主要措施包括设置截流排水沟和植被恢复。设置截流排水沟是最为常用的崩岗集水区的坡面治理措施，其一方面减少了降雨径流对崩壁的冲刷动能，另一方面减少了崩壁顶部土体水分的入渗量，从而降低了崩壁因重力势能增加而崩塌的可能。截流排水沟一般布设在崩岗顶部或边缘 3～6 m 处，其数量可依据集水区坡面的面积和地区降水量大小来设置，在必要的情况下还可通过设置沟梗或种植牧草等植物对排水沟进行保护（丁光敏，2001）。除设置截流排水沟外，根据立地条件配合不同的生物修复措施也是集水区的坡面治理的必要手段，其主要目的是增加一定程度的入渗，减少径流形成。如果坡面土壤较为贫瘠，在进行治理时宜选择一些根系发达、适应性强的植物，如芒草、马唐草、鹧鸪草、胡枝子、马尾松、杉树等，来建立水土保持林或乔–灌–草–藤多层次的高强度绿化防护体系。对于立地条件较好的集水区，可种植经济性作物，如果树、茶树、麻竹等（吴海彪，2001；马媛等，2016）。在治理过程中必须注意不能将树木种植到过于靠近崩岗沟缘的位置，应保留一定的距离（4～6 m），以避免树木的自重和根系生长对土体的破坏引起的沟头崩塌。

集水区的坡面治理是发育初中期崩岗治理的关键，而对发育晚期的崩岗，沟头可能越过分水岭，集水区已经不存在。对于侵蚀十分严重、沟头和崩壁外围接近分水线的崩岗，其顶部地形呈支离破碎的情况，可采取整成台地或向天池的形式，再采取适当的工程和生物治理措施进行治理（李小林，2013；陈志彪等，2006）。总的来说，集水区的坡面治理主要遵循"上拦"的原则，通过对雨水的拦截和疏导从源头上减少水分及能量的输入，以维持崩岗系统的相对稳定性。沟头地形、位置与立地条件是集水区的坡面治理过程中需考虑的主要因素，实际修复过程中应依据不同的因素条件制定对应的修复措施，避免或遏制崩岗的进一步发育。

（2）崩壁防护技术

崩壁是土体崩塌形成的裸露面，其高达数米至数十米，特点是坡度较大、极不稳定、立地条件差（周红艺和李霞辉，2017；夏栋，2015），被认为是整个崩岗系统中治理难度最大的部位。通常依据实际地形、发育阶段和稳定程度等因素，对崩壁采取削坡开梯等降坡稳坡工程措施后进行一定的植物覆盖。削坡整地的作用在于降低了降雨径流冲击壁面的动能，并且为坡面生物修复创造了适宜的地形条件。同时，在削坡后的台阶上适当修建蓄水和排水设施，可以起到疏导径流和提供植物生长所需水分的作用，从而降低崩壁二次崩塌的风险。

崩壁多由花岗岩风化壳组成，其土壤养分十分匮乏，不利于植物的生长，在进行植被修复时可选择抗干旱耐贫瘠的植物，如葛藤、大翼豆、蟛蜞菊等，还可通过增加覆盖的方式保护台阶坡面，促进植物生长。崩壁削坡后如果立地条件太差、土壤贫乏，可采取就近更换客土、施基肥和营养杯育苗等措施，以保证林木生长。选择种植的植物包括对立地要求低、耐旱和瘦脊的大叶相思、油桐等速生植物，还可辅种草藤植物，实现多层次的植被覆盖，从而提高生态系统的稳定性（马媛等，2016）。对于相对稳定型的崩岗，由于崩壁坡面形态变化较小，可只在沟底或沟岸边缘种植葛藤、爬山虎等藤本植物保护崩壁，在崩壁坡面喷洒畜粪、泥浆和磷肥混合草籽，以使壁面植被快速恢复（陈志明等，2007；曾国华等，2008；涂樵艳等，2014）。张汉松和钟鸣辉（2013）探讨了配置不同类型的植物篱对崩岗进行快速整治的效果，发现崩壁采取种植猪屎豆、芒、葛藤、爬山虎等多种植物的修复方式可明显改善土壤理化性质，快速提高崩壁植被覆盖度和生物多样性，显著减少水土流失，并可节省崩岗治理的投资成本。金平伟等（2014）采用不同草灌复合模式对南方崩岗崩壁进行了复绿效果对比研究，结果表明，崩壁复绿可明显提高崩壁的稳定性系数，草灌复绿复合模式对侵蚀模数的降低效果显著高于单一草灌复绿模式。黄俊等（2016）采用崩壁人工径流小区定位观察对比并评价了9种不同组合措施的修复效果，发现三维网喷播植草（灌）的方式为最优组合。可见，在崩壁生态修复过程中，应当注重草、灌等不同植被之间的合理搭配，这样其效果往往好于单一模式的植被修复，同时结合适宜的工程措施，以达到最佳的修复效果。目前，崩壁治理技术主要针对有限地区的崩壁进行径流小区观测实验和修复效果评价，需进一步对不同地区不同类型崩岗进行崩壁生物修复治理技术研究与筛选，并同时注重一些新技术的应用（程洪和张新全，2002）。

（3）崩积堆稳固技术

由坡面沟头和沟壁崩塌下来的土体在崩壁下方堆积形成崩积堆，其特点是坡度大、土质疏松、结构性差、抗侵蚀能力弱（李学增等，2016），因此，在高强度降雨的冲刷下，容易形成沟谷和冲积扇地形，其成为崩岗的二次侵蚀源头。

对崩积堆的治理主要采取"固定"的策略，以工程措施和生物方法修复技术相结合为主。小型的崩岗通过适当的植被覆盖即可达到稳定崩积堆的作用，一些发育到后期的崩岗虽然崩塌面积较大，但坡度已较平缓，具备开发性治理条件的地方在进行适当的土地整理后可种植麻竹、绿竹等经济作物。而对于坡度和面积均较大的崩积堆区域需要先进行土地整理，并在区域内设置必要的小型蓄排工程，填平侵蚀沟，将崩积堆坡面修整成坡度较小的坡面或者台地、梯田，从而为植被修复提供地形条件。崩积堆由于其特殊的土体特性，抗侵蚀能力差，在进行生态修复时，一般需要进行快速的植被恢复，选择根系发达、抗土壤侵蚀能力较强的植物（如香根草等）（程洪和张新全，2002）。另外，在植被恢复过程中崩积堆上方的崩壁有可能继续崩塌，此时可选择在此类情况下对生长影响较小的竹类植物（如藤枝竹等）（丁光敏，2001）。也有研究者建议，可依据距离崩壁的距离来分区治理，上游的崩积堆可采用水土保持先锋林、草种进行生态恢复；下游的沉积区水肥条件尚可，能够综合利用，治理的同时发展经果林（赵辉等，2010）。通常在坡面得到有效治理的情况下，崩积堆能够保持相对的稳定性，实施生物和必要的工程措施的目的在于提高崩积堆的抗侵蚀能力。地形条件、适合的植被选择是治理崩积堆时所需考虑的关键因素。

近年来，研究人员开始尝试采用一些成本低廉、施工方便、环境负荷小的人工材料作为固化剂来辅助崩积堆的固定。张兆福等（2014）通过野外人工模拟降雨实验，研究了不同浓度、分子量、水解度条件下的聚丙烯酰胺（PAM）添加对崩积堆土壤侵蚀和颗粒流失的影响，发现施用 PAM 后崩积体中粉粒和黏粒的流失量显著减少，并且崩积堆土壤施用 PAM 减少产沙量的效果并不是单纯随着 PAM 施用量的增加而上升。祝亚云等（2017）研究了亲水性聚氨酯（W-OH）材料对崩积堆土壤分离速率的影响，发现这种材料能有效增加土壤颗粒之间的黏结力，抑制侵蚀的发生，所以其可用于崩岗崩积堆的治理。此外，朱高立等（2016，2017）通过室内模拟降雨实验，研究了雨强、秸秆覆盖度、坡度对崩积堆坡面侵蚀的影响，指出秸秆覆盖在一定程度上能够减少坡面产沙量。这些研究结果对于崩积堆的治理有很好的借鉴意义，然而目前关于通过添加固化剂等措施加强崩积堆稳定化的研究并不多，相关研究工作有待进一步开展。同时，固化剂稳定效果的长期性、成本及对土壤理化性质的影响方面也是需要注意的问题。

（4）沟谷和冲积扇防护

沟谷是崩积堆土壤流失的通道，同时存在着径流的下切和泥沙的淤积。为阻止崩积堆土壤进一步向下游移动，一般采用修筑谷坊的方式拦蓄泥沙，以提高侵蚀基准面。谷坊的设置数量和位置依据地形和崩岗侵蚀规模来确定。由于谷坊的修筑成本通常较高，因而在实际治理时需注意谷坊修建的个数和拦截作用的效率。谷坊建成后，可在对拦蓄的泥沙进行适当的土地整理后依立地情况种植香根草、藤枝竹等根系发达、耐冲刷和掩埋的植物，也可在对土壤状况改善的基础上（客土覆盖、施肥等措施）种植经济作物，如麻竹、茶树、果树等（陈志明，2007）。冲积扇是崩岗侵蚀土壤在下游平坦开阔地的堆积、部分汇入或掩埋于周边河溪，其主要成分为石英砂（肖龙和宋月君，2017）。冲积扇立地条件较差，但水分条件通常较好，治理措施以植物修复为主、工程措施为辅，可选择种植的作物有香根草、牧草、蜜糖草、胡枝子、竹类等。小流域内可修筑拦沙坝（图 2.7）控制冲积扇的进一步扩散，立地条件好的区域可采用灌草相结合的种植办法进行生物修复或者开发性种植麻竹、绿竹和果树等（李丽萍，2010；马媛等，2016）。

图 2.7   五华县源坑河小流域拦沙坝（由五华县水土保持试验推广站提供）

崩岗不同部位具有明显的特点差异，针对不同部位所采取的治理措施也有所不同（表 2.1）。然而，崩岗内部各子系统之间存在着紧密的物质和能量传递，在实际

表 2.1   崩岗不同部位治理技术措施比较

崩岗部位	特点	主要治理措施	治理目的
集水区	侵蚀严重、土层裸露	截流排水沟与乔-灌-草-藤等植被措施结合	减少降雨冲刷与入渗量
崩壁	坡度大、不稳定、立地条件差	削坡整地、林草植被覆盖	稳定崩壁、防止进一步崩塌
崩积堆	土质疏松、抗侵蚀能力弱	土地整理、快速植被恢复	固定崩积堆、提高抗侵蚀能力
沟谷和冲积扇	立地条件差、具有一定水分条件	修筑谷坊、谷坊内种植草木	阻止泥沙扩散

治理过程中，应视崩岗为一个整体生态系统来进行修复（马媛等，2016）。对集水区、崩壁、崩积堆等的治理措施进行有机组合，工程措施与生物措施并举是治理崩岗的有效手段，但目前对于不同修复措施关键技术参数和配比技术的研究仍较缺乏。

2）林下水土流失防治技术措施

我国红壤区有些地方尽管森林覆盖率高，但林下地表植被覆盖率较低，林下侵蚀问题较严重。林下水土流失防治以减少林下土壤侵蚀、改善土壤结构、提高林地土壤质量、促进林地植物生长为目的。其主要的防治措施包括：以增加林下覆盖度、减少地表径流量为主的生物措施，减少人为干扰的封禁管理措施，以改变坡面地形、控制径流流速为主的工程措施。生物措施是利用乔-灌-草林下套种补植以及秸秆、树枝覆盖等手段提高林地地表覆盖度，促进植物生长，从而达到减水减沙、提高土壤质量、恢复林地生态功能的目的（张颖等，2008；黄茹等，2012）。工程措施主要通过改变坡长、坡度，分段拦截径流，增加土壤入渗及降低径流流速等方式达到减少坡面侵蚀的目的（欧阳春，2011；任文海，2012）。工程措施包括坡改梯（杨洁等，2012）、水平沟（万勇善等，1992）、水平阶（袁希平和雷廷武，2004；褚利平等 2010）、鱼鳞坑（向风雅，2014）等。坡面整地时，在坡面修建排水沟等可起到分流排水的作用（王静等，2014）。在有一定植被覆盖的林地，采用水平阶、鱼鳞坑、水平沟等微地形改造措施时，要结合生物措施进行覆盖，减少工程实施对坡面土壤和林地植被的干扰与破坏。利用水平沟、鱼鳞坑、坡改梯等工程措施，改全垦造林为穴垦、带垦造林，能减少对原有坡面的干扰（谢锦升等，2004）。同时，利用生物措施在林下等高种植灌、草植物形成植物篱（或植被过滤带），来提高林下覆盖度、改善土壤结构、增强林地稳定性（张杰等，2017）。再结合工程措施设置截流沟、蓄水池等，改变坡度、坡长，增加坡面粗糙度，综合措施的水土保持效益更加显著（张展羽等，2008；宋月君和郑海金，2014）。不同林下水土防治措施具有不同特点和适用范围（表 2.2），具体应用时需充分考虑区域植被恢复的立地条件、生物多样性状况，构建土壤肥力提升和植被恢复重建的综合防治技术体系（史志华等，2018a，2018b）。

表 2.2　林地不同水土保持措施特征比较

类型	内容	特点	应用范围	参考文献
林下补植	林地补植乔灌植物形成混交林	既提高林地郁闭度又改善林下土壤环境；需适当施肥、补肥	常用于林分结构单一、灌木稀疏、林下植被匮乏的纯林或幼林地	何圣嘉等，2011；Neris et al.，2013；李桂静等，2014；张坤等，2017
林下覆盖	包括生物覆盖：林下植草、套种作物、植物篱等；非生物覆盖：林下铺稻草秸秆、碎石等	生物覆盖可在林下形成植物篱，增强效果；非生物覆盖措施操作简单、投入少、来源广泛	用于林下地表裸露的林地和经果林地，一般在坡度较小的缓坡，便于操作	张杰等，2017；Ruiz-Colmenero et al.，2013；Massimo et al.，2016；任寅榜等，2018

类型	内容	特点	应用范围	参考文献
封禁管理	封山育林，减少人为干扰，植被自然恢复	利用林地群落自然演替，植被自然生长，投入少，但见效时间长	适合雨量充沛、温度条件好、植被自然恢复能力较强且对生产生活影响较小的偏远林地	何圣嘉等，2011；谢锦升等，2002；杨玉盛等，1999；蔡道雄等，2007
鱼鳞坑	穴垦整地，坑内土在下沿形成土埂，坑内种树、植草；有翼式、半圆形、V形等形状	施工简单，破土面积小，易推广，为坑内植物蓄积水肥，提高植物存活率；强降雨易发生溢流、加重土壤侵蚀，需要定期维护	用于坡度在10°~25°、土壤贫瘠、保水性差的林地的植草覆盖或疏林补植	欧阳春，2011；杨娅双等，2018；王青宁等，2015；陶禹，2015
水平沟	带状整地，沿等高线挖浅沟、筑土埂、回填部分沟土；沟内植树，沟埂植草	布置形式、规格多样，拦蓄泥沙，增加植物根部土层厚度，促进植物生长；受坡面地形限制，强降雨会发生溢流冲蚀下坡面	用于坡度在15°~25°侵蚀严重的林地改造或稀疏林地补植	陈宏荣等，2007；欧阳春，2011；杨娅双等，2018；林和平，1993
坡改梯	削坡营造梯田，改变陡坡坡度、建造水平台面；有反坡梯田、隔坡梯田等	有效调控径流，减弱径流对坡面冲刷作用；工程量大，技术要求高，经济投入较大；改造初期土壤侵蚀量较大，需结合生物措施，植草护坡	用于结构稳定、坡度较缓（15°以下）、土层较厚的坡面造林和经果林地改造	张杰等，2017；欧阳春，2011；宋月君和郑海金，2014；胡建民等，2005
水平阶	沿等高线内切，形成宽1.0~1.5 m的阶面（反坡3°~5°），呈反坡阶梯状	工程量小、成本低，调控坡面径流，提高植物成活率；但规格较小且不规则，不利于机械化操作	用于坡度为5°~25°、对立地条件要求高的经果林地	袁希平和雷廷武，2004；褚利平等，2010；杨娅双等，2018

作为重要的水土流失治理措施，鱼鳞坑、水平沟、水平阶、坡改梯等工程措施在林下水土流失防治和植被恢复的过程中具有重要作用。这些工程措施能改变林地的坡面地形，增加土层厚度，为林地植物生长提供有利条件。由于土壤养分随泥沙迁移而流失（Xiao et al.，2017），在林下地表裸露、植被稀疏的次生林、经果林地进行水平沟、鱼鳞坑和水平阶改造，有利于径流泥沙沉积和枯枝落叶的积累，为植物生长蓄积养分，促进植物生长（杨娅双等，2018；林和平，1993）。对于水土流失严重的生态林地，先进行一定的人为干预，如施肥、补植、营造鱼鳞坑、水平沟等，再对林地进行封禁管理，自然修复的同时辅以人工措施，从而降低土壤侵蚀程度，提高林地生产力（谢锦升等，2002；Zheng et al.，2005）。措施实施后，要考虑人为因素的影响，对林地进行适当封育，尽可能降低人为活动对林地植被的破坏。尽管封禁管理措施见效慢且短期的封山育林并不能有效防治水土流失，但封禁管理对增加林地生物量、提高物种多样性的作用显著（蔡道雄等，2007；马志阳和查轩，2008）。因此，封禁管理应作为退化红壤区林地水土流失综合防治体系中的必要措施，以封促治，达到侵蚀退化林地的土壤肥力提升和生态调节功能改善的目的。

此外，由于红壤具有酸、瘦、黏等特点（赵其国等，2013），在解决林地水土流失防治、恢复林地植被的同时，需要一定的土壤恢复技术，增加土壤肥力，为初期植被的生长提供必要养分（谢锦升等，2004）。化肥、有机肥料以及土壤改良剂在改善土壤结构、提高土壤质量和水土保持方面起着重要作用（李桂静等，2014；杨玉盛等，1999；Wang et al.，2011）。对于侵蚀严重林地，必须施加一定的基肥进行补肥，才能提高补植乔、灌、草植物的成活率。为改良红壤丘陵区低效林地的土壤状况，施用土壤改良剂（王珍和冯浩，2010）、污泥（方熊等，2013）、秸秆粉碎汁液（魏霞等，2015）、化学药剂（Wang et al.，2011；Sepaskhah and Shahabizad，2010），对提高土壤肥力、调节土壤环境具有明显效果，但土壤改良剂具有潜在的环境风险，在一定程度上限制了其应用（方熊等，2013；魏霞等，2015）。而利用生物措施在林地补植绿肥植物，则是增加林下覆盖、提高土壤质量较为常见的技术措施（杨洁等，2012；张杰等，2017）。秸秆覆盖在果、茶园林地应用广泛（陈小英等，2009；潘艳华等，2016）。林地秸秆覆盖等措施不仅增大了地表粗糙度，提高了土壤蓄水能力，有利于植物根系对水、肥的吸收，增加了林地经济效益，而且覆盖在地表的秸秆可以有效减弱降雨击溅作用，并拦蓄径流，降低林地产流率（Massimo et al.，2016）。然而，在土壤贫瘠且坡度较大的低效林地，简单的植草或覆盖方式并不能有效减少水土流失、提升林地土壤肥力，还需结合坡面地形改造、土壤改良等方面的技术措施（谢锦升等，2004），提炼出林下土壤肥力提升、植被恢复的关键技术，才能有效解决当前低效林地土壤退化、水土流失严重的问题（史志华等，2018a，2018b）。

2.2　红壤区及试验点概况

2.2.1　中国红壤区分布

　　红壤广泛分布于我国多个省（自治区），包括：广东省、湖南省、江西省、广西壮族自治区、云南省、福建省、海南省、贵州省、湖北省、四川省、浙江省、安徽省、江苏省等地，它们多在 25°N～31°N 的中亚热带广大低山丘陵地区。红壤区面积达 218 万 km^2，约占全国国土面积的 22.7%。红壤区农业是国民经济和社会发展的基石，这里以 1/3 的耕地面积提供了我国 50%的农业产值，承载了全国近一半的人口。红壤区的年均温为 15～25℃，年降水量为 1200～2500 mm。

2.2.2　试验点概况

　　本书选取的研究区主要位于广东省与湖南省，试验点分别位于广东省珠江三角洲地区、广东省梅江乌陂河流域、湖南省长沙县开慧镇与邵阳市水土保持科技示范园。

1. 广东省与湖南省

广东省位于南岭以南,南海之滨,与香港、澳门、广西、湖南、江西及福建接壤,与海南隔海相望,地处 20°10′N～25°31′N 和 109°41′E～117°17′E,属亚热带季风气候,年平均降水量为 1336 mm,年平均蒸发量为 1100 mm,年平均气温为 17～27℃,由北向南分别为南岭丘陵山地、台地和珠江三角洲冲积平原。广东省面积为 $1.50×10^6\,km^2$,林地面积高达 $1.16×10^6\,km^2$,占总面积的 77.3%,林地类型多样(Zhou et al.,2008),山地面积约占总面积的 60%。耕地包括水田和旱地,其中水田面积为 $1.67×10^4\,km^2$,占总面积的 11.0%。旱地和蔬菜地占总面积的 10.4%。广东省土壤类型以铁铝土、人为土和始成土为主。铁铝土是研究区分布最广的土壤类型,面积为 $1.14×10^6\,km^2$,占总面积的 75.5%。铁铝土分为四个主要土类,分别为砖红壤、赤红壤、红壤和黄壤。这些土类具有明显的地带性特征,主要表现为:水平地带性特征,由南向北土壤类型依次为砖红壤、赤红壤和红壤;垂直地带性特征,纬度由低到高依次为赤红壤、红壤和黄壤。水稻土是研究区人为土最重要的土类,也是我国土壤分类系统中特有的土壤类型(龚子同,1999)。典型水稻土剖面包括耕作层、犁底层和淀积层三个主要土层。犁底层具压实的板状结构,土壤容重至少高于耕作层的 10%。犁底层经过长期的耕作压实,其更有利于土壤的保水保肥。始成土的面积为 $1.65×10^4\,km^2$,占总面积的 10.9%。其他较少分布的土壤类型还有半水成土、水成土和盐碱土等(约为总面积的 3.2%)。

湖南省位于长江中游,省境绝大部分在洞庭湖以南,湘江贯穿省境南北,地处 108°47′E～114°15′E 和 24°38′N～30°08′N,东以幕阜、武功诸山系与江西交界,西以云贵高原东缘连贵州,西北以武陵山脉毗邻重庆,南枕南岭与广东、广西相邻,北以滨湖平原与湖北接壤。省界东到桂东县黄连坪,西至新晃侗族自治县韭菜塘,南起江华瑶族自治县姑婆山,北达石门县壶瓶山。湖南省为大陆性亚热带季风湿润气候,该气候具有两个特点:第一,光、热、水资源丰富,三者的高值又基本同步;第二,气候年内变化较大,冬寒冷而夏酷热,春温多变,秋温陡降,春夏多雨,秋冬干旱。湖南耕地面积 414.88 万 hm^2,约占全国耕地总面积的 3.1%;林地面积 $1.22×10^6\,hm^2$,约占全国林地总面积的 4.8%;牧草地面积 $4.75×10^5\,hm^2$,约占全国牧草地总面积的 0.22%(聂国卿和易志华,2019)。红壤是湖南省主要的地带性土壤,分布面广,南沿五岭山北麓,北至洞庭湖滨,东起罗霄山西麓,西至雪峰山山麓东西两侧,湘西云贵边缘部分地区也有分布。全省红壤共 $8.63×10^6\,hm^2$,占总面积的 51.0%。

2. 珠江三角洲与梅江流域

珠江三角洲地区位于广东省中部(图 2.8),南临南海,毗邻港澳,介于 21°43′N～23°56′N 和 112°00′E～115°24′E,属亚热带季风气候,温和湿润,雨量充沛,是我国热带、亚热带最大的平原,地势低平,土地肥沃,河网纵横,是广东省重要的粮食、蔬菜、水果和畜禽生产基地,同时,大中城市集中,交通发达,人口密集,是广东省乃至全国经济较为发达的区域。珠江三角洲由于生物气候等地带因素的影响,其地带性土壤为赤红壤,各种地质水文及人为因素的影响,形成了水稻土、人工堆叠土、菜园土、潮沙泥土、滨海盐渍沼泽土及滨海沙土等非地带性土壤,也由于垂直带的影响,在赤红壤之上出现红壤、黄壤。珠江三角洲地处亚热带,气温高、降水量多等气候条件有利于土壤和土壤母质的强烈风化和强烈淋溶作用,使得土壤易溶的盐基离子流失,因此土壤容易致酸。据调查,珠江三角洲土壤 pH范围为 3.68～8.12,其中 80%左右的土壤 pH 小于 6.5,绝大部分土壤呈偏酸性,且受雨水强烈冲刷,有机质含量较少。

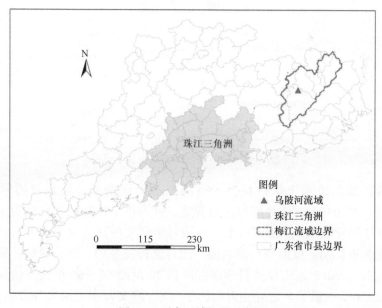

图 2.8　研究区域位置示意图

梅江位于广东省东部,发源于广东紫金县的七星嶂,经五华、兴宁、梅县,于大埔三河坝与汀江、梅潭河汇入韩江,是韩江的两条主要支流之一。梅江流域包括广东省河源市紫金,梅州市五华、兴宁、梅县、梅江、大埔,流域面积 $1.39×10^4 \, km^2$。梅江是梅州市最主要的水系。梅江的支流主要有五华河、琴江河、宁江、程江、石窟河、松源河、柚树河等。

3. 长沙县开慧镇与邵阳市水土保持科技示范园

本书林地土壤剖面部分选自湖南省长沙县开慧镇（图 2.9），该地区属亚热带季风气候，气候温和，降水充沛，雨热同期。其成土母质为花岗岩，属于典型的红壤剖面，土壤剖面发育深度在 1.8m 左右，砂质含量较高。该地区以林地为主。

图 2.9　长沙县与邵阳市所在位置示意图

湖南省邵阳市水土保持科技示范园坐落于湖南省邵阳市双清区莲荷村（111°22′E，27°03′N），地处衡邵盆地腹地，区内以低山丘陵和台地为主，属于典型湘中红壤丘陵地貌。邵阳市水土保持科学研究所建有数十个不同坡度的标准监测坡面和长期定位监测自然坡面，拥有保护完整的自然小流域，受人为因素影响较小。邵阳市水土保持科学研究所自 20 世纪 50～60 年代开始开展水土保持监测工作，积累了丰富且完善的历年气象、水文及水土流失等方面的资料。研究区内坡地平均坡度为 10°～15°，年均降水量达到 1500 mm，多年平均气温为 17.1℃。区内土壤主要为第四纪红黏土发育的红壤，土壤质地以壤土和砂壤为主。选择邵阳市水土保持科技示范园中一个相对闭合的流域为研究对象，其面积为 0.034 km^2。流域内微地形地貌复杂，主要为林地和撂荒沉积区域等，植被丰富，均为当地典型树种，包括樟树、杜英、紫薇、广叶白兰、马尾松。不同植被条件下水土流失存在较大差异（Nie et al.，2017），其中紫薇林下土壤侵蚀速率为 690.92～1665.04 t/(km²·a)、杜英为 831.83～1658.23 t/(km²·a)、樟树为 524.39～2471.25 t/(km²·a)、广叶白兰为 307.13～1396.24 t/(km²·a)、马尾松为 72.34～3455.15 t/(km²·a)，撂荒沉积区泥沙沉积速率达到 2301.63 t/(km²·a)。从流域土壤侵蚀分布图可以看出，马尾松林下侵蚀最为严重。

4. 乌陂河流域与源坑河小流域

乌陂河流域（图 2.10）为五华县水土流失最为严重的区域，流域内年均表土侵蚀深度达 2 cm 多，有机碳大量流失（张学俭，2010）。该流域是五华河的一级支流、梅江的二级支流、韩江的三级支流。其发源于兴宁市新陂镇先声村，流经华城镇的齐乐村、城东村、维新村和塔岗村，然后汇入五华河。乌陂河有六条支流汇入，上游有齐乐河从右岸汇入，下迳河从左岸汇入；中游有犁塘河从左岸汇入；下游有源坑河、官陂河从右岸汇入，银桂河从左岸汇入。乌陂河全长 11.5km，乌陂河流域总集雨面积 23.23km²，水土流失面积 13.14 km²。

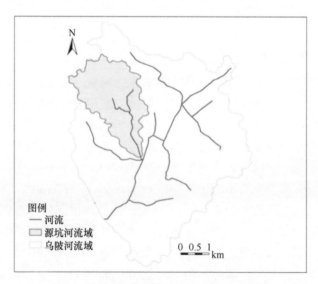

图 2.10　乌陂河流域与源坑河小流域示意图

源坑河（图 2.10）属于乌陂河的二级支流，面积 4.3 km²，地处 115°37′27.9″E 和 24°5′14.9″N，属亚热带海洋季风气候区，降水量大且集中，多年平均日照时数为 1969 h，平均气温 20.5℃，年平均降水量 1496.5 mm，次平均降水量 10.3 mm。区域地貌以低山丘陵为主，地形复杂多样，沟壑密布，相对高程 50～200 m。区域内普遍存在深厚的花岗岩风化壳，一般可达数米、数十米，甚至百米，土壤主要为花岗岩风化物母质发育的红壤，含沙量较高，pH 为 4.5～6，土体抗冲、抗蚀性均较差，加之不合理的大规模、高强度的人为扰动，特别是森林砍伐，区域内绝大部分表土已被侵蚀，水土流失背景环境恶劣。流域地处粤东花岗岩红壤丘陵风化区，水土流失以水蚀为主，主要有面状侵蚀、沟状侵蚀、崩岗侵蚀等类型，其中以崩岗侵蚀最为严重。目前，常见的有稀疏马尾松–桃金娘–芒萁群落、岗松–芒萁群落、稀疏马尾松–岗松–蔗鸪草群落，更为甚者，还有一定面积的光板地，为不毛之地。地表植物主要有马尾松、岗松、桃金娘、芒萁、蔗鸪草等。山脚、沟谷等水湿条件较好的地方少量分布有木荷、黎索、樟等，覆盖度一般在30%～50%。少数阴坡植被覆盖度可达60%～80%，本书侵蚀红壤林地部分剖面选自源坑河小流域。20世纪80年代以来，五华县水土保持试验推广站在乌陂河流域内建立有1.5万亩的水土保持科学研究基地，选择该站控制的源坑河小流域作为典型侵蚀区进行研究，有利于本书研究的顺利实施。

2.3 红壤侵蚀区土壤碳流失研究意义

2.3.1 红壤侵蚀区土壤碳流失研究的特殊性

1. 红壤侵蚀区的土壤有机碳流失问题突出

红壤侵蚀主要发生在丘陵区，从土壤有机碳流失方面来看，南方红壤丘陵区土壤侵蚀引起的土壤有机碳流失问题严重。南方红壤丘陵区以大别山为北屏，巴山、巫山为西界，西南至云贵高原，东南直抵南海海域（梁音等，2008），总面积1.2×10^6 km^2，约占全国国土面积的12%（水利部等，2010）。区域内以中、小起伏的低山（海拔在500 m以下）为主（李炳元等，2013），水热资源丰富，年均气温15～25℃；降水量多但分布不均匀，年均降水量900～2100 mm，年际变化不大，季节性分布明显，主要集中在4～9月，这期间的降水量占全年的70%～80%，且降雨强度大，雨量集中。水系分布密度大，地表水资源丰富。土壤类型主要有赤红壤、红壤、黄壤、黄棕壤、砖红壤等地带性土壤，以及紫色土、石灰土和水稻土等非地带性土壤，其中红壤面积最大，达40.10万 km^2，占南方红壤丘陵区总面积的46.20%（水利部等，2010）。该区域森林覆盖率较高，平均森林覆盖率为52.87%（赵其国，2006），但人口密度大，土地利用结构以农林为主，坡耕地多，水土流失较严重，人地矛盾突出。据水利部水土保持监测中心2001～2002年的普查结果，该区域水土流失面积占15.1%，其中强度以上水土流失面积占总水土流失面积的16.5%，且呈现增长趋势（水利部等，2010）。土壤侵蚀过程中，土壤有机碳随着径流泥沙发生迁移再分布。其中，值得关注的是，有机碳随着泥沙发生选择性迁移过程和随径流发生淋滤过程。水蚀作用下大部分有机碳在景观中实现了再分布，而仍有部分高活性有机碳随着20%～40%的泥沙在流域低洼处沉积

（Wang et al.，2013a，2013b；Ran et al.，2014）。泥沙及有机碳的迁移流失特征同样也体现在沉积土壤中，其中泥沙中不同粒径土壤颗粒和有机碳浓度或组成等都能呈现沉积旋回规律。土壤侵蚀和沉积作用可导致土壤有机碳在空间上发生水平迁移，从而显著影响生态系统碳源汇的空间格局（崔利论等，2016）。以广东省为例，每年由土壤侵蚀引发的土壤有机碳流失量相当于每年 433 万 t 的 CO_2 排放量，土壤侵蚀引起的土壤有机碳流失问题严重。广东省土壤有机碳库的统计结果表明，广东省土壤（1 m）有机碳储量为 1.25 Pg，其中表层土壤有机碳为 0.41 Pg。广东省土壤侵蚀面积约 $1.42×10^4$ km^2，年土壤侵蚀量约为 $1×10^{11}$ kg（万洪富，2005）。珠江流域泥沙输移比按 0.39 计算（李智广和刘秉正，2006）。广东省表层土壤有机碳含量几何平均值为 11.8 g/kg，以此计算，广东省每年由土壤侵蚀引发的表层土壤有机碳流失量高达 $1.18×10^9$ kg，相当于 4.33Mt 的 CO_2 排放量。其中，约有 $0.46×10^9$ kg 进入周边水体，$0.72×10^9$ kg 在侵蚀区周边重新分配。

2. 红壤侵蚀区的土壤固碳潜力巨大

南方红壤侵蚀面积大，强度高，土壤碳流失量巨大。土壤碳循环是当前全球变化研究的热点，其中地球表层 1m 范围内的土壤有机碳含量约为 $1.55×10^{15}$ kg，其动态变化影响到了土壤肥力以及大气中 CO_2 含量，对地表植被和气候变化具有重要影响（Batjes，1996）。土壤有机碳主要分布于土壤的表层，容易受土壤侵蚀的影响（Lowrance and Williams，1988；陈伟等，2014），进而影响全球气候变化。然而，土壤有机碳在许多用来预测未来气候变化的碳循环模型中并未被充分考虑（Quinton et al.，2010）。全球因土壤侵蚀和沉积作用，每年有 2.7 Pg土壤有机碳发生空间转移，相当于全球陆地每年的碳汇总量（Battin et al.，2009），其显著改变了陆地–大气之间的 CO_2 交换过程。径流和雨水的外力破坏了土壤团粒体结构，使得土壤有机碳加速释放，侵蚀搬运过程中部分有机碳发生了损失，由此全球每年向大气排放的 CO_2 将增加 1.14 Pg（Starr et al.，2000；章明奎和刘兆云，2009）。红壤地区的有机碳密度为 8～10 kg/m^2（解宪丽等，2004），广东省土壤有机碳库总量为 $1.25×10^{12}$ kg，其中表层土壤中有机碳的总量为 $0.41×10^{12}$ kg，表层土壤有机碳密度为 2.13 kg C/m^2（罗薇等，2018）。红壤地区土壤侵蚀作用面积大、强度高，土壤侵蚀引起的土壤有机碳流失问题严重（Zhang et al.，2008）。珠江流域 0～1.0 m 范围内土壤碳库的存量为 $1.36×10^{13}$ kg，占中国陆地碳库总量的 9.51%，占全球碳库总量的 0.91%；人类活动造成流域内有机碳的大量流失，其中水土流失损失的碳有 $8.01×10^9$ kg/a（魏秀国等，2004），此外还约有 $1.85×10^{10}$ kg 土壤有机碳在侵蚀周边区域重新分布（罗薇等，2018），总有机碳侵蚀模数为 $8.31×10^6$ g/(km^2·a)（张连凯等，2013）。

红壤侵蚀区的土壤固碳潜力巨大，能够成为新的土壤碳汇增长点。侵蚀区土壤由于长期的侵蚀作用，表层土壤有机碳含量较低，底层含量较高，土壤有机碳表现出向底层迁移的特征，长此以往势必会形成新的碳汇增长点。例如，广东省侵蚀区土壤有机碳含量只需达到全国自然土壤平均水平，土壤有机碳就能至少增汇 4000 万 t，相当于 CO_2 减排 1.5 亿 t。此外，对土壤剖面研究的结果显示，表层土壤有机碳和下层土壤有机碳在空间尺度上密切相关，表层土壤有机碳区域尺度上存在向下迁移的特征，可以证明侵蚀区土壤有机碳可向下迁移形成一个很大的钝性碳库（罗薇等，2018）。

3. 红壤侵蚀区土壤碳流失研究的特殊性

红壤侵蚀区特殊的区域地球化学过程使该区域的碳循环具有一定特殊性。红壤通常富含铁氧化物等，这一性质深刻影响着侵蚀区土壤碳流失及转化的物理化学机制。已有研究表明，土壤固碳过程和土壤碳在团聚体保护更新中的转化与化学稳定性有关（Jastrow et al.，1996）。土壤新碳进入土壤后的土壤矿物质（氧化铁铝）保护作用对土壤有机碳的固存和稳定有着重要的贡献（Torn et al.，1997；Spaccini et al.，2001；Osher and Amundson，2003）。红壤中富含铁铝氧化物，红壤中的氧化铁可能在有机碳保护与稳定中起着重要的作用（周萍等，2009）。花岗岩是红壤最主要的成土母岩，其土壤剖面属于典型的富铁铝型风化剖面，它是风化作用晚期的产物，风化物含沙量高、粗细不一、通透性好。矿物风化作用强烈，黏粒和次生矿物含量较高（<0.002 mm 黏粒在 30% 左右），花岗岩分布区也是区域土壤侵蚀的主要分布区（陆发熹，1988）。根据我们的研究（Zhang et al.，2008），侵蚀区域土壤有机碳密度相对较高。这种土壤易侵蚀区与土壤较高的碳密度的空间对应，既反映了土壤侵蚀引发的土壤碳流失量的巨大，也表明对侵蚀区土壤的治理修复具有极高的固碳潜力价值。

2.3.2　红壤侵蚀区土壤碳流失的研究意义

基于土壤侵蚀与碳循环两个热点问题，通过区域尺度–坡面尺度–微观尺度多角度拓展，土壤物理、土壤化学、土壤微生物、分子生态学、生物电化学等多学科渗透的方法途径，以界面的水、土、碳流失迁移为关注点，深入剖析红壤典型侵蚀区的土壤碳库空间格局及演变机制、土壤碳流失的物理迁移机制、侵蚀/沉积作用下土壤有机碳的稳定性机制、土壤流失碳形态转化的生物化学机制，阐明其环境效应与生态功能，揭示其关键驱动机制，形成红壤区的新型固碳技术理论体系。

全书主要从 3 种尺度开展以下问题的研究：①区域尺度。侵蚀区土壤碳库的空间格局及演变特征和趋势，土壤自然状态下的土壤碳含量的变化机制，红壤侵蚀区的固碳潜力。②坡面尺度。土壤碳随径流及侵蚀泥沙迁移的物理机制，侵蚀过程对土壤有机碳库源汇去向的影响，侵蚀/沉积作用下土壤有机碳的稳定性及关键影响因子，适合于红壤侵蚀区的土壤碳流失负荷估算定量模型。③微观尺度。土壤系统中影响土壤有机碳动态变化的控制因素，增加土壤碳含量的物理、化学及生物潜力的固碳机制与关键调控途径。

本书从多尺度、多学科着手，深入研究侵蚀条件下的土壤碳循环问题，解析侵蚀条件下的土壤碳流失及控制途径，深入认知红壤典型侵蚀区的水土流失与土壤碳循环的本质。为此，本书针对红壤地区红壤侵蚀与碳循环的双重环境热点问题，以界面的水、土、碳流失迁移为焦点，深入探讨红壤典型侵蚀区的土壤碳流失及环境效应，具有重要的科学价值。本书的研究思路及技术路线图如图 2.11 所示。

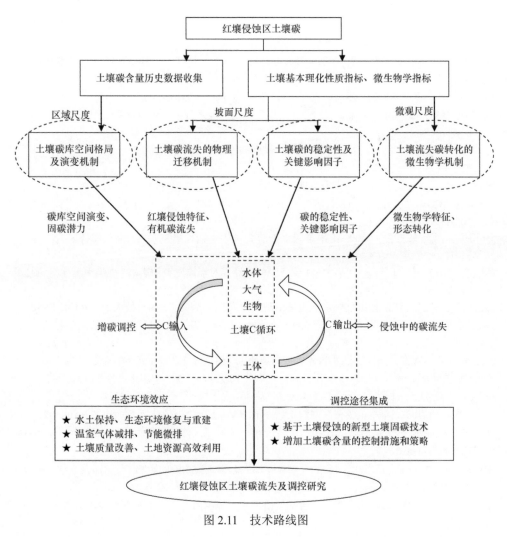

图 2.11　技术路线图

　　总之，研究红壤侵蚀区的碳循环问题能提升该区域和我国在这一国际前沿性重大基础研究方面的学术地位。在土壤侵蚀较严重的红壤侵蚀区域，探讨其土壤碳库空间格局及演变机制，揭示该典型区域的固碳潜力；探讨土壤有机碳的物理迁移机制，深入剖析土壤碳随径流和侵蚀泥沙的流失过程；探讨侵蚀区土壤碳流失过程中的生物化学过程，揭示影响其动态变化的控制因素；进一步估算典型区域侵蚀条件下的碳流失量，最终形成有区域特色的新型固碳技术及调控对策。

参 考 文 献

白俞, 熊平生, 谢世友, 等. 2011. 赣南红壤崩岗侵蚀区生态退化及其修复研究. 国土与自然资源研究, (2): 57-58.

毕明浩, 梁斌, 董静, 等. 2017. 果园生草对氮素表层累积及径流损失的影响. 水土保持学报, 31(3): 102-105.

蔡道雄, 卢立华, 贾宏炎, 等. 2007. 封山育林对杉木人工林林下植被物种多样性恢复的影响. 林业科学研究, 20(3): 319-327.

蔡卓杰. 2016. 基于 RS/GIS 崩岗调查与评价研究. 南宁: 广西师范学院硕士学位论文.

陈宏荣, 岳辉, 彭绍云, 等. 2007. 侵蚀地劣质马尾松林改造效果分析. 中国水土保持科学, 5(4): 62-65.

陈锦芬, 黄炎和, 林金石, 等. 2016. 聚丙烯酰胺在侵蚀崩壁不同层次土壤的吸附特征. 水土保持学报, 30(3): 268-272, 278.

陈俊合, 张龙. 2002. 广东省水土流失现状与分区治理措施. 城市环境, (6): 1-2, 44.

陈伟, 孟梦, 李江, 等. 2014. 思茅松人工林土壤有机碳库特征. 中国水土保持科学, 12(2): 105-112.

陈小英, 查轩, 陈世发. 2009. 山地茶园水土流失及生态调控措施研究. 水土保持研究, 16(1): 51-54.

陈晓安. 2015. 崩岗侵蚀区土壤物理性质分层差异及其对崩岗发育的影响. 中国水土保持, (12): 71-72, 86.

陈志彪, 陈志强. 2016. 南方红壤水土流失治理技术研究与示范. 中国科技成果, 17(17): 29-30.

陈志彪, 朱鹤健, 刘强, 等. 2006. 根溪河小流域的崩岗特征及其治理措施. 自然灾害学报, 15(5): 83-88.

陈志明, 2007. 安溪县崩岗侵蚀现状分析与治理研究. 福州: 福建农林大学硕士学位论文.

陈志明, 许永明, 李翠玲. 2007. 安溪县崩岗治理模式及实施效果. 中国水土保持, (3): 15-17.

程冬兵, 蔡崇法, 左长清. 2006. 土壤侵蚀退化研究. 水土保持研究, 13(5): 252-254.

程洪, 张新全. 2002. 草本植物根系网固土原理的力学试验探究. 水土保持通报, 22(5): 20-23.

褚利平, 王克勤, 白文忠, 等. 2010. 水平阶影响坡地产流产沙及氮磷流失的试验研究. 水土保持学报, 24(4): 1-6.

崔利论, 袁文平, 张海成. 2016. 土壤侵蚀对陆地生态系统碳源汇的影响. 北京师范大学学报(自然科学版), 52(6): 816-822.

邓瑞芬, 王百群, 刘普灵, 等. 2011. 黄土坡面不同土地利用方式对土壤有机碳流失的影响. 水土保持研究, 18(5): 104-107.

丁光敏. 2001. 福建省崩岗侵蚀成因及治理模式研究. 水土保持通报, 5: 10-15.

范修其, 郑春明. 2001. 重点工程建设水土流失防护初探. 浙江水利科技, 4: 16-17.

方熊, 刘菊秀, 尹光彩, 等. 2013. 丘陵林地土壤酸化改良剂的集中施用–自然扩散修复技术研究. 环境科学, 34(1): 293-301.

龚子同. 1999. 中国土壤系统分类. 北京: 科学出版社.

郭太龙, 谢金波, 孔朝晖, 等. 2015. 华南典型侵蚀区土壤有机碳流失机制模拟研究. 生态环境学报, 24(8): 1266-1273.

郭太龙, 卓慕宁, 李定强, 等. 2013. 华南红壤坡面侵蚀水动力学机制试验研究. 生态环境学报, 22(9): 1556-1563.

郭晓敏, 牛德奎, 刘苑秋, 等. 2002. 江西省不同类型退化荒山生态系统植被恢复与重建措施. 生态学报, 22(6): 878-884.

何江华, 李定强, 邓南荣, 等. 1993. 机械夷平地侵蚀形式与特征研究. 水土保持学报, 7(4): 38-43.

何圣嘉, 谢锦升, 杨智杰, 等. 2011. 南方红壤丘陵区马尾松林下水土流失现状、成因及防治. 中国水土保持科学, 9(6): 65-70.

胡建民, 胡欣, 左长清. 2005. 红壤坡地坡改梯水土保持效应分析. 水土保持研究, 12(4): 271-273.

黄斌, 李定强, 袁再健, 等. 2018. 崩岗治理技术措施研究进展与展望. 水土保持通报, 38(6): 248-253.

黄俊, 金平伟, 李岚斌, 等. 2016. 崩壁治理中几种稳定复绿技术对比研究. 水土保持学报, 30(2): 175-180.

黄荣珍, 樊后保, 李凤, 等. 2010. 人工修复措施对严重退化红壤固碳效益的影响. 水土保持通报, 30(2): 60-64.

黄茹, 黄林, 何丙辉, 等. 2012. 三峡库区坡地林草植被阻止降雨径流侵蚀. 农业工程学报, 28(9): 70-76.

黄生裕, 刘星塔. 1993. 麻竹治理崩岗(沟)的栽培技术. 福建水土保持, 4: 13-18.

黄艳霞. 2007. 广西崩岗侵蚀的现状、成因及治理模式. 中国水土保持, 2: 3-4.

黄耀, 孙文娟, 张稳, 等. 2010. 中国陆地生态系统土壤有机碳变化研究进展. 中国科学: 生命科学, 40(7): 577-586.

黄志刚, 曹云, 欧阳志云, 等. 2008. 南方红壤丘陵区杜仲人工林产流产沙与降雨特征关系. 生态学杂志, 27(3): 311-316.

焦居仁. 1998. 开发建设项目水土保持. 北京: 中国法制出版社.

金平伟, 黄俊, 李岚斌, 等. 2014. 不同复绿技术模式对崩岗崩壁稳定性影响研究. 人民珠江, 35(6): 26-30.

雷环清. 2007. 兴国县花岗岩区林下水土流失及其防治. 中国水土保持, 3: 58-59.

李炳元, 潘保田, 程维明, 等. 2013. 中国地貌区划新论. 地理学报, 68(3): 291-306.

李定强. 1992. 崩岗侵蚀研究//自然地理与环境研究(论文集). 广州: 中山大学出版社: 138-145.

李定强, 邓南荣, 王继增, 等. 1992. 深圳市观澜河流域水土流失规律研究. 热带亚热带土壤科学(生态环境学报), 1(2): 86-90.

李发林, 郑域茹, 郑涛, 等. 2013. 果园带状生草对果园面源污染的控制效果. 水土保持学报,

27(3): 82-89.

李钢, 梁音, 曹龙熹. 2012. 次生马尾松林下植被恢复措施的水土保持效益. 中国水土保持科学, 10(6): 25-31.

李桂静, 崔明, 周金星, 等. 2014. 南方红壤区林下土壤侵蚀控制措施水土保持效益研究. 水土保持学报, 28(5): 1-5.

李丽萍. 2010. 建设麻竹基地治理崩岗技术. 福建农业, 2: 36-37.

李思平. 1992. 广东省崩岗侵蚀规律和防治的研究. 自然灾害学报, 1(3): 68-74.

李小林. 2013. 赣南崩岗治理实践与思考. 中国水土保持, 2: 32-33.

李旭义, 查轩, 刘先尧. 2008. 南方红壤区崩岗侵蚀治理模式探讨. 太原师范学院学报(自然科学版), (3): 106-110.

李学增, 黄炎和, 林金石, 等. 2016. 不同宽度冲刷槽对崩岗崩积体产流产沙的影响. 农业工程学报, 32(9): 136-141.

李夷荔, 林文莲. 2001. 论工程侵蚀特点及其防治对策. 福建水土保持, (3): 27-31.

李智广, 刘秉正. 2006. 我国主要江河流域土壤侵蚀量测算. 中国水土保持科学, 4(2): 1-6.

梁音, 张斌, 潘贤章, 等. 2008. 南方红壤丘陵区水土流失现状与综合治理对策. 中国水土保持科学, 6(1): 22-27.

廖义善, 唐常源, 袁再健, 等. 2018. 南方红壤区崩岗侵蚀及其防治研究进展. 土壤学报, 55(6): 1297-1312.

林德喜, 樊后保. 2005. 马尾松林下补植阔叶树后森林凋落物量、养分含量及周转时间的变化. 林业科学, 41(6): 10-18.

林和平. 1993. 水平沟耕作在不同坡度上的水土保持效应. 水土保持学报, 7(2): 63-69.

刘启明, 叶淑琼, 焦玉佩, 等. 2016. 南方红壤区不同经济林地土壤理化特征和酶活性的对比研究. 地球与环境, 44(5): 502-505.

陆发熹. 1988. 珠江三角洲土壤. 北京: 中国环境科学出版社.

吕联合. 2011. 福建省泉州市崩岗侵蚀现状及防治成效. 亚热带水土保持, 23(4): 47-49.

罗薇, 张会化, 陈俊坚, 等. 2018. 广东省土壤有机碳储量及分布特征. 生态环境学报, 27(9): 1593-1601.

马媛, 丁树文, 何溢钧, 等. 2016. 崩岗"五位一体"系统性治理措施探讨. 中国水土保持, 4: 65-68.

马志阳, 查轩. 2008. 南方红壤区侵蚀退化马尾松林地生态恢复研究. 水土保持研究, 15(3): 188-193.

莫江明, 彭少麟, Sandra B, 等. 2004. 鼎湖山马尾松林群落生物量生产对人为干扰的响应. 生态学报, 24(2): 193-200.

聂国卿, 易志华. 2019. 区域生态系统服务价值的评估研究——以湖南省为例. 商学研究, 26(3): 67-73.

牛德奎. 2009. 华南红壤丘陵区崩岗发育的环境背景与侵蚀机理研究. 南京: 南京林业大学博士学位论文.

欧阳春. 2011. 两种母质发育红壤的侵蚀治理效益与配置模式的研究. 武汉: 华中农业大学硕士学位论文.

潘根兴, 李恋卿, 张旭辉. 2002. 土壤有机碳库与全球变化研究的若干前沿问题. 南京农业大学学报, 25(3): 100-109.

潘开文, 杨冬生, 江心. 1995. 四川盆地马尾松低效林改造后林地侵蚀变化及其预测. 土壤侵蚀与水土保持学报, 1(1): 48-53.

潘艳华, 王攀磊, 郭玉蓉, 等. 2016. 幼龄果园坡耕地保护性耕作的水土保持效果. 中国水土保持科学, 14(3): 139-145.

任文海. 2012. 花岗岩红壤坡面工程措施的水土保持效应研究. 武汉: 华中农业大学硕士学位论文.

任寅榜, 吕茂奎, 江军, 等. 2018. 侵蚀退化地植被恢复过程中芒萁对土壤可溶性有机碳的影响. 生态学报, 38(7): 2288-2298.

史衍玺, 唐克丽. 1998. 人为加速侵蚀下土壤质量的生物学特性变化. 土壤侵蚀与水土保持学报, 4(1): 29-34.

史志华, 王玲, 刘前进, 等. 2018a. 土壤侵蚀: 从综合治理到生态调控. 中国科学院院刊, 33(2): 198-205.

史志华, 闫峰陵, 李朝霞, 等. 2007. 红壤表土团聚体破碎方式对坡面产流过程的影响. 自然科学进展, (2): 217-224.

史志华, 杨洁, 李忠武, 等. 2018b. 南方红壤低山丘陵区水土流失综合治理. 水土保持学报, 32(1): 6-9.

水利部, 中国科学院, 中国工程院. 2010. 中国水土流失防治与生态安全——南方红壤区卷. 北京: 科学出版社.

宋月君, 郑海金. 2014. "前埂后沟+梯壁植草+反坡梯田" 坡面工程优化配置技术解析. 水土保持应用技术, (6): 38-40.

唐克丽. 2004. 中国水土保持. 北京: 科学出版社.

陶禹, 向风雅, 任文海, 等. 2015. 花岗岩红壤坡面工程措施初期的水土保持效果. 水土保持学报, 29(5): 34-39.

田均良. 2004. 土壤学与水土保持学//朱显谟院士论文集. 西安: 陕西人民出版社.

涂樵艳, 邓万程, 邹书文. 2014. 崩岗的危害及其综合治理. 现代农业科技, 19: 276-277.

万洪福. 2005. 我国区域农业环境问题及其综合治理. 北京: 中国环境科学出版社.

万勇善, 席承藩, 史德明. 1992. 南方花岗岩区不同侵蚀土壤治理效果的研究. 土壤学报, 29(4): 419-426.

汪邦稳, 段剑, 王凌云, 等. 2014. 红壤侵蚀区马尾松林下植被特征与土壤侵蚀的关系. 中国水土保持科学, 12(5): 9-16.

王会利, 曹继钊, 孙孝林, 等. 2016. 桉树-牧草复合经营模式下水土流失和土壤肥力的综合评价. 土壤通报, 47(6): 1468-1474.

王会利, 杨开太, 黄开勇, 等. 2012. 广林巨尾桉人工林土壤侵蚀和养分流失研究. 西部林业科学, 41(4): 84-87.

王静, 李海林, 吴水丰, 等. 2014. 临安市山核桃林下水土流失治理探讨. 中国水土保持, 11: 36-38.

王军光, 李朝霞, 蔡崇法, 等. 2012. 坡面水流中不同层次红壤团聚体剥蚀程度研究. 农业工程学报, 28(19): 78-84.

王青宁, 衣学慧, 王晗生, 等. 2015. 黄土坡面植被重建鱼鳞坑整地的土壤水分特征. 土壤通报, 46(4): 866-872.

王珍, 冯浩. 2010. 秸秆不同还田方式对土壤入渗特性及持水能力的影响. 农业工程学报, 26(4):

75-80.

魏霞, 李勋贵, Huang C H. 2015. 玉米茎秆汁液防治坡面土壤侵蚀的室内模拟试验. 农业工程学报, 31(11): 173-178.

魏秀国, 沈承德, 李定强, 等. 2004. 珠江流域土壤中碳库的存量与通量. 生态环境, 13(4): 670-673.

翁伯琦, 罗旭辉, 张伟利, 等. 2015. 水土保持与循环农业耦合开发策略及提升建议——以福建省长汀县等3个水土流失重点治理县为例. 中国水土保持科学, 13(2): 106-111.

吴菲, 李典云, 夏栋, 等. 2016. 中国南方花岗岩崩岗综合治理模式研究. 湖北农业科学, 55(16): 4081-4084.

吴海彪. 2001. 种植麻竹治理崩岗侵蚀的主要技术措施. 福建水土保持, 3: 24-26.

吴克刚, 李定强. 1989. 崩岗侵蚀的坡向差异初探. 地理论丛, 2: 2-7.

夏栋. 2015. 南方花岗岩区崩岗崩壁稳定性研究. 武汉: 华中农业大学博士学位论文.

向凤雅. 2014. 水土保持工程措施对花岗岩红壤坡面异质性的影响. 武汉: 华中农业大学硕士学位论文.

肖龙, 宋月君. 2017. 崩岗崩积体土壤侵蚀规律研究进展. 水土保持应用技术, 2: 38-41.

肖胜生, 杨洁, 方少文, 等. 2014. 南方红壤丘陵崩岗不同防治模式探讨. 长江科学院院报, 31(1): 18-22.

解宪丽, 孙波, 周慧珍, 等. 2004. 中国土壤有机碳密度和储量的估算与空间分布分析. 土壤学报, 41(1): 35-43.

谢锦升, 杨玉盛, 陈光水, 等. 2002. 封禁管理对严重退化群落养分循环与能量的影响. 山地学报, 20(3): 325-330.

谢锦升, 杨玉盛, 解明曙. 2004. 亚热带花岗岩侵蚀红壤的生态退化与恢复技术. 水土保持研究, 11(3): 154-156.

谢炎敏. 2017. 福建省长汀县崩岗生物治理模式的生态环境效应分析. 亚热带水土保持, 29(2): 13-15.

徐铭泽, 杨洁, 刘窑军, 等. 2018. 不同母质红壤坡面产流产沙特征比较. 水土保持学报, 32(2): 34-39.

杨洁, 郭晓敏, 宋月君, 等. 2012. 江西红壤坡地柑橘园生态水文特征及水土保持效益. 应用生态学报, 23(2): 468-474.

杨昆, 管东生. 2006. 林下植被的生物量分布特征及其作用. 生态学杂志, 25(10): 1252-1256.

杨娅双, 王金满, 万德鹏. 2018. 人工堆垫地貌微地形改造及其水土保持效果研究进展. 生态学杂志, 37(2): 569-579.

杨玉盛, 何宗明, 邱仁辉, 等. 1999. 严重退化生态系统不同恢复和重建措施的植物多样性与地力差异研究. 生态学报, 19(4): 490-494.

姚庆元, 钟五常. 1966. 江西赣南花岗岩地区的崩岗及其防治. 江西师范学院学报, 1: 61-77.

袁希平, 雷廷武. 2004. 水土保持措施及其减水减沙效益分析. 农业工程学报, 20(2): 296-300.

袁再健, 马东方, 聂小东, 等. 2020. 南方红壤丘陵区林下水土流失防治研究进展. 土壤学报, 57(1): 1-12.

曾国华, 谢金波, 李彬燊, 等. 2008. 南方花岗岩区各种崩岗的整治途径. 中国水土保持, 1: 16-18.

曾昭璇. 1960. 地形学原理(第一册). 华南师范学院内部刊印, 64-67.

曾昭璇. 1992. 华南红土区水土流失问题. 人民珠江, 6: 15-20.

查轩, 黄少燕, 林金堂. 2003. 林地针叶化对土壤微生物特征影响研究. 水土保持学报, 17(4): 18-21.

张大林, 刘希林. 2014. 崩岗泥砂流粒度特性及流体类型分析——以广东五华县莲塘岗崩岗为例. 地球科学进展, 29(7): 810-818.

张海东, 于东升, 董林林, 等. 2014. 侵蚀红壤恢复区植被垂直结构对土壤恢复特征的影响. 土壤, 46(6): 1142-1148.

张汉松, 钟鸣辉. 2013. 南方红壤区不同类型植物篱治理崩岗效益研究. 水电与新能源, 4: 75-78.

张浩, 吕茂奎, 江军, 等. 2016. 侵蚀红壤区植被恢复对表层与深层土壤有机碳矿化的影响. 水土保持学报, 30(1): 244-249, 314.

张杰, 陈晓安, 汤崇军, 等. 2017. 典型水土保持措施对红壤坡地柑橘园水土保持效益的影响. 农业工程学报, 33(24): 165-173.

张坤, 包维楷, 杨兵, 等. 2017. 林下植被对土壤微生物群落组成与结构的影响. 应用与环境生物学报, 23(6): 1178-1184.

张连凯, 覃小群, 杨慧, 等. 2013. 珠江流域河流碳输出通量及变化特征. 环境科学, 34(8): 3025-3034.

张龙. 2003. 广东省水土流失现状与分区治理措施. 城市建设理论研究, 24(3): 22-24.

张木匋. 1990. 一年来河田土壤保肥试验工作. 福建水土保持, 3: 54-58.

张学俭. 2010. 南方崩岗的治理开发实践与前景. 中国水利, (4): 17-18, 22.

张颖, 牛健植, 谢宝元, 等. 2008. 森林植被对坡面土壤水蚀作用的动力学机理. 生态学报, 28(10): 5084-5094.

张勇, 陈效民, 邓建强, 等. 2011. 不同母质发育的红壤电荷特性研究. 土壤, 43(3): 481-486.

张展羽, 左长清, 刘玉含, 等. 2008. 水土保持综合措施对红壤坡地养分流失作用过程研究. 农业工程学报, 24(11): 41-45.

张兆福, 黄炎和, 林金石, 等. 2014. PAM 特性对花岗岩崩岗崩积体径流及产沙的影响. 水土保持研究, 21(3): 1-5.

章明奎, 刘兆云. 2009. 红壤坡耕地侵蚀过程中土壤有机碳的选择性迁移. 水土保持学报, 23(1): 45-49.

赵辉, 秦百顺, 罗建民, 等. 2010. 湖南衡东雨仙庙崩岗群的形成规律与生态修复研究. 贵阳: 第二届全国水土保持生态修复学术研讨会.

赵其国. 2006. 我国南方当前水土流失与生态安全中值得重视的问题. 水土保持通报, 26(2): 1-8.

赵其国, 黄国勤, 马艳芹. 2013. 中国南方红壤生态系统面临的问题及对策. 生态学报, 33(24): 7615-7622.

周红艺, 李辉霞. 2017. 华南活动型崩岗崩壁土体的崩解特性及其影响因素. 水土保持学报, 31(1): 74-79.

周萍, 宋国菡, 潘根兴, 等. 2009. 三种南方典型水稻土长期试验下有机碳积累机制研究 II. 团聚体内有机碳的化学结合机制. 土壤学报, 46(2): 263-273.

朱高立, 王雪琪, 李发志, 等. 2017. 秸秆覆盖对崩积体坡面产流产沙影响的模拟试验. 土壤, 49(3): 601-607.

朱高立, 文博, 李静, 等. 2016. 不同雨强和覆盖度条件下崩积体侵蚀泥沙颗粒特征. 土壤学报,

53(6): 1371-1379.

朱世清, 卢家诚, 李定强. 1990. 兴宁县石马河流域土壤侵蚀类型. 水土保持通报, 10(1): 1-7.

祝亚云, 曹龙熹, 吴智仁, 等. 2017. 新型 W-OH 材料对崩积体土壤分离速率的影响. 土壤学报, 54(1): 73-80.

Amundson R, Berhe A A, Hopmans J W, et al. 2015. Soil and human security in the 21st century. Science, 348(6235): 1261071.

Batjes N H. 1996. Total carbon and nitrogen in the soils of the world. European Journal of Soil Science, 47(2): 151-163.

Battin T J, Luyssaert S, Kaplan L A, et al. 2009. The boundless carbon cycle. Nature Geoscience, 2(9): 598.

Deng Y, Cai C, Xia D, et al. 2017. Soil atterberg limits of different weathering profiles of the collapsinggullies in the hilly granitic region of southern China. Solid Earth, 8(2): 499-513.

Guo T, Wang Q, Li D, et al. 2010a. Sediment and solute transport on soil slope under simultaneous influence of rainfall impact and scouring flow. Hydrological Processes, 24(11): 1446-1454.

Guo T, Wang Q, Li D, et al. 2010b. Effect of surface stone cover on sediment and solute transport on the slope of fallowed loess land in a semi-arid region of Northwestern China. Journal of Soils and Sediments, 10(6): 1200-1208.

Guo T, Wang Q, Li D, et al. 2013. Flow hydraulic characteristics effect on sediment and solute transport on slope erosion. CATENA, 107: 145-157.

Harden J W, Berhe A A, Torn M, et al. 2008. Soil erosion: data say C sink. Science, 320(5873): 178-179.

Jastrow J, Boutton T, Miller R. 1996. Carbon dynamics of aggregate associated organic matter estimated by carbon-13 natural abundance. Soil Science Society of America Journal, 60: 801-807.

Keesstra S, Pereira P, Novara A, et al. 2016. Effects of soil management techniques on soil water erosion in apricot orchards. Science of the Total Environment, 551-552: 357-366.

Lin J, Huang Y, Wang M, et al. 2015. Assessing the sources of sediment transported in gully systems using a fingerprinting approach: an example from South-east China. Catena, 129: 9-17.

Lowrance R, Williams R G. 1988. Carbon movement in runoff and erosion under simulated rainfall conditions. Soil Science Society of America Journal.

Lützow M V, Kögel-Knabner I, Ekschmitt K, et al. 2007. SOM fractionation methods: relevance to functional pools and to stabilization mechanisms. Soil Biology and Biochemistry, 39(9): 2183-2207.

Martínez-Mena M, López J, Almagro M, et al. 2012. Organic carbon enrichment in sediments: effects of rainfall characteristics under different land uses in a Mediterranean area. Catena, 94: 36-42.

Massimo P, Paolo T, Artemi C. 2016. Mulching practices for reducing soil water erosion: a review. Earth-Science Reviews, (161): 191-203.

Neris J, Tejedor M, Rodríguez M, et al. 2013. Effect of forest floor characteristics on water repellency, infiltration, runoff and soil loss in Andisols of Tenerife(Canary Islands, Spain). Catena, 108: 50-57.

Nie X D, Li Z W, Huang J Q, et al. 2017. Soil organic carbon fractions and stocks respond to restoration measures in degraded lands by water erosion. Environmental Management, 59(5): 816-825.

Osher L J, Amundson M R. 2003. Effect of land use change on soil carbon in Hawaii. Biogeoche-mistry, 65(2): 213-232.

Prosdocimi M, Cerdà A, Tarolli P. 2016a. Soil water erosion on Mediterranean vineyards: a review. Catena, 141: 1-21.

Prosdocimi M, Tarolli P, Cerdà A. 2016b. Mulching practices for reducing soil water erosion: a review. Earth-Science Reviews, 161: 191-203.

Quinton J N, Govers G, van Oost K, et al. 2010. The impact of agricultural soil erosion on biogeochemical cycling. Nature Geoscience, 3(5): 311.

Ran L, Lu X X, Xin Z. 2014. Erosion-induced massive organic carbon burial and carbon emission in the Yellow River basin, China. Biogeosciences, 11(4): 945-959.

Ruiz-Colmenero M, Bienes R, Eldridge D J, et al. 2013. Vegetation cover reduces erosion and enhances soil organic carbon in a vineyard in the central Spain. Catena, 104: 153-160.

Sepaskhah A R, Shahabizad V. 2010. Effects of water quality and PAM application rate on the control of soil erosion, water infiltration and runoff for different soil textures measured in a rainfall simulator. Biosystems Engineering, 106(4): 513-520.

Shi Z H, Yan F L, Li L, et al. 2010. Interrill erosion from disturbed and undisturbed samples in relation to topsoil aggregate stability in red soils from subtropical China. Catena, 81(3): 240-248.

Spaccini R, Zena A, Igwe C A, et al. 2001. Carbohydrates in water-stable aggregates and particle size fractions of forested and cultivated soils in two contrasting tropical ecosystems. Biogeochemistry, 53(1): 1-22.

Starr G C, Lal R, Malone R, et al. 2000. Modeling soil carbon transported by water erosion processes. Land degradation and Development, 11(1): 83-91.

Sun D, Zhang W, Lin Y, et al. 2018. Soil erosion and water retention varies with plantation type and age. Forest Ecology and Management, 422: 1-10.

Torn M S, Trumbore S E, Chadwick O A, et al. 1997. Mineral control of soil organic carbon storage and turnover. Nature, 389(6647): 170.

Wang A P, Li F H, Yang S M. 2011. Effect of polyacrylamide application on runoff, erosion, and soil nutrient loss under simulated rainfall. Pedosphere, 21(5): 628-638.

Wang B, Harder T H, Kelly S T, et al. 2016. Airborne soil organic particles generated by precipitation. Nature Géoscience, 9(6): 433.

Wang B, Zhang G, Duan J. 2015. Relationship between topography and the distribution of understory vegetation in a Pinus massoniana forest in Southern China. International Soil and Water Conservation Research, 3(4): 291-304.

Wang B, Zheng F, Römkens M J M, et al. 2013a. Soil erodibility for water erosion: a perspective and Chinese experiences. Geomorphology, 187: 1-10.

Wang Z, Govers G, Steegen A, et al. 2010. Catchment-scale carbon redistribution and delivery by water erosion in an intensively cultivated area. Geomorphology, 124(1-2): 65-74.

Wang Z, Oost K V, Lang A, et al. 2013b. Long-term dynamics of buried organic carbon in colluvial soils. Biogeosciences Discussions, 10(8): 13719-13751.

Xia D, Deng Y S, Wang S L, et al. 2015. Fractal features of soil particle-size distribution of different weathering profiles of the collapsing gullies in the hilly graniticregion, South China. Natural Hazards, 79: 455-478.

Xiao H B, Li Z W, Chang X, et al. 2017. Soil erosion-related dynamics of soil bacterial communities and microbial respiration. Applied Soil Ecology, 119: 205-213.

Xu J. 1996. Benggang erosion: the influencing factors. Catena, 27(3-4): 249-263.

Zhang H H, Li F B, Wu Z F, et al. 2008. Baseline concentrations and spatial distribution of trace metals in surface soils of Guangdong Province, China. Journal of Environmental Quality, 37(5):

1752-1760.

Zhang H, Chen J, Wu Z F, et al, 2017. Storage and spatial patterns of organic carbon of soil profiles in Guangdong Province, China. Soil Research, 55(4): 401-411.

Zheng H, Ouyang Z Y, Wang X K, et al. 2005. Effects of regenerating forest cover on soil microbial communities: a case study in hilly red soil region, Southern China. Forest Ecology and Management, 217(2): 244-254.

Zhou C Y, Wwi X H, Zhou G Y, et al. 2008. Impacts of a large-scale reforestation program on carbon storage dynamics in Guangdong, China. Forest Ecology and Management, 255(3-4): 847-854.

第3章 土壤碳库空间格局及演变机制

3.1 广东省土壤有机碳空间格局和储量

全球土壤有机碳储量为 1200～2500 Pg，约是大气碳储量的两倍、植被碳储量的 2～3 倍（IPCC，1990；Schlesinger，1991；Lal，1999；Watson and Noble，2001）。土壤有机碳不仅对农田土壤的物理化学特性以及农作物产量作用重大，而且在全球碳循环和温室效应研究中具有重要的意义（Singh et al.，2007）。土壤中有机碳的含量受到许多因素的影响，如成土母质、土壤结构、土壤 pH、地形地貌、气候、土地利用方式和给排水等。优化关键影响因素，尤其是土地利用方式，给排水等，能够显著地提升土壤碳储量，缓解气候变化（Smith et al.，2000；Lal，2004）。

由于土壤有机碳主要集中在表层土壤，因此大量的研究也是围绕表层有机碳含量开展的（Pan et al.，2003；Wang et al.，2003；Yan et al.，2007；Yu et al.，2007），关于底层土壤有机碳的研究则相对较少。Batjes（1996）研究指出，土壤剖面 30～100 cm 的土壤有机碳储量为剖面总有机碳储量的 46%～63%。Tarnocai 等（2009）对北极圈土壤研究发现，至少61%的土壤有机碳储存在 30 cm 以下的土壤中。就储量而言，底层土壤有机碳较表层土壤有机碳更为重要（Rumpel and Kögel-Knabner，2011）。底层土壤有机碳含量较低，因此它们对有机碳的潜在捕获能力更强，更易于驻留由植物根带入的有机碳或者淋滤的可溶性有机碳（Lorenz and Lal，2005）。

我国土壤有机碳储量有诸多的评估结果，Fang 等（1996）的评估值为 185.7 Pg，而潘根兴（1999）的评估值为 50 Pg，其他评估值均在上述两值之间。例如，Wang 等（2001）的 92.4 Pg、Wu 等（2003）的 70.3 Pg、Yu 等（2007）的 89.14 Pg 和 Li 等（2007）的 83.8 Pg。我国对土壤剖面底层有机碳含量的研究相对较少。因为上述研究尺度较大，所以研究结果有较大的差异和不确定性。因此，开展省域尺度的分析非常重要。本章主要的研究内容如下：①评估了广东省不同土壤和土地利用类型的土壤有机碳储量；②指出区域尺度上表层有机碳有向底层迁移的趋势；③表明土壤退化侵蚀是表层土壤有机碳再分布和流失进入周边水体的主要驱动力。本章的研究结果为合理评估研究区土壤有机碳储量和环境的深度管理提供了基础科学支持。

3.1.1 土壤特征与有机碳分析

1. 分析方法

研究区地理位置、土壤类型、土地利用类型和土壤采样点分布如图 3.1 所示。所有 211 个样点均远离明显的污染地区。每个土壤剖面按照成土过程分 A、B 和 C 三层采样。所有土样去除植物根系，风干研磨后送实验室分析。土壤有机质的测定采用重铬酸钾湿式燃烧法（Walkley and Black，1934；文启孝，1984）。土壤总氮的测定使用凯氏定氮法（刘光崧等，1996）。

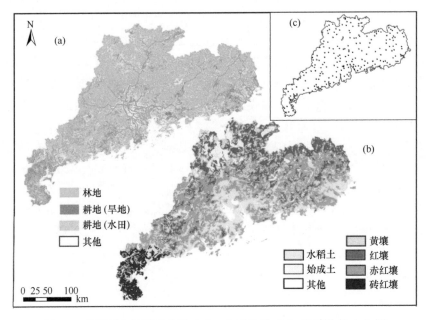

图 3.1　研究区土地利用类型（a）、土壤类型（b）和采样点（c）图

土壤有机碳密度计算公式为

$$\text{SOCD}_{ij} = \frac{\left(1 - \delta_{ij}\%\right) \times \rho_{ij} \times C_{ij} \times T_{ij}}{100} \tag{3.1}$$

式中，$\delta_{ij}\%$ 为 i 剖面 j 土层中大于 2 mm 粒径的百分比；ρ_{ij} 为土壤容重（g/cm³）；C_{ij} 为有机碳含量（%）；T_{ij} 为土层厚度（cm）。有机碳含量利用有机质乘以 0.58 换算得到（Hollis et al.，2012）。

土壤剖面碳储量计算公式为

$$SOCS_i = \sum_{j=1}^{3} SOCD_{ij} \times Area_i \qquad (3.2)$$

$$SOCS_{Total} = \sum_{i=1}^{n} \sum_{j=1}^{3} SOCD_{ij} \times Area_i \qquad (3.3)$$

式中，$Area_i$ 为土壤剖面代表的土壤类型的面积。

2. 土壤有机碳含量

A 层土壤有机碳含量范围为 0.04%～5.03%，其几何平均值和算术平均值分别为 1.18% 和 1.45%；B 层有机碳含量范围为 0.02%～5.24%，其几何平均值和算术平均值分别为 0.71% 和 0.94%；C 层有机碳含量范围为 0.01%～4.85%，其几何平均值和算术平均值分别为 0.45% 和 0.66%；最大值 5.24% 出现在水稻土犁底层（B 层）中（表 3.1）。

表 3.1　广东省土壤剖面数据统计

	样品数	最小值	中值	几何平均值	算术平均值	最大值	偏斜值
				A 层			
有机碳	211	0.04（%）	1.29（%）	1.18（%）	1.45（%）	5.03（%）	1.29[a]；−0.91[b]
总氮	211	0.00（%）	0.11（%）	0.11（%）	0.12（%）	0.41（%）	1.18[a]；−0.79[b]
容重	211	0.52（g/cm³）	1.19（g/cm³）		1.16（g/cm³）	1.66（g/cm³）	−0.37
黏粒	211	0.00（%）	18.69（%）		20.45（%）	64.4（%）	0.62
厚度	211	3.0（cm）	15.0（cm）		17.0（cm）	40（cm）	0.97
pH-H₂O	211	3.4	5.5		5.77	9.1	0.87
				B 层			
有机碳	203	0.02（%）	0.75（%）	0.71（%）	0.94（%）	5.24（%）	2.51[a]；−0.83[b]
总氮	203	0.00（%）	0.07（%）	0.07（%）	0.08（%）	0.39（%）	1.91[a]；−0.62[b]
容重	203	0.46（g/cm³）	1.165（g/cm³）		1.17（g/cm³）	1.8（g/cm³）	−0.30
黏粒	203	0.00（%）	23.51（%）		25.27（%）	85.22（%）	0.96
厚度	203	3.0（cm）	20.0（cm）		29.5（cm）	137.0（cm）	1.43
pH-H₂O	203	3.0	5.7		5.92	11.9	1.03
				C 层			
有机碳	185	0.01（%）	0.44（%）	0.45（%）	0.66（%）	4.85（%）	2.87[a]；−0.77[b]
总氮	185	0.01（%）	0.05（%）	0.05（%）	0.06（%）	0.56（%）	4.65[a]；−0.02[b]
容重	185	0.40（g/cm³）	1.25（g/cm³）		1.20（g/cm³）	1.77（g/cm³）	−0.56
黏粒	185	0.00（%）	23.93（%）		25.93（%）	74.31（%）	0.70
厚度	185	5.0（cm）	46.0（cm）		48.9（cm）	115.0（cm）	0.19
pH-H₂O	185	2.8	5.8		6.05	9.1	0.35

注：上标 a 代表原始数据；上标 b 代表对数转化后的数据

3. 土壤特性

A 层至 C 层土壤容重分别为 1.16 g/cm³、1.17 g/cm³ 和 1.20 g/cm³，最大值 1.8 g/cm³ 出现在水稻土犁底层。黄壤土壤平均容重最低，为 0.74 g/cm³，砖红壤平均土壤容重最高，为 1.26 g/cm³。土壤黏粒含量由 A 层到 C 层分别为 20.45%、25.27% 和 25.93%。土壤有机碳含量高的土壤样品的黏粒含量范围为 10%～30%。对比其他土壤类型，砖红壤和赤红壤中有机碳含量与土壤黏粒含量具有较好的相关性。这种相关性可能与在强烈淋溶作用下土壤有机质更易于被土壤黏粒吸附有关。

剖面土层厚度分别为 A 层（17.0 cm）、B 层（29.5 cm）和 C 层（48.9 cm）。最厚土层为红壤 B 层 137 cm。土壤 pH 由 A 层到 C 层分别为 5.77、5.92 和 6.05。水稻田中 pH 最低的分别为耕作层（A 层）（3.4）、犁底层（B 层）（3.0）和淀积层（C 层）（2.8）（表 3.1）。

3.1.2 土壤有机碳含量、碳密度和碳储量

1. 土壤剖面有机碳含量、碳密度和碳储量

广东省 A 层土壤有机碳几何平均含量为 1.18%，范围为 0.04%～5.03%。B 层和 C 层土壤有机碳几何平均含量分别为 0.71% 和 0.45%（表 3.1）。广东省土壤剖面有机碳储量为 1.25 Pg，其中 A 层储量为 0.41 Pg，B 层为 0.51 Pg、C 层为 0.33 Pg。B 层、C 层土壤是研究区主要的土壤有机碳库，平均土壤有机碳密度为 8.31 kg C/m²，与 Wu 等（2003）报道的 8.01 kg C/m² 接近，但低于 Wang 等（2001）报道的全国平均水平 10.53 kg C/m²。

研究区具有高土壤有机碳密度的样点主要为林地土壤和水稻土，它们分布在广东省北部；相对较低的土壤有机碳密度的样点分布于研究区南部（图 3.2）。土壤有机碳密度区域差异与研究区南北水热分布差异关系密切。广东省北部年平均气温为 18.8℃，而南部雷州半岛地区年平均气温高达 23.2℃。区域温度、水热条件的不同使得北部土壤有机质矿化速率明显低于南部，从而进一步证明不同土壤类型的土壤有机碳含量与生物量和有机质的矿化速率密切相关（全国土壤普查办公室，1998；Wu et al.，2003）。

尽管已有研究表明，土壤黏粒含量影响土壤有机质的转化，但本书结果显示，土壤黏粒含量与有机质含量仅呈弱的正相关（表 3.2）。这种弱的正相关可能与区域成土母岩快速风化作用有关。由于较短的成土过程和强烈的风化作用，土壤黏粒含量主要与成土母岩的矿物成分结构相关（广东省土壤普查办公室，1993；Zhang et al.，2008）。此外，北部高有机质含量的水稻土地区以水旱轮作的耕作方式为主，土壤有机质的来源主要依靠肥料输入，因此农业活动诸如耕作施肥是土壤有机碳

密度较高的主要原因。

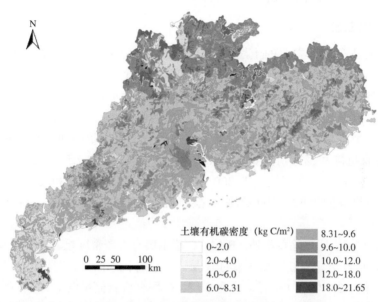

图 3.2　研究区域土壤有机碳密度图

表 3.2　土壤有机碳含量与土壤特性 Pearson 相关分析

	有机碳	总氮	容重	黏粒	pH
A 层					
有机碳	1				
总氮	0.86	1			
容重	−0.15	−0.12	1		
黏粒	0.12	0.15	−0.14	1	
pH	−0.07	0.09	0.13	−0.10	1
B 层					
有机碳	1				
总氮	0.87	1			
容重	−0.07	−0.07	1		
黏粒	0.14	0.24	−0.14	1	
pH	0.02	0.08	0.16	0.02	1
C 层					
有机碳	1				
总氮	0.62	1			
容重	−0.06	−0.03	1		
黏粒	0.15	0.13	−0.08	1	
pH	−0.15	0.07	0.15	−0.03	1

2. 不同土壤类型的有机碳含量、碳密度和碳储量

1）铁铝土纲

铁铝土是广东省主要的土壤类型，面积为 113540 km^2，占土壤总面积的 75.5%，主要包括砖红壤、赤红壤、红壤和黄壤 4 个主要土类。广东省水热条件的地区差异对土壤有机质含量有显著的影响。由南向北，随着温度和降水量的逐渐减少，淋溶作用和有机质矿化强度逐渐减弱，对应的 A 层土壤有机碳含量和碳密度逐渐增加，砖红壤、赤红壤和红壤的有机碳含量分别为 0.94%、1.08% 和 1.52%；有机碳密度分别为 0.91 kg C/m^2、2.15 kg C/m^2 和 2.53 kg C/m^2（表 3.3）。研究区黄壤主要发育在海拔高于 800 m 的地区，较低的气温和较少的降雨更有利于土壤有机碳的累积，因此黄壤 A 层有机碳含量高达 3.15%，有机碳密度为 4.45 kg C/m^2。

表 3.3 数据表明，除黄壤外，B 层、C 层土壤有机碳密度显著高于 A 层。计算结果表明，砖红壤、赤红壤和红壤的 B 层、C 层有机碳储量分别是其 A 层有机碳储量的 3.4 倍、2.7 倍和 1.9 倍。黄壤 B 层、C 层有机碳储量低于 A 层有机碳储量的主要原因为，A 层土壤有机碳含量非常高，B 层、C 层相对较薄，淋滤作用较弱。不同土壤类型的剖面有机碳密度的顺序为砖红壤 4.74 kg C/m^2、赤红壤 8.11 kg C/m^2、红壤 9.66 kg C/m^2、黄壤 11.23 kg C/m^2。这一顺序也与区域水热分布密切相关。对于铁铝土纲而言，剖面有机碳密度为 8.60 kg C/m^2，略高于我国土壤剖面有机碳密度的平均水平 8.0 kg C/m^2（Wu et al.，2003）。铁铝土剖面有机碳储量为 0.976 Pg，占总土壤剖面有机碳储量的 78.1%，其中 A 层中储量为 0.313 Pg。B 层、C 层有机碳储量为 A 层有机碳储量的 2.12 倍。

2）人为土纲

广东省主要的人为土为水稻土，其面积占土壤总面积的 11.0%。水稻土剖面有机碳储量为 0.17 Pg，占总土壤剖面有机碳储量的 13.6%（表 3.3），其中耕作层（A 层）有机碳储量为 0.055 Pg、型底层（B 层）为 0.044 Pg、淀积层（C 层）为 0.071 Pg。之前的研究已经指出，水稻土中高的有机质投入和厌氧条件下有机质弱的分解速率使得水稻土更易于有机质的积累（Yang et al.，2005）。同时一些研究也指出，水稻田长期耕作促使 A 层有机碳向 B 层、C 层迁移累积（Bräuer et al.，2012，2013；Ci and Yang，2013）。本书的研究结果显示，研究区淀积层有机碳含量为 0.81%，型底层有机碳含量为 1.14%，均明显高于其他土壤类型，进一步证明在区域尺度上水稻土 A 层土壤有机碳更易于向 B 层、C 层土壤迁移并累积。研究数据也表明，水稻土 C 层土壤有机碳密度为 4.74 kg C/m^2，远高于 A 层土壤的 3.09 kg C/m^2。水稻土 B 层、C 层土壤有机碳含量是 A 层土壤有机碳含量的 2.1 倍。

表 3.3　广东省土壤剖面不同土壤类型的有机碳含量、碳密度和碳储量

土壤类型		面积 (km²)	剖面层次	黏粒 (%)	厚度 (cm)	有机碳含量 (%)				有机碳密度 (kg C/m²)				有机碳储量 (Pg)	剖面有机碳密度 (kg C/m²)	剖面有机碳储量 (Pg)
						最小值	中值	平均值	最大值	最小值	中值	平均值	最大值			
砖红壤		6530	A	19.72	16.9	0.26	0.73	0.94	3.18	0.48	1.15	0.91	5.78	0.007	4.74	0.031
			B	26.70	34.4	0.26	0.45	0.64	2.13	0.55	1.92	2.58	10.39	0.014		
			C	31.56	40.6	0.13	0.39	0.47	1.60	0.32	1.84	2.47	9.73	0.01		
铁铝土	赤红壤	65870	A	25.30	16.4	0.31	1.03	1.08	2.23	0.42	1.80	2.15	6.82	0.146	8.11	0.534
			B	34.66	35.0	0.19	0.57	0.62	1.51	0.20	1.93	2.55	8.12	0.174		
			C	33.86	56.8	0.09	0.42	0.42	0.88	0.43	3.00	2.93	6.97	0.214		
	红壤	32410	A	18.97	16.9	0.04	1.56	1.52	3.05	0.05	2.20	2.53	5.31	0.107	9.66	0.313
			B	28.85	73.3	0.02	0.59	0.59	0.99	0.23	4.47	4.83	12.6	0.195		
			C	21.33	32.8	0.01	0.42	0.42	0.73	0.06	1.08	1.48	4.81	0.011		
	黄壤	8730	A	9.99	19.1	2.05	3.16	3.15	4.34	2.47	3.75	4.45	7.67	0.053	11.23	0.098
			B	16.46	46.8	0.37	1.04	0.95	1.21	0.85	2.81	3.61	8.27	0.041		
			C	18.26	44.0	0.16	0.21	0.34	0.66	0.37	1.29	1.07	1.64	0.004		
人为土	水稻土	16652	A	21.35	16.2	0.41	1.44	1.53	4.42	0.29	2.51	3.09	10.68	0.055	10.21	0.17
			P	23.67	17.5	0.16	0.86	1.14	5.24	0.13	1.09	2.73	41.9	0.044		
			C	26.16	51.6	0.01	0.49	0.81	4.85	0.24	2.94	4.74	31.28	0.071		
初育土		16503	A	18.62	14.5	0.10	0.96	1.19	2.82	0.07	1.18	2.02	7.92	0.026	5.03	0.083
			B	24.31	32.1	0.05	0.51	0.83	2.70	0.15	1.68	2.58	8.02	0.040		
			C	20.49	46.3	0.01	0.38	0.48	1.41	0.05	1.82	2.61	8.11	0.017		
其他		3762	A	17.43	23.0	0.064	1.31	1.55	5.03	0.13	2.70	4.06	15.50	0.010	5.58	0.021
			B	19.55	33.0	0.04	0.81	1.03	2.87	0.09	2.86	3.85	13.34	0.007		
			C	16.82	38.9	0.03	0.59	0.83	1.89	0.17	2.72	3.74	14.58	0.004		
合计		150457	A	20.50	17.0	0.04	1.29	1.45	5.03	0.05	2.29	2.87	15.51	0.41	8.31	1.25
			B	25.27	29.5	0.02	0.75	0.94	5.24	0.09	1.68	3.00	41.92	0.51		
			C	25.93	48.9	0.01	0.44	0.66	4.85	0.05	2.45	3.75	31.28	0.33		

3）初育土纲

广东省初育土面积为 16503 km²，占土壤总面积的 11.0%。土壤剖面有机碳储量为 0.083 Pg（表 3.3）。较短的成土时间和土壤流失使得 A 层土壤厚度较薄。土壤剖面有机碳密度为 5.03 kg C/m²，低于其他土壤类型。B 层、C 层土壤有机碳储量为 0.057 Pg，远高于 A 层土壤有机碳储量 0.026 Pg。

3. 不同土地利用方式的土壤有机碳储量和碳捕获潜力

1）林地

林地是最主要的土壤碳库。Dixon 等（1994）指出，2/3 的陆地土壤有机碳储存在林地系统。广东省林地面积为 116465 km²，占总土地面积的 77.4%。林地剖面土壤有机碳储量为 1.01 Pg，占总土壤碳储量的 80.27%。其中，A 层土壤有机碳储量为 0.33 Pg、B 层高达 0.43 Pg、C 层储量为 0.25 Pg（表 3.4）。林地土壤剖面有机碳密度为 8.58 kg C/m²，远低于我国林地土壤碳密度的平均水平 14.3 kg C/m²（Yu et al.，2007）。Zhou 等（2008）研究得出，广东省林地植被碳储量由 1994 年的 1.7×10^{11} kg 增加至 2008 年的 2.1×10^{11} kg，土壤有机碳和植被碳比率为 5。该值远高于 Dixon 等（1994）和 Lal（2005）报道的 1.2，表明广东省林地植被仍然有很大的碳捕获潜力。

2）耕地（旱地）

研究区旱地和蔬菜地占了总土地面积的 11.0%。土壤剖面有机碳储量仅为 0.073 Pg，占总土壤剖面有机碳储量的 5.84%。剖面有机碳密度为 4.65 kg C/m²。B 层、C 层土壤有机碳储量是 A 层土壤有机碳储量的 3.3 倍（表 3.4）。Lal（2005）指出，农业土壤，尤其是遭侵蚀的农田土壤的有机碳储量潜力很大。退化的农田土壤退耕还林能够缓减土壤退化，同时提高土壤有机碳的储存能力（Ross et al.，2002）。

3）耕地（水田）

与旱地耕作相比，广东省水稻田土壤剖面有机碳储量高达 0.17 Pg（表 3.4）。研究区水稻土土壤碳储量占全国水稻土土壤剖面碳储量（0.3 Pg）的 57%（Pan et al.，2003）。Pan 等（2003）基于全国水稻土监察站点和长期定位观察评估得出，耕作层碳捕获速率为每年 0.022 kg C/m²。按该速率计算，广东省水稻土碳捕获量可达每年 3.56 Tg。

总体来讲，无论从土壤类型还是从土地利用方式上，底层土壤是区域土壤有机碳的重要碳汇。土壤耕作并不总是使土壤有机碳减少，耕作也能促进有机矿物的形成，同时土壤的深翻能够稀释表层土壤的有机碳含量，从而减少土壤有机质的分解（Don et al.，2013；Wiesmeier et al.，2015）。

表 3.4　广东省不同土地类型土壤有机碳含量和有机碳储量

土地利用类型	面积 (km²)	剖面层次	黏粒 (%)	厚度 (cm)	容重 (g/cm³)	有机碳 (%)				有机碳密度 (kg C/m²)				有机碳储量 (Pg)	剖面有机碳密度 (kg C/m²)	剖面有机碳储量 (Pg)
						最小值	中值	平均值	最大值	最小值	中值	平均值	最大值			
林地	116465	A	21.50	17.5	1.09	0.04	1.29	1.59	5.03	0.05	2.35	2.96	15.51	0.33	8.58	1.01 (80.27%)
		B	28.50	45.5	1.14	0.02	0.66	0.78	2.62	0.19	2.61	3.64	13.3	0.43		
		C	27.19	44.1	1.15	0.01	0.40	0.51	1.87	0.05	1.61	2.67	14.58	0.25		
耕地 (水田)	16651	A	21.92	16.2	1.20	0.41	1.44	1.53	4.42	0.29	2.51	3.09	10.68	0.055	10.21	0.17 (13.47%)
		P	24.43	17.5	1.18	0.16	0.86	1.14	5.24	0.13	1.09	2.73	41.9	0.044		
		C	26.72	51.6	1.22	0.01	0.49	0.81	4.85	0.24	2.94	4.74	31.28	0.071		
耕地 (旱地)	15707	A	14.23	16.4	1.25	0.24	0.86	0.94	2.59	0.42	1.28	1.98	8.41	0.017	4.65	0.073 (5.81%)
		B	21.27	28.7	1.28	0.04	0.50	0.61	2.70	0.09	1.06	1.98	7.65	0.042		
		C	22.47	52.7	1.30	0.03	0.38	0.40	1.15	0.17	2.21	2.80	12.34	0.014		
合计	148823	A	20.50	17.0	1.16	0.04	1.29	1.45	5.03	0.05	2.29	2.87	15.51	0.41	8.31	1.25
		B	25.27	29.5	1.17	0.02	0.75	0.94	5.24	0.09	1.68	3.00	41.92	0.51		
		C	25.93	48.9	1.20	0.01	0.44	0.66	4.85	0.05	2.45	3.75	31.28	0.33		

4. 土壤有机碳（SOC）、总氮（TN）含量与土壤特性的相关性

土壤有机碳（SOC）、总氮（TN）含量和土壤特性的 Pearson 相关系数见表 3.2。土壤特性（包括土壤容重、黏粒含量和土壤 pH）和土壤有机碳含量之间无明显的线性相关性。土壤有机碳含量和土壤 TN 含量在整个土壤剖面各层表现出明显的相关性，相关系数分别为 A 层 0.86、B 层 0.87 和 C 层 0.62。土壤有机碳和 TN 的相关性表明，含 TN 高的土壤的有机碳储存能力较强，反之则较弱。Kirkby 等（2011，2014）研究指出，在全球尺度上，土壤有机碳通常具有一个相对稳定的 C/N 值。这一比值说明土壤有机碳含量水平既受到有机碳输入的影响，也受到土壤 N 输入的影响。B 层、C 层土壤中，C/N 值通常具有低有机碳含量和较高的 N 含量的特点，高的 N 含量是因为矿物态 N 被黏土表面吸附（Jenkinson and Coleman，2008），同时也说明 B 层、C 层土壤仍有着较大的碳捕获潜力。此外，土壤 A 层、B 层和 C 层之间，SOC 含量具有明显的线性相关性。其中，A 层土壤有机碳和 B 层土壤有机碳的线性相关系数为 0.767，B 层土壤有机碳和 C 层土壤有机碳的线性相关系数为 0.774。同样地，土壤 TN 也存在线性相关性（图 3.3）。A 层土壤有机碳、TN 含量与 B 层、C 层间的相关性表明，A 层土壤中土壤有机碳、TN 在长期耕作和强烈的淋溶作用下向下迁移。Fontaine 等（2007）阐述了 A 层土壤有机碳向底层的迁移，为 B 层、C 层土壤提供了新鲜的碳源；新鲜碳源的加入使得 B 层、C 层土壤微生物

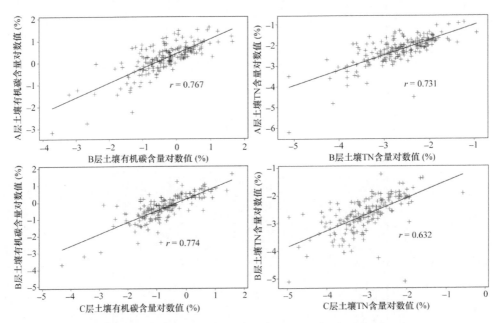

图 3.3　广东省土壤剖面各层间土壤有机碳含量和土壤 TN 含量的线性相关图

更易于分解 B 层、C 层土壤中相对稳定的老碳。因此，可以认为，区域尺度上的 B 层、C 层土壤并非一个绝对稳定的碳汇，它应该是一个既有 A 层土壤新碳的注入，又有 B 层、C 层老碳矿化损失的动态碳库。

5. 土壤退化和水土流失导致的土壤有机碳的再分布和有机碳流失

土壤侵蚀引发的表层土壤损失数量相当巨大，同时由于极端事件频发，这一状况可能会持续或加剧（Lal，2001）。许多研究指出，在景观尺度上，水蚀、耕作侵蚀和风蚀是土壤有机碳流失或再分布的主要原因（Smith et al.，2001；McCarty and Ritchie，2002；Ritchie et al.，2007）。大多数的侵蚀退化土壤已经损失了大部分的土壤有机碳库，这部分流失的碳通过采取合适的土地利用方式是可以逐渐恢复的（Lal，2004）。同时，Chappell 等（2016）指出，这部分流失的土壤碳是全球土壤有机碳循环中重要的一部分，其对合理评价或寻找"遗失的碳汇"具有重要意义。

广东省土壤侵蚀退化面积为 14200 km^2，其主要沿韩江、北江、东江和鉴江分布（万洪富，2005）。李智广和刘秉正（2006）通过大量的实测数据得出珠江三角洲流域泥沙输移比为 0.39。广东省表层土壤有机碳密度为 2.13 kg C/m^2。依据这些数据可以得出，每年由土壤侵蚀带走的表层土壤有机碳大约为 $1.18×10^{10}$ kg，约占到表层土壤有机碳总量的 2.9%；同时，每年约有 $1.85×10^{10}$ kg 土壤有机碳在研究区土壤中重新分布。尽管最近有研究指出，由土壤侵蚀引发的土壤有机碳再分布能够刺激农田生态系统的碳捕获能力（Ritchie et al.，2007；Van den Bygaart，2001；Hao et al.，2001），但修复侵蚀区退化的土壤和生态系统对提高这些区域的碳汇能力意义更大。

3.2　珠江三角洲地区土壤有机碳含量分析

土壤有机碳研究在全球碳循环和气候变化研究中有重要的作用，同时对土壤物理化学特性以及土壤生产力研究意义重大。目前，大量全球碳循环研究主要基于全球或国家尺度的统计研究，由于土壤有机碳以及土壤物理化学特性在大尺度上具有显著的变异性，因此开展流域尺度的土壤有机碳调查对构建和完善全球土壤碳循环具有重要的意义。

3.2.1　珠江三角洲土壤有机碳数据库构建

为了开展区域尺度下较大时间跨度的土壤有机碳含量的对比分析，本书整理了珠江三角洲地区第二次土壤普查（1980 年）相关数据点 98 个（图 3.4），同时，在最新的相关土壤耕地地力调查数据和补充采集的部分数据的基础上完成了新老两套数据的构建工作。老数据代表了改革开放之初珠江三角洲土壤有机碳状况，新的数据则反映了改革开放 30 多年以来土壤有机碳的现状，具体采样点如图 3.4 所示。所有样点数据包括 A 层土壤有机碳和 C 层土壤有机碳的相关数据。

图 3.4　珠江三角洲地区土壤有机碳含量现状（2015 年）与历史水平（1980 年）对比样点图

3.2.2　珠江三角洲土壤有机碳新老两套数据结果

　　珠江三角洲土壤有机碳新老两套数据统计结果见表 3.5 和表 3.6。为了更好地反映土壤有机碳空间变化特征，我们在 ArcGIS 平台上开展了空间格局分析，空间格局图如图 3.5 和图 3.6 所示。

表 3.5　珠江三角洲土壤有机碳含量统计　　　　　　　（1980 年）

	变量	样品数	均值	标准差	最小值	中位数	最大值	偏度	峰度
A 层	有机碳	98	15.45	7.14	3.36	14.41	50.34	2.23	8.37
	pH	98	5.48	0.82	3.75	5.30	7.50	0.63	−0.41
C 层	有机碳	92	5.26	6.38	0.64	4.35	40.31	2.24	7.58
	pH	92	5.85	0.98	2.80	5.65	8.50	0.12	0.37

注：表中有机碳的单位为 g/kg

表 3.6　珠江三角洲土壤有机碳含量统计　　（2015 年）

	变量	样品数	均值	标准差	最小值	中位数	最大值	偏度	峰度
A 层	有机碳	1105	10.32	3.63	0.60	10.13	30.80	0.92	1.91
	pH	1105	5.66	0.91	4.17	5.34	8.79	1.16	0.46
C 层	有机碳	1105	5.50	3.04	0.70	5.42	22.3	1.49	2.28
	pH	1105	5.6376	0.8781	3.6000	5.3500	8.7700	1.21	1.03

注：表中有机碳的单位为 g/kg

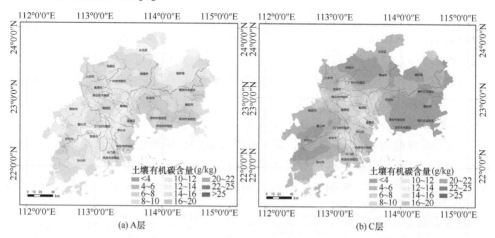

图 3.5　珠江三角洲 A 层和 C 层土壤有机碳含量空间格局现状图（1980 年）

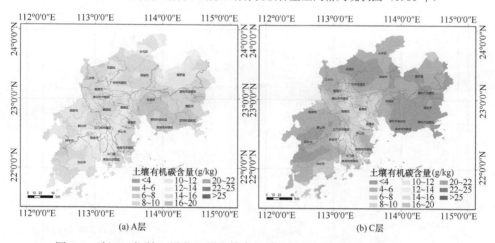

图 3.6　珠江三角洲 A 层和 C 层土壤有机碳含量空间格局现状图（2015 年）

3.2.3　土壤有机碳含量现状和历史对比

本书以广东第二次土壤普查数据（珠江三角洲部分，1980 年）和最新的土壤地力调查数据以及部分补充采样数据为基础数据，开展了 30 多年来珠江三角洲土壤有机碳含量的数据对比分析和空间格局演变研究。结果显示，1980 年 A 层土壤有机碳含量平均水平为 15.45 g/kg，明显高于 2015 年的 10.32 g/kg，A 层土壤有机碳含量下降趋势明显（表 3.5 和表 3.6）。对比 20 世纪 80 年代表层土壤有机碳空间格局，A 层土壤有机碳含量在整个流域尺度上呈整体下降的特征（图 3.5 和图 3.6），局部对比值高的区域与农田耕作施肥密切相关，明显降低区域与城市建设土地利用方式转变相关。

珠江三角洲地区 A 层土壤有机碳含量的减少与区域尺度下的土壤侵蚀密切相关，它包括水土流失直接带入周边水体的 A 层土壤有机碳；侵蚀过程中 A 层土壤有机碳的再分布和 A 层有机碳向 C 层土壤的迁移。相关性分析显示，A 层土壤有机碳含量均与 C 层有机碳含量呈显著正相关，表明 A 层有机碳在流域尺度上存在向下迁移的趋势。统计分析显示，1980 年 C 层土壤有机碳平均含量为 4.3 g/kg，当前（2015 年）C 层土壤有机碳平均含量为 5.4 g/kg。这一区域性特征进一步指出，区域尺度下土壤 A 层有机碳向下迁移并在 C 层土壤滞留。

为了直观地对比 30 多年来土壤有机碳含量的空间变化格局，本书对 A 层和 C 层土壤有机碳空间插值图进行了栅格化，在 ArcGIS 平台上开展空间栅格比值运算，比值图如图 3.7 和图 3.8 所示。2015 年珠江三角洲 A 层土壤有机碳含量

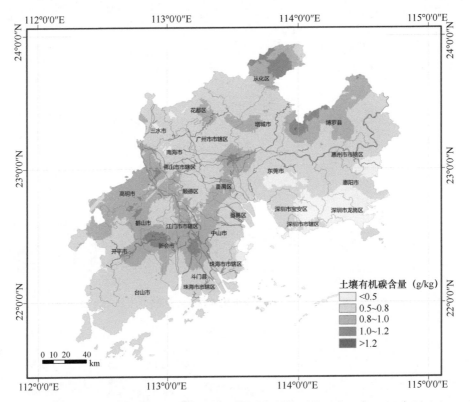

图 3.7　珠江三角洲 A 层土壤有机碳含量空间格局对比（2015 年/1980 年）

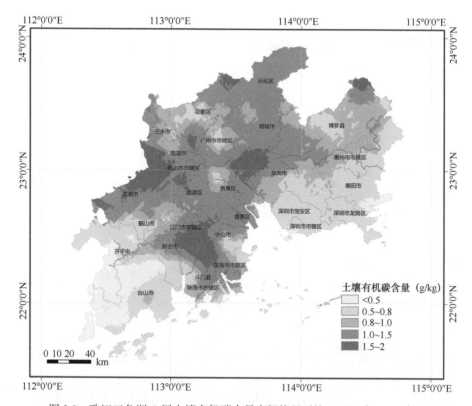

图 3.8　珠江三角洲 C 层土壤有机碳含量空间格局对比（2015 年/1980 年）

较 1980 年水平呈整体下降特征，局部区域略升高，显著降低区域，如深圳应与其土地利用方式转变有关。C 层土壤有机碳含量较 1980 年水平略有提升，土壤有机碳含量升高区域与水系分布空间相关。强烈的土壤淋溶作用使得 A 层土壤有机碳向 C 层土壤迁移累积。因此，这些区域是一个长期累积增长的土壤碳库。

3.2.4　珠江三角洲土壤有机碳 A 层与 C 层相关性分析

　　1980 年土壤采样数据和 2015 年土壤数据对比显示，珠江三角洲地区 A 层土壤与 C 层土壤有机碳含量具有明显的空间相关性，同时也具有统计学意义上的相关性，A 层土壤有机碳是 C 层土壤有机碳的重要来源。同时，Fontaine 等（2007）对自然草地剖面的研究也指出，A 层土壤有机碳与 C 层土壤有机碳在化学组成上具有相似性。

　　1980 年和 2015 年的 A 层和 C 层土壤数据概率图（图 3.9）显示，A 层和 C 层样品基本上符合对数正态分布的特征。在高值区域，1980 年 A 层土壤中有机碳含量略高于预测值，而 2015 年 A 层土壤有机碳含量则略低于预测值，指示了高有机碳含量的 A 层土壤存在碳流失的可能，同时两个时间段的 C 层土壤低于预测值也指示了相对高有机碳含量的 C 层土壤仍存在碳流失的可能；在低值区域，1980 年和 2015 年土壤样品 A 层有机碳含量均低于预测值，而 C 层有机碳含量则高于预测值，表明 A 层土壤有机碳含量越低的区域，其有机碳越易流失，同时在其 C 层表现为相对累计的特征。

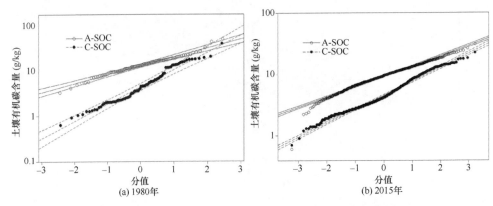

图 3.9　珠江三角洲 A 层土壤和 C 层土壤样品分布概率图

3.3　侵蚀红壤林地剖面有机碳含量变化及其年代学

该侵蚀红壤林地剖面选自广东省梅州市五华县水土保持试验推广站卡口站所控制的源坑河小流域。研究区概况和剖面介绍见本书 2.2.2 节。

3.3.1　侵蚀红壤林地剖面有机碳含量实验测定

从剖面土壤样品中剔除肉眼可见的细根和碎石。每份土壤样品分为两份：一份过 2 mm 筛后装入无菌袋保存于 0~4℃温度下，用于测量土壤可溶性有机碳（DOC）、微生物量等；另一份在自然风干后，过 0.25 mm 筛，用于测定土壤总有机碳（TOC）、TN 等。定量称取土样 10 g，置于 150 mL 三角瓶中，加入 50 mL 蒸馏水，配制成不同水土比的系列样，连续振荡 5 h，用 0.45 μm 滤膜抽滤获取上清液，用岛津 TOC-5000A 总有机碳测定仪测定上清液中有机碳含量，用重铬酸钾水合加热法测定总有机碳。

土壤有机碳 ^{14}C 放射性水平测试在美国 BETA 实验室开展。其具体流程如下：在 2000 mL 烧杯中用蒸馏水浸泡土样，充分搅拌，用 2 mm 孔径网筛过滤，去除植屑、植根及粗砂粒；之后，用 10%盐酸浸泡 24 h，去除样品中的碳酸盐，用蒸馏水洗涤样品，直至呈弱酸–中性，然后烘干样品。将预处理过的样品研碎，置于石英管，在通 O_2 状态下，高温（800℃）灼烧样品，得到的 CO_2 经过干冰–液氮冷阱纯化后，通入锂反应器，在真空 650℃下合成 Li_2C_2。水解 Li_2C_2，得到 C_2H_2，

将 C_2H_2 合成苯，放置 34 天，之后用 1200 Quantulus 型超低本底液体闪烁谱仪测量样品 ^{14}C 放射性比活度（Shen et al.，1999）。

有机质碳稳定同位素分析：取风干土样 20～30 g，挑净植屑、植根，置于烘箱，在 80℃下烘样 24 h；冷却至室温，之后用普通研钵研细，装袋，密封。用 MAT DeltaplusXP-EA 同位素比率质谱仪测定样品有机碳 $\delta^{13}C$ 值。

土壤中胡敏素（HM）组分的提取：土壤样品用蒸馏水除去水溶物和水浮物后，用 0.1 mol/L NaOH 和 0.1 mol/L $Na_2P_2O_7$ 混合液（pH = 13）提取 1 h，3500 r/min 离心 15 min，共提取 3 次。该溶液可提取腐殖质（HE），提取的腐殖物质组分为胡敏素。

研究区侵蚀红壤林地剖面总有机碳和可溶性有机碳数据见表 3.7，研究区侵蚀红壤林地土壤剖面总有机碳和胡敏素中 $\delta^{13}C$ 值及相应的 ^{14}C 年龄等见表 3.8。

表 3.7　侵蚀红壤林地剖面总有机碳和可溶性有机碳（单位：mg/kg）

剖面（cm）		可溶性有机碳			总有机碳		
		分样 1	分样 2	平均值	分样 1	分样 2	平均值
A 层	0～10	182.28	172.96	177.62	11020	12264	11642
A/B 过渡层	10～20	162.12	159.76	160.94	9457	8899	9178
B 层	20～30	139.64	127.4	133.52	8215	7822	8018.5
B 层	30～40	116.68	107.44	112.06	7789	6806	7297.5
B 层	40～60	104.08	105.6	104.84	5976	5688	5832
B/C 过渡层	60～80	94.04	95.24	94.64	4736	5195	4965.5
B/C 过渡层	80～100	94.48	86.56	90.52	4547	3983	4265

表 3.8　侵蚀红壤林地土壤剖面总有机碳（TOC）和胡敏素（HM）^{14}C 年龄与 $\delta^{13}C$ 分析数据

剖面（cm）		TOC		HM	
		TOC-^{14}C 年龄	$\delta^{13}C$（‰）	HM-^{14}C 年龄	$\delta^{13}C$（‰）
A 层	0～10	102.6 +/− 0.3 PMC	−26.5	107.1 +/− 0.3	−28.9
A/B 过渡层	10～20	108.6 +/− 0.3PMC	−25.9	111.4 +/− 0.3	−31.2
B 层	20～30	102.4 +/− 0.3 PMC	−25.2	430 +/− 30	−26.5
B 层	30～40	1090 +/− 30	−25.6	1300 +/− 30	−25.7
B 层	40～60	900 +/− 30	−24.7	920 +/− 30	−24.9
B/C 过渡层	60～80	690 +/− 30	−23.2	920 +/− 30	−24.0
B/C 过渡层	80～100	520 +/− 30	−24.1	940 +/− 30	−24.4

注：表中 PMC（percent modern carbon）为现代碳百分比

3.3.2　有机碳含量和年代学分布特征

1. 剖面总有机碳和可溶性有机碳

典型侵蚀红壤林地土壤剖面总有机碳和可溶性有机碳随剖面深度变化如图 3.10 所示。

总有机碳：A 层 0～20 cm 段总有机碳含量最高为 11.64 g/kg，剖面 40 cm 处总有机碳含量降低明显，40～60 cm 段总有机碳含量稳定减少。

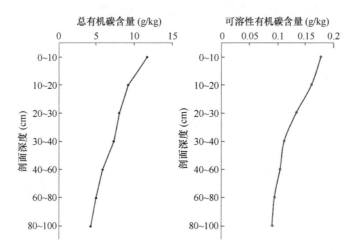

图 3.10　典型侵蚀红壤林地土壤剖面总有机碳和可溶性有机碳随剖面深度变化

可溶性有机碳：A 层 0～20 cm 段可溶性有机碳含量最高，为 0.161～0.178 g/kg，可能指示腐殖质化强烈；20～100 cm 段，可溶性有机碳含量稳定减少，变率较小。

2. 剖面年代学特征

总有机碳 [14]C 分析：A 层土壤 0～20 cm 和 B 层 20～30 cm 放射性有机碳受现代核爆影响，无相应的 [14]C 表观年龄。30～100 cm 剖面土壤有机碳 [14]C 年龄为 520～1090 年。该剖面总有机碳 [14]C 年龄指示该剖面深度成土年龄为 1090 年（图 3.11）。剖面土壤总有机碳波动较大，反映了侵蚀区土壤淋溶作用加剧土壤 A 层有机碳的向下迁移，B 层、C 层土壤老碳有 A 层新碳的混入。

胡敏素 [14]C 分析：A 层 0～20 cm 段，胡敏素放射性有机碳受现代核爆影响，无相应的 [14]C 表观年龄。剖面 20～80 cm 段，胡敏素 [14]C 年龄为 430～1300 年。该剖面胡敏素 [14]C 年龄指示成土年龄为 1300 年。剖面 40～50 cm 段胡敏素中放射性有机碳受现代核爆影响，故该段无相应的表观年龄，而 30～40 cm 段胡敏素 [14]C 年龄为 1300 年，为整个土壤剖面的最高 [14]C 年龄（图 3.11），反映了侵蚀土壤剖面在 40～50 cm 段存在大量的新碳混入，并且混入的新碳还存在持续向下迁移的特征。

3. 剖面 $\delta^{13}C$ 特征

总有机碳 $\delta^{13}C$ 分析显示：剖面 $\delta^{13}C$ 值在 0～60cm 段波动较大，在 10～20cm 和 40～50cm 段分别为–31.2‰和–29.7‰，意味着这两段含有较少的 ^{13}C，或者有机质轻组分较多；在 30～40cm 段 ^{13}C 值为–25.7‰；60cm 段以下 ^{13}C 值在–24.7‰～–23.2‰变化。胡敏素剖面 $\delta^{13}C$ 分布较总有机碳变化较为平稳，在 0～60 cm 段 $\delta^{13}C$ 值大于总有机碳 $\delta^{13}C$ 值，且在 0～80 cm 段 $\delta^{13}C$ 值表现为从–26.5‰到–25.2‰再到–23.2‰逐渐升高的过程，在 80～100 cm 段，$\delta^{13}C$ 稳定至–24.1‰。

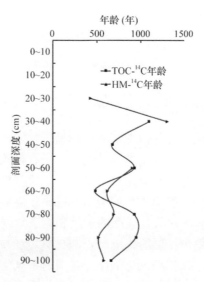

图 3.11　侵蚀红壤林地剖面总有机碳（TOC）和胡敏素（HM）^{14}C 年龄分布

一般来说，土壤有机碳的 $\delta^{13}C$ 值与来源植物物料的 $\delta^{13}C$ 值十分接近，它的 $\delta^{13}C$ 值仅较来源植物物料的 $\delta^{13}C$ 值有一个小的增加，幅度一般在 0.5‰～1.5‰。剖面总体特征如下：0～60 cm 段，土壤总有机碳 $\delta^{13}C$ 波动明显，来源植物物料 $\delta^{13}C$ 变化显著，这一段上，胡敏素 $\delta^{13}C$ 值高于总有机碳 $\delta^{13}C$，可理解为该段轻质有机碳低于重质有机碳；而在 60 cm 之下，总有机碳 $\delta^{13}C$ 值则高于胡敏素 $\delta^{13}C$ 值，即剖面下段轻质有机碳 $\delta^{13}C$ 高于重质有机碳（图 3.12）。这种对比变化可能反映了该地种植作物存在 C3 和 C4 之间的变化，如早期可能种植玉米作物，而后期则改造成林地。

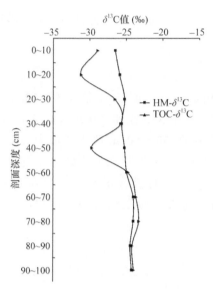

图 3.12　侵蚀红壤林地剖面总有机碳（TOC）和胡敏素（HM）δ^{13}C 分布

3.4　林地土壤剖面有机碳含量变化及其年代学

　　土壤是植物凋落物的归宿和微生物活动的场所，枯枝落叶和动物残体不断地积累，使得土壤圈成为一个极其重要的碳库。土壤有机碳含量受区域气温、降水变化影响明显，因此在全球气候变化的背景下，土壤有机碳含量变化对全球大气 CO_2 产生重要的影响。应用 ^{13}C 和 ^{14}C 同位素示踪不仅能够描述土壤有机碳的动态变化，而且是解释土壤碳库对大气碳库的贡献和"未知碳汇"的一条途径。

　　花岗岩是华南红壤最为主要的成土母岩，60%以上的林地分布于花岗岩地区，其土壤剖面属于典型的富铁铝型风化剖面，花岗岩是风化作用晚期的产物，其风化物含沙量高、粗细不一、通透性好。矿物风化作用强烈，黏粒和次生矿物含量较高（<0.002 mm 的黏粒在 30%左右），土壤剖面中淋溶淀积现象十分明显（陆发熹，1988；广东省土壤普查办公室，1993）。

　　Zhou 等（2006）和 Luyssaert 等（2008）研究指出，随着森林的正向演替，土壤中有机碳含量逐渐增加；其地上部分已经处于成熟状态的森林，其地下部分仍然在积累有机碳。此外，研究区光热充足，高温多雨，植物每年的生长量和归还到土壤中的残体数量较大，土壤酸性较强，促进了有机残体分解，加速了土壤有机质的物质循环，为底层土壤有机质的积累提供了充足的物质来源和基础。

　　刘良梧和茅昂江（2001）在对我国土壤放射性碳年龄的研究成果中指出，土壤腐殖质组分的年龄远远大于有机质的年龄，其中胡敏素的年龄最大，其更能反映土壤的真实年龄。大量国际研究成果也表明，使用稳定的胡敏素在建立土壤成土年龄序列上是成功的（Becker et al.，1988；Falloon et al.，1998；Pessenda et al.，2001；Inoue et al.，2011）。

3.4.1　土壤理化性质的测定

林地土壤剖面选自湖南省长沙县开慧镇，其成土母质为花岗岩母质，属于典型的红壤剖面。土层深度为 1.8 m 左右，沙质含量较高，以林地为主。土壤有机碳含量、土壤有机碳 ^{14}C 放射性水平等实验室测定分析见本章 3.3.1 节。实验分析结果列于表 3.9 和表 3.10。

表 3.9　林地土壤剖面各层土壤特性数据统计

剖面（cm）	土壤容重（g/cm³）	土壤田间持水量（%）	pH	土壤有机碳（%）	NH_4^+	NO_3^-
0～10	1.05	29.11	3.78	0.47	4.875	0.275
10～20	1.21	34.30	3.93	0.43	1.65	0.05
20～30	1.35	31.38	3.94	0.29	1.475	0.175
30～40	1.42	28.24	3.99	0.29	1.5	0.3
40～50	1.45	28.32	4.02	0.29	1.525	0.175
50～60	1.56	24.96	4.05	0.08	1.925	0.875
60～70	1.44	29.44	4.02	0.08	2.45	3.975
70～80	1.45	29.04	4.04	0.11	1.875	3.375
80～90	1.44	29.84	4.41	0.12	2.025	1.675
90～100	1.39	29.51	4.35	0.11	2.125	2.9
100～110	1.41	29.65	4.29	0.09	5.25	8.975
110～120	1.51	26.80	4.24	0.08	4.625	8.8
120～130	1.40	29.34	4.32	0.07	3.425	7.625
130～140	1.39	29.96	4.35	0.05	3.1	7.325
140～150	1.41	31.08	4.38	0.07	2.025	6.775

表 3.10　典型林地土壤剖面土壤总有机碳和胡敏素 C、N 同位素数据统计

剖面（cm）	总有机碳				胡敏素			
	δ^{13}C（‰）	δ^{15}N（‰）	Δ^{14}C（‰）	表观年龄（年）	δ^{13}C（‰）	δ^{15}N（‰）	Δ^{14}C（‰）	表观年龄（年）
0～10	−25.5	1	49.2	—	−25.3	2.3	42.7	—
10～20	−24.8	3.8	22.1	—	−24.9	4.3	13.3	—
20～30	−24.5	5.4	−8.0	0	−24.8	5.1	−6.7	100.1
30～40	−23.8	3.2	−5.5	100.2	−23.8	6.2	5.7	—
40～50	−24	4.9	−15.3	60	−23.4	7.7	−23.9	130
50～60	−23.1	2.8	−70.1	520	−23.2	4.5	−107.6	850
60～70	−24.1	2.5	−90.7	700	−23.1	3.7	−109.8	870
70～80	−23.1	6.8	−140.3	1150	−23.1	6.7	−189.1	1620

剖面(cm)	总有机碳				胡敏素			
	δ^{13}C（‰）	δ^{15}N（‰）	Δ^{14}C（‰）	表观年龄（年）	δ^{13}C（‰）	δ^{15}N（‰）	Δ^{14}C（‰）	表观年龄（年）
80~90	−23.7	6.7	−119.7	960	−23.6	4.6	−160.4	1340
90~100	−23.2	6.5	−121.9	980	−23.0	5.2	−145.6	1200
100~110	−23.8	7.2	−148.8	1230	−23.1	5.9	−173.9	1470
110~120	−23.9	7.3	−143.5	1180	−23.5	5.6	−160.4	1340
120~130	−24.4	6.5	−153.0	1270	−23.9	4.7	−174.9	1480
130~140	−24.4	6.4	−236.2	2100	−24.1	4.9	−231.4	2050
140~150	−24.8	6.5	−156.2	1300	−24.6	5.8	−172.8	1460

表 3.10 给出研究区林地剖面土壤总有机碳和胡敏素中有机碳百分含量与 δ^{13}C 值、δ^{15}N 值以及相应的 ^{14}C 年龄，及 d^{14}C、D^{14}C、Δ^{14}C 值等。相关参数解释如下：

$$d^{14}\text{C} = \left(\frac{A_{\text{S}}}{A_{\text{ON}}} - 1 \right) \cdot 1000‰ \tag{3.4}$$

式中，A_{S} 为测量样品的放射性比活度；A_{ON} 为自 1950 年以来的衰变校正值，目的是获取绝对的国际标准的放射性比活度。d^{14}C 是指经过时间校正的样品中 ^{14}C 的含量。

$$D^{14}\text{C} = \left(\frac{A_{\text{SN}}}{A_{\text{ON}}} - 1 \right) \cdot 1000‰ \tag{3.5}$$

式中，A_{SN} 为测量样品标准化后的放射性比活度。D^{14}C 不会随着时间变化，因为标准样品和测量样品的衰变比率是相同的。

$$\Delta^{14}\text{C} = \left(\frac{A_{\text{SN}}}{A_{\text{ABS}}} - 1 \right) \cdot 1000‰ \tag{3.6}$$

式中，A_{ABS} 通常指假设的 1950 年大气碳的放射性比活度，即未受到人为活动影响的大气碳放射性比活度，用 δ^{13}C=−25‰进行标准化，Δ^{14}C 样品中该值随测量时间而变。

$$\text{PMC} = \frac{A_{\text{SN}}}{A_{\text{ON}}} \cdot 100\% \tag{3.7}$$

式中，PMC（percent modern carbon）为现代碳百分比。

3.4.2　林地土壤年代学分布特征

土壤时间序列定义为：一组起源母质相同或相近，在相似的植被、地形与气候条件下发生演化，并且具有不同形成年龄的土壤（Huggett, 1998；Schaetzl and

Anderson，2005）。只有保证剖面内和剖面间的土体是在同种母质上形成，土壤属性的变化趋势才能归因于土壤年龄和土壤发育过程（陈留美和张甘霖，2011）。

通过对土壤总有机碳 ^{14}C 的测定，可以了解土壤发生年代学。有机碳一直参与成土作用的整个过程，后期产生的有机碳不断地混入前期产生的有机碳中，因此基于土壤总有机碳测定的 ^{14}C 年龄往往偏年轻，此类年龄通常被称为土壤总有机碳的 ^{14}C 表观年龄，也被称为稳态条件下总有机碳的平均滞留时间（MRT）。土壤总有机碳往往可通过物理或化学方法分离为粗粒和细粒或活性和惰性组分，通常把其中最大的 ^{14}C 年龄作为土壤年龄。本书测定了土壤总有机碳的 ^{14}C 年龄和提取的惰性组分胡敏素的 ^{14}C 年龄。土壤剖面总有机碳最大的 ^{14}C 表观年龄和胡敏素的 ^{14}C 年龄随深度的变化图如图 3.13 所示。

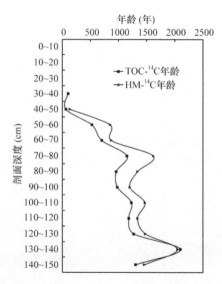

图 3.13　林地剖面总有机碳（TOC）和胡敏素（HM）^{14}C 年龄随深度变化

剖面土壤总有机碳和胡敏素中 ^{14}C 年龄变化基本保持一致，胡敏素的 ^{14}C 年龄早于土壤总有机碳年龄。按其年龄变化可大致分为 3 个阶段，其分别对应 3 段土壤剖面：第 1 段从 A 层至 40 cm，由于核试验 ^{14}C 的影响，土壤总有机碳的 ^{14}C 年龄相当于现代时间，该段有强的腐殖化作用，总有机碳含量变化率较大，从 0.47%降至 0.29%；第 2 段为 40~80 cm，^{14}C 年龄持续增长，相当于成土作用时期，该段腐殖质化作用减弱，土壤总有机碳含量较上段明显降低至 0.08%~0.11%，有根系和潜育水的影响；第 3 段 80~150 cm，总有机碳含量变率趋于稳定，根系和潜育水影响减小，^{14}C 年龄可以看作是稳态条件下总有机碳的平均滞留时间。根据剖面土壤总有机碳年龄可以得出，该林地剖面成土过程持续时间为 1200 年左右，最大的 ^{14}C 年龄为 2100 年。

3.4.3　林地土壤有机碳 $\delta^{13}C$ 分布特征

土壤样品 ^{13}C 含量变化通常用 $\delta^{13}C$ 表示：

$$\delta^{13}C=[(^{13}C/^{12}C)_S-(^{13}C/^{12}C)_{VPDB}]/(^{13}C/^{12}C)_{VPDB}\cdot1000‰ \qquad （3.8）$$

其中，$(^{13}C/^{12}C)_S$ 是土壤样品有机碳同位素比值；$(^{13}C/^{12}C)_{VPDB}$ 是碳同位素比值标准，该值取自一种来自白垩纪的海洋箭石化石 Vienna Pee Dee Belemnite（VPDB）。因此，较负的 $\delta^{13}C$ 意味着含有较少的 ^{13}C，或者质量较轻；较正的 $\delta^{13}C$ 意味着含有较多的 ^{13}C，或者质量较重。图 3.14 为林地剖面总有机碳和胡敏素的 $\delta^{13}C$ 值随深度变化曲线。

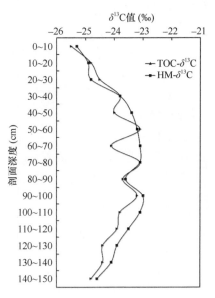

图 3.14　林地剖面总有机碳（TOC）和胡敏素（HM）的 $\delta^{13}C$ 值随深度变化

林地剖面总有机碳和胡敏素的 $\delta^{13}C$ 随深度变化的趋势大致相似，总有机碳 $\delta^{13}C$ 波动较大，胡敏素 $\delta^{13}C$ 值较为平缓。其总体可划分为 3 段：第 1 段 0～60 cm，总有机碳 $\delta^{13}C$ 值的变化范围为−25.5‰～−23.1‰；胡敏素 $\delta^{13}C$ 值的变化范围为−25.3‰～−23.1‰。随着深度的增加，$\delta^{13}C$ 值渐增并达到最大值，体现了 ^{13}C 逐渐富集的过程。第 2 段 60～100 cm，总有机碳 $\delta^{13}C$ 值波动较大；胡敏素 $\delta^{13}C$ 值保持在−23.1‰附近，80～90 cm 处有一个低谷。总有机碳 ^{13}C 含量波动较大，土壤有机质更新快，属于"活动型"有机碳。胡敏素中的 ^{13}C 含量较为稳定，反映了胡敏素相对稳定、不易分解的特性。第 3 段 110～150 cm，总有机碳 $\delta^{13}C$ 和胡敏素 $\delta^{13}C$ 均明显降低。总有机碳 $\delta^{13}C$ 从−23.1‰降至−24.8‰；胡敏素 $\delta^{13}C$ 从−23.1‰降至−24.6‰。C 层胡敏素 ^{13}C 含量高于总有机碳 ^{13}C 含量。

　　该剖面土壤中 ^{13}C 含量由逐渐升高达到顶峰再逐渐降低并未出现一个稳定的 $\delta^{13}C$ 值，表明在整个成土过程中，剖面 ^{13}C 含量一直处于动态变化中，这种变化曲线既与土壤有机质的更新速率有关，也与表层 ^{13}C 的持续加入并持续向下淋溶迁移有关。

3.5　林地土壤剖面土壤有机碳积累机制和稳定性分析

　　土壤有机碳动态是土壤剖面有机碳循环研究的主要内容。对土壤剖面有机碳动态的深入了解，有助于明确陆地生态系统作为 CO_2 源或汇的功能。土壤有机碳分解导致 CO_2 排放，其是土壤贡献大气 CO_2 的主要方式，因此，通过了解剖面土壤内部有机碳的更新特征，在确定土壤有机碳更新速率的基础上，希望建立土壤有机碳更新速率与土壤 CO_2 排放的相关方程。

3.5.1　研究方法

　　本书以广东省梅州市五华县水土保持试验推广站的侵蚀性红壤剖面和湖南省长沙县开慧镇的林地剖面为研究对象。剖面土壤 ^{14}C 放射性水平由美国 BETA 实验室测定，详细实验流程见本章 3.3.1 节。

　　土壤有机质更新速率的计算：土壤剖面上部几个样品的 $\Delta^{14}C$ 值往往大于 0（表 3.10~表 3.12），说明土壤有机质 ^{14}C 放射性水平已超过国际现代碳标准，这是大气核试验产生的 ^{14}C（弹 ^{14}C）经植物进入土壤的反映。20 世纪 60 年代初期，大规模大气核试验产生的 ^{14}C 使大气 ^{14}C 比活度剧增，1963 年北半球大气及当年生长植物的 ^{14}C 比活度达到正常值的 2 倍（Nydal，1965），以后由于部分禁止核试验条约的签署，大气核爆减少，大气 ^{14}C 放射性水平逐年下降，目前仍比正常值高（Wang et al.，1996）。由于弹 ^{14}C 的影响，土壤剖面上部样品无法直接进行 ^{14}C 定年。这些层位土壤有机质 ^{14}C 放射性水平受到大气 ^{14}C 的加入与有机质自身分解造成的 ^{14}C 损失两个过程的共同影响，利用有关模型可以数值模拟土壤有机质 ^{14}C 放射性水平变化的动态过程，根据样品 ^{14}C 测量结果反演取得未受核爆影响时样品的 ^{14}C 放射性水平，同时得到土壤有机质更新速率。本书利用 Cherkinsky 和 Brovkin（1993）提出的模型计算土壤有机质更新速率，该模型的数学表达式为

$$\frac{A_S(1955年)}{A_{ABS}} = \frac{m}{m+\lambda} \tag{3.9}$$

$$A_S(t) = A_S(t-1) - (m+\lambda)\cdot A_S(t-1) + mA_0(t) \tag{3.10}$$

式中，A_S(1955 年)为大气核试验之前，1955 年土壤有机质 ^{14}C 放射性水平；$A_S(t)$ 为 t 年土壤有机质 ^{14}C 放射性水平，t 的取值范围为 1956 年至取样年份；$A_S(t-1)$ 为

表 3.11　林地土壤剖面和侵蚀红壤剖面有机质的更新速率和平均滞留时间（MRT）

剖面（cm）		SOC（%）	土壤有机碳			胡敏素		
			$\Delta^{14}C$（‰）	m（a^{-1}）	MRT（a）	$\Delta^{14}C$（‰）	m（a^{-1}）	MRT（a）
林地土壤剖面	0~10	2.10	49.2	0.0058	172	42.7	0.0054	185
	10~20	1.89	22.1	0.0042	238	13.3	0.0038	263
	20~30	1.58	−8.0	0.0149	67	−6.7	0.0179	56
	30~40	1.42	−5.5	0.0217	46	5.7	0.0034	294
	40~50	1.122	−15.3	0.0078	128	−23.9	0.050	202
	50~60	0.83	−70.1	0.0016	623	−107.6	0.0010	997
	60~70	0.67	−90.7	0.0012	825	−109.8	0.0010	1020
	70~80	0.54	−140.3	0.0007	1349	−189.1	0.0005	1928
	80~90	0.40	−119.7	0.0009	1124	−160.4	0.0006	1579
	90~100	0.31	−121.9	0.0009	1148	−145.6	0.0007	1409
	100~110	0.25	−148.8	0.0007	1445	−173.9	0.0006	1740
	110~120	0.20	−143.5	0.0007	1385	−160.4	0.0006	1579
	120~130	0.15	−153.0	0.0007	1493	−174.9	0.0006	1752
	130~140	0.13	−236.2	0.0004	2557	−231.4	0.0004	2489
	140~150	0.11	−156.2	0.0007	1530	−172.8	0.0006	1727
侵蚀红壤剖面	0~10	1.16	62.51	0.0069	145	18.46	0.0040	250
	10~20	0.92	105.67	0.0116	86	77.1	0.0082	122
	20~30	0.80	−59.55	0.0019	523	15.88	0.0039	256
	30~40	0.73	−156.08	0.0007	1529	−133.73	0.0008	1276
	40~50	0.64	0.9	0.0032	313	−87.23	0.0013	790
	50~60	0.61	−112.99	0.0009	1053	−115.2	0.0009	1076
	60~70	0.54	−81.53	0.0014	734	−65.38	0.0017	578
	70~80	0.46	−89.5	0.0012	813	−115.2	0.0009	1076
	80~90	0.39	−70.02	0.0016	622	−117.4	0.0009	1100
	90~100	0.35	−76.94	0.0015	689	−86.09	0.0013	779

表 3.12　林地剖面土壤有机质各层 CO_2 产量

剖面（cm）	SOC（%）	ρ（g/cm³）	m（a^{-1}）	U［g/（cm²·a）］	各层 CO_2 产量比重（%）
0~10	2.10	1.05	0.0058	0.12789	10.96
10~20	1.89	1.21	0.0042	0.09605	8.23
20~30	1.58	1.35	0.0150	0.31995	27.41
30~40	1.42	1.42	0.0219	0.441592	37.84
40~50	1.122	1.45	0.0078	0.126898	10.87
50~60	0.83	1.56	0.0016	0.020717	1.78
60~70	0.67	1.44	0.0012	0.011578	0.99
70~80	0.54	1.45	0.0007	0.005481	0.47
80~90	0.40	1.44	0.0009	0.005184	0.44
90~100	0.31	1.39	0.0009	0.003878	0.33

续表

剖面（cm）	SOC（%）	ρ（g/cm³）	m（a⁻¹）	U [g/（cm²·a）]	各层 CO_2 产量比重（%）
100～110	0.25	1.41	0.0007	0.002468	0.21
110～120	0.20	1.51	0.0007	0.002114	0.18
120～130	0.15	1.40	0.0007	0.00147	0.13
130～140	0.13	1.39	0.0004	0.000723	0.06
140～150	0.11	1.41	0.0007	0.001086	0.09

$t-1$ 年土壤有机质 ¹⁴C 放射性水平；A_0 (t) 为 t 年大气 ¹⁴C 放射性水平；A_{ABS} 为现代碳草酸标准的放射性水平；λ 为放射性碳衰变常数，$\lambda=1/8267$，单位是 a⁻¹；m 为土壤有机质更新速率，单位是 a⁻¹；土壤有机质更新周期（T）为 m 的倒数，$T=1/m$，单位是年。

式（3.9）描述的是稳定封闭状态土层有机质 ¹⁴C 放射性水平；式（3.10）是在大气 ¹⁴C 放射性水平影响下，土壤有机质 ¹⁴C 放射性水平动态变化的数学表达式。其含义如下：t 年土壤有机质 ¹⁴C 放射性水平是 $t-1$ 年 ¹⁴C 放射性水平减去自然衰变量以及因有机质分解造成的损失量，再加上新有机质分解加入的当年大气 ¹⁴C 量。

在数值计算时，先选定一个 m 值，由式（3.9）计算 1955 年土壤有机质 ¹⁴C 放射性水平 A_S（1955 年），然后将 A_S（1955 年）和 m 代入式（3.10），迭代计算取样年份土壤有机质 ¹⁴C 放射性水平 A_S（2016 年）。调整 m 值，至 A_S（2017 年）逼近实测值，迭代精度为 0.0001。将调整 m 值代入式（3.9），即可求得核爆前取样层位土壤有机质 ¹⁴C 放射性比活度，进而计算核爆前样品 ¹⁴C 年龄及 Δ¹⁴C。

有机质 Δ¹⁴C<0 的土壤样品（表 3.10）同样也会受到弹 ¹⁴C 的影响，但由于这些层位的土壤有机质更新速率很低（表 3.11），弹 ¹⁴C 的影响可忽略，可认为这些层位近似处于稳定封闭状态。由式（3.11）及 Δ¹⁴C 定义式得出这些层位土壤有机质更新速率为

$$m = -\lambda\left(\frac{1000}{\Delta^{14}C}+1\right) \tag{3.11}$$

3.5.2　土壤有机质更新速率和平均滞留时间（MRT）

利用式（3.9）～式（3.11），可以同时获得侵蚀红壤剖面和林地剖面土壤有机质的更新速率和平均滞留时间（MRT），结果见表 3.11。

土壤有机碳 ¹⁴C 的平均滞留时间与土壤有机质更新速率互为倒数。分析表 3.11 和图 3.15 可得出：①剖面上部土层有机质 MRT 较小，有机质更新速率较快；②林地土壤剖面自 60 cm 向下，侵蚀红壤剖面自 30 cm 向下，土壤稳定有机质胡敏素

MRT 骤增至千年，土壤有机质更新速率降低；③最快更新速率均不在土壤表层 0～10 cm，林地土壤剖面有机质更新速率最快的在20～40 cm 段，更新速率为0.0149～0.0217 a^{-1}；侵蚀红壤剖面在 10～20 cm 段，更新速率为 0.0116 a^{-1}；④林地土壤剖面代表惰性组分的胡敏素 ^{14}C 的 MRT 总体高于土壤总有机碳的 MRT，表明土壤有机质胡敏素组分较土壤总有机碳的有机质更新速率更慢，而侵蚀红壤剖面惰性组分胡敏素在 20～30 cm、30～40 cm 和 60～70 cm 处较总有机碳有更快的有机质更新速率；⑤在林地土壤剖面胡敏素和总有机碳的 MRT 在剖面下部（50 cm 以下）的整体变化趋势相似，而在侵蚀红壤剖面胡敏素和总有机碳的 MRT 在剖面下部（30 cm 以下）的变化有较大差异。

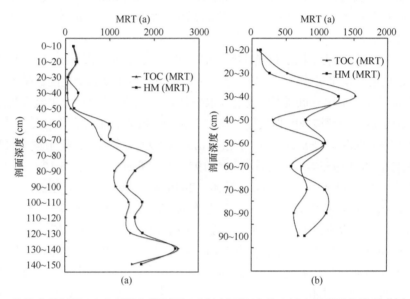

图 3.15　林地土壤剖面（a）和侵蚀红壤剖面（b）随剖面深度的土壤有机碳平均滞留时间（MRT）

对林地土壤剖面各层有机质平均滞留时间和更新速率进行研究，结果表明，不同深度的土壤有机质由不同的更新周期组分构成，剖面上部以快循环组分为主，向下慢循环组分增加。侵蚀红壤剖面底层稳定性组分胡敏素与总有机碳分布特点差异较大，说明土壤侵蚀区，土壤剖面上部土层有机碳受淋溶作用影响强烈，向下迁移明显，剖面底层土壤有机碳在较厚深度上持续受到剖面上层土壤有机碳的影响，土壤有机碳组分并非全部为稳定组分。土壤有机质不同更新组分自上而下的规律明显，土壤有机质更新过程中存在快循环组分向慢循环组分的演变，快循环物质的分解大部分以 CO_2 的形式溢出，残余物为慢循环组分。土壤有机质更新速率或平均滞留时间的剖面分布特点是剖面发育过程中有机质更新的必然结果，也是土壤剖面 ^{14}C 年龄下老上新的内在原因。

3.5.3 剖面土壤有机质更新 CO_2 产量对比

通过计算土壤剖面有机质更新 CO_2 产量，研究土壤剖面有机质更新特征，各土层计算公式为

$$U=H\times\rho\times C\times m \tag{3.12}$$

式中，U 为单层 CO_2 产量 [$g/(cm^2\cdot a)$]；H 为土层厚度（cm）；ρ 为土壤容重（g/cm^3）；C 为土壤有机碳百分含量（%）；m 为土壤有机质更新速率（a^{-1}）。

各土壤有机质更新 CO_2 产量计算结果见表 3.12。

林地剖面土壤有机质更新 CO_2 产量为 1.167 $g/(cm^2\cdot a)$，这个值明显高于已有报道的成熟林地的 0.126 $g/(cm^2\cdot a)$，其中 0～50 cm 段，土壤有机质更新 CO_2 产量占到整个剖面总量的 95.31%，表层土壤 0～20 cm 段所占比例为 19.19%，20～50 cm 段所占比例高达 76.12%。就林地剖面而言，表层土壤有机质分解产生的 CO_2 量低于 20～50 cm 土壤有机质分解释放的 CO_2 量。

已有的对鼎湖山地区森林土壤剖面的研究指出，剖面土壤有机质更新产生的 CO_2 量 98% 来源于表层土壤，其是土壤 CO_2 释放的主要贡献者。而对非成熟的林地的研究显示，尽管土壤有机质更新释放的 CO_2 主要集中在剖面 0～50 cm 段，但表层之下的 20～50 cm 段才是土壤有机质分解释放 CO_2 的主体。这种差异可能仍然是强烈淋溶作用下表层活性有机碳组分更易于向下迁移，并大量赋存在 20～50 cm 段。

3.6 结　论

（1）空间尺度上：广东省土壤有机碳总储量为 1.25 Pg，其中 A 层土壤储量为 0.41 Pg，B 层碳储量为 0.51 Pg，C 层土壤碳储量为 0.33 Pg。由土壤侵蚀退化流失的土壤有机碳含量为每年 13.3 Tg，约占表层土壤有机碳含量的 3.2%。

（2）时间尺度上：1980～2015 年，珠江三角洲地区 A 层土壤有机碳含量在区域尺度上呈整体下降趋势，而 C 层土壤有机碳含量明显增加。A 层土壤有机碳含量与 C 层土壤有机碳含量呈显著正相关，表明 A 层有机碳在流域尺度上存在向下迁移，并在 C 层土壤滞留。

（3）剖面尺度上：剖面土壤有机质 $\delta^{13}C$ 值变化与土壤可溶性有机碳不断向下迁移并积累于剖面 C 层有关；随着土壤剖面深度增加，每个土层的 C 同位素特征更加独立于土壤 A 层输入的有机质 C 同位素；剖面土壤有机质平均滞留时间和更新速率随深度的变化说明土壤侵蚀区 A 层土壤有机碳受淋溶作用影响强烈，向下迁移明显；C 层土壤有机碳在较厚深度上持续受到 A 层有机碳的影响，土壤有机碳组分并非全部为稳定组分。

参 考 文 献

陈留美, 张甘霖. 2011. 土壤时间序列的构建及其在土壤发生研究中的意义. 土壤学报, 48(2): 419-428.

陈庆强, 沈承德, 孙彦敏, 等. 2005. 鼎湖山土壤有机质深度分布的剖面演化机制. 土壤学报, 42: 1-8.

陈庆强, 沈承德, 孙彦敏, 等. 2003. 华南亚热带山地土壤剖面有机质分布特征数值模拟研究. 应用生态学报, 14(8): 1239-1245.

陈庆强, 孙彦敏, 沈承德, 等. 2002. 华南亚热带山地土壤有机质更新特征定量研究. 地理科学, 2: 196-206.

龚子同. 1999. 中国土壤系统分类. 北京: 科学出版社.

广东省土壤普查办公室. 1993. 广东土壤. 北京: 科学出版社.

李智广, 刘秉正. 2006. 我国主要江河流域土壤侵蚀量测算. 中国水土保持科学, 4(2): 1-6.

刘光崧, 蒋能慧, 张连第, 等. 1996. 土壤理化分析与剖面描述. 北京: 中国标准出版社.

刘良梧, 茅昂江. 2001. 我国土壤放射性碳年龄. 土壤学报, 38(4): 506-513.

陆发熹. 1988. 珠江三角洲土壤. 北京: 中国环境科学出版社.

潘根兴. 1999. 中国土壤有机碳和无机碳库量研究. 科技通报, 15(5): 330-332.

全国土壤普查办公室. 1998. 中国土壤. 北京: 中国农业出版社.

沈承德, 易惟熙, 孙彦敏, 等. 2000. 鼎湖山森林土壤 ^{14}C 表观年龄及 δ^{13}C 分布特征. 第四纪研究, 20(4): 335-344.

万洪富. 2005. 我国区域农业环境问题及其综合治理. 北京: 中国环境科学出版社.

文启孝. 1984. 土壤有机质研究方法. 北京: 农业出版社.

邢长平, 沈承德, 孙彦敏, 等. 1998. 鼎湖山亚热带森林土壤有机质 ^{14}C 年龄初步研究. 地球化学, 27(5): 493- 499.

Arnold J R, Libby W F. 1949. Age determinations by radiocarbon content: checks with samples of known age. Science, 110: 678-680.

Baldock J A, Skjemstad J O. 2000. Role of the matrix and minerals in protecting natural organic materials against biological attack. Organic Geochemistry, 31: 697-710.

Batjes N H. 1996. The total C and N in soils of the world. European Journal of Soil Science, 47: 151-163.

Becker H P, Liu L W, Scharpenssel H W. 1988. Radiocarbon dating of organic matter fractions of a Chinese molisol. Journal of Plant Nutrition and Soil Science, 151(1): 37-39.

Blake G R, Hartge K H. 1986. Bulk density//Klute A. Methods of Soil Analysis. Madison, WI: ASA: 363-376.

Bräuer T, Grootes P M, Nadeau M J. 2013. Origin of subsoil carbon in a Chinese paddy soil chronosequence. Radiocarbon, 55: 1058-1070.

Bräuer T, Grootes P M, Nadeau M J, et al. 2012. Downward carbon transport in a 2000-year rice paddy soil chronosequence traced by radiocarbon measurements. Nuclear Instruments and Methods in Physics Research Section B, 294: 584-587.

Carney K M, Hungate B A, Drake B G, et al. 2007. Altered soil microbial community at elevated CO_2 leads to loss of soil carbon. Proceedings of the National Academy of Sciences of the United States of America, 104: 4990-4995.

Chappell A, Baldock J, Sanderman J. 2016. The global significance of omitting soil erosion from soil organic carbon cycling models. Nature Climate Change, 6: 187-191.

Cherkinsky O A, Brovkin V A. 1993. Dynamics of radiocarbon in soils .Radiocarbon, 35(3): 351-362.

Chinese National Standard Agency. 1998. Determination of pH Value in Forest Soil. GB 7859-87, UDC 634.0.114: 631.422. 171-173.

Ci E, Yang L. 2013. Paddy soils continuously cultivated for hundreds to thousands of years still sequester carbon. Acta Agriculture Scandinavica, Section B-Soil and Plant Science, 63: 1-10.

Dixon R K, Brown S, Houghton R A, et al. 1994. Carbon pools and fluxes of global forest ecosystems. Science, 263: 185-190.

Don A, Rödenbeck C, Gleixner G. 2013. Unexpected control of soil carbon turnover by soil carbon concentration. Environmental Chemistry Letters, 11: 407-413.

Erich M S, Plante A F, Fernández J M, et al. 2012. Effects of profile depth and management on the composition of labile and total soil organic matter. Soil Science Society of America, 72(2): 408-419.

Eusterhues K, Rumpel C, Kleber M, et al. 2003. Stabilization of soil organic matter by interactions with minerals as revealed by mineral dissolution and oxidative degradation. Organic Geochemistry, 34: 1591-1600.

Falloon P, Smith P, Coleman K, et al. 1998. Estimating the size of the inert organic matter pool from total soil organic carbon content for use in the Rothamsted carbon mode. Soil Biology and Biochemistry, 30: 1207-1211.

Fang J Y, Liu G H, Xu S L. 1996. Carbon cycling in terrestrial ecosystems in China//Wang G C, Wen Y. Studies on Emissions and Their Mechanisms of Greenhouse Gases in China. Beijing: Environment Science Publishing House: 129-139.

Fontaine S, Barot S. 2005. Size and functional diversity of microbe populations control plant persistence and long-term soil carbon accumulation. Ecology Letters, 7: 1075-1087.

Fontaine S, Barot S, Barré P, et al. 2007. Stability of organic carbon in deep soil layers controlled by fresh carbon supply. Nature, 450: 277-280.

Gee G W, Bauder J W. 1986. Particle-size analysis//Klute A. Methods of Soil Analysis, Part 1. Physical and Mineralogical Methods. Madison, WI: ASA: 377-382.

Guggenberger G, Kaiser K. 2003. Dissolved organic matter in soil: challenging the paradigm of sorptive preservation. Geoderma, 113: 293-310.

Guo L B, Gifford R M. 2002. Soil carbon stocks and land use change: a metaanalysis. Global Change Biology, 8: 345-360.

Hao Y, Lal R, Izaurralde R C, et al. 2001. Historic assessment of agricultural impacts on soil and soil organic carbon erosion in an Ohio watershed. Soil Science, 166: 116-126.

Hollis J M, Hannam J, Bellamy P H. 2012. Empirically-derived pedotransfer functions for predicting bulk density in European soils. European Journal of Soil Science, 63: 96-109.

Huang Y, Sun W J. 2006. Changes in topsoil organic carbon of croplands in mainland China over the last two decades. Chinese Science Bulletin, 51(15): 1785-1803.

Huang L M, Thompson A, Zhang G L, et al. 2015. The use of chronosequences in studies of paddy soil evolution: a review. Geoderma, 237: 199-210.

Huggett R J. 1998. Soil chronosequences, soil development, and soil evolution: a critical review. Catena, 32: 155-172.

Inoue Y, Hiradate S, Sase T, et al. 2011. Using ^{14}C dating of stable humin fractions to assess upbuilding pedogenesis of a buried Holocene humic soil horizon, Towada volcano, Japan.

Geoderma, 167-168: 85-90.

IPCC. 1990. Climate Change: The IPCC Scientific Assessment. Cambridge, UK: Cambridge University Press.

IUSS Working Group WRB. 2014. World Reference Base for Soil Resources 2014. International Soil Classification System for Naming Soils and Creating Legends for Soil Maps. Roma: World Soil Resources Reports No. 106.

Iversen C M, Keller J K, Gaeten J C T, et al. 2012. Soil carbon and nitrogen cycling and storage throughout the soil profile in a sweetgum plantation after 11 years of CO_2-enrichment. Global Change Biology, 18(5): 1684-1697.

Jenkinson D S, Adams D E, Wild A. 1991. Model estimates of CO_2 emissions from soil in response to global warming. Nature, 351: 304-306.

Jenkinson D S, Coleman K. 2008. The turnover of organic carbon in subsoils. Part 2. Modelling carbon turnover. European Journal of Soil Science, 59: 400-413.

Kaiser K, Guggenberger G. 2000. The role of DOM sorption to mineral surfaces in the preservation of organic matter in soils. Organic Geochemistry, 31: 711-725.

Kaiser K, Guggenberger G, Haumaier L, et al. 2002. The composition of dissolved organic matter in forest soil solutions: changes induced by seasons and passage through the mineral soil. Organic Geochemistry, 33: 307-318.

Kaplan J O, Krumhardt K M, Zimmermann N E. 2012. The effects of land use and climate change on the carbon cycle of Europe over the past 500 years. Global Change Biology, 18(3): 902-914.

Kirkby C, Kirkegaard J, Richardson A, et al. 2011. Stable soil organic matter: a comparison of C: N: P: S ratios in Australian and other world soils. Geoderma, 163: 197-208.

Kirkby C, Richardson, A, Wade L J, et al. 2014. Nutrient availability limits carbon sequestration in arable soils. Soil Biology and Biochemistry, 68: 402-409.

Lal R. 2005. Forest soils and carbon sequestration. Forest Ecology and Management, 220: 242-258.

Lal R. 2004. Soil carbon sequestration to mitigate climate change. Geoderma, 123: 1-22.

Lal R. 2001. Soil degradation by erosion. Land Degradation and Development, 12(6): 519-539.

Lal R. 1999. World soils and the greenhouse effect. Global Change Newsletter, 37: 4-5.

Li Z P, Han F X, Su Y, et al. 2007. Assessment of soil organic and carbonate carbon storage in China. Geoderma, 138: 119-126.

Lorenz K, Lal R. 2005. The depth distribution of soil organic carbon in relation to land use and management and the potential of carbon sequestration in subsoil horizons. Advances in Agronomy, 88: 35-66.

Luyssaert S, Schulze E D, Börner A, et al. 2008. Old-growth forests as global carbon sinks. Nature, 455: 213-215.

McCarty G, Ritchie J C. 2002. Impact of soil movement on carbon sequestration in agricultural ecosystems. Environment Pollution, 116: 423-430.

Mikha M M, Rice C W, Milliken G A. 2005. Carbon and nitrogen mineralization as affected by drying and wetting cycles. Soil Biology and Biochemistry, 37: 339-347.

Nydal R L. 1965. Distribution of radiocarbon from nuclear tests. Nature, 206: 1029-1031.

Pan G, Li L, Wu L, et al. 2003. Storage and sequestration potential of topsoil organic carbon in China's paddy soils. Global Change Biology, 10: 79-92.

Pan G X, Zhou P, Li Z P, et al. 2009. Combined inorganic/organic fertilization enhances N efficiency and increases rice productivity through organic carbon accumulation in a rice paddy from the Tai Lake region, China. Agriculture Ecosystems and Environment, 131(3-4): 274-280.

Pessenda L C R, Gouveia S E M, Aravena R. 2001. Radiocarbon dating of total soil organic matter and humin fraction and its comparison with ^{14}C ages of fossil charcoal. Radiocarbon, 43: 595-601.

Ritchie J C, McCarty G W, Venteris E R, et al. 2007. Soil and soil organic carbon redistribution on the landscape. Geomorphology, 89: 163-171.

Ross D J, Tate K R, Scott N A, et al. 2002. Afforestation of pastures with Pinus radiata influences soil carbon and nitrogen pools and mineralisation and microbial properties. Australian Journal of Soil Research, 40: 1303.

Rumpel C, Kögel-Knabner I. 2011. Deep soil organic matter-a key but poorly understood component of terrestrial C cycle. Plant Soil, 338: 143-158.

Sahrawat K L. 2003. Organic matter accumulation in submerged soils. Advances in Agronomy, 81: 169-201.

Schaetzl R J, Anderson S. 2005. Soils: Genesis and Geomorphology. New York: Cambridge University Press.

Scheel T, Dörfler C, Kalbitz K. 2007. Precipitation of dissolved organic matter by aluminum stabilizes carbon in acidic forest soils. Soil Science Society of America Journal, 71: 64-74.

Schlesinger W H. 1991. Biochemistry: An Analysis of Global Change. San Diego: Academic Press.

Shen C D, Liu T S, Peng S L, et al. 1999. ^{14}C measurement of forest soils in Dinghushan Biosphere Reserve. Chinese Science Bulletin, 44(3): 251-256.

Singh S K, Singh A K, Sharma B K, et al. 2007. Carbon stock and organic carbon dynamics in soils of Rajasthan, India. Journal of Arid Environments, 68: 408-421.

Smith P, Milne R, Powlson D S, et al. 2000. Revised estimates of the carbon mitigation potential of UK agricultural land. Soil Use and Management, 16: 293-295.

Smith S V, Renwick W H, Buddemeier R W, et al. 2001. Budgets of soil erosion and deposition for sediments and sedimentary organic carbon across the conterminous United States. Global Biogeochemical Cycles 15: 697-707.

Song G H, Li L Q, Pan G X, et al. 2005. Topsoil organic carbon storage of China and its loss by cultivation. Biogeochemistry, 74(1): 47-62.

Tarnocai C, Canadell J G, Schuur E A G, et al. 2009. Soil organic carbon pools in the northern circumpolar permafrost region. Global Biogeochemical Cycles, 23: GB2023.

VandenBygaart A J. 2001. Erosion and deposition history derived by depth-stratigraphy of ^{137}Cs and soil organic carbon. Soil and Tillage Research, 61: 187-192.

Walkley A, Black I A. 1934. An examination of the degtjareff method for determining soil organic matter, and a proposed modification of the chromic acid titration method. Soil Science, 37: 29-38.

Wang Y, Amundson R, Trumbore S E. 1996. Radiocarbon dating of soil organic matter. Quaternary Research, 45: 282-288.

Wang B S, Tian H, Liu J, et al. 2003. Pattern and change of soil organic carbon storage in China: 1960s-1980s. Tellus, 55B: 416-427.

Wang S, Zhou C, Li K, et al. 2001. Estimation of soil organic carbon reservoir in China. Journal of Geographical Sciences, 11: 3-13.

Watson R T, Noble I R. 2001. Carbon and the science-policy nexus: the Kyoto challenge//Steffen W, Jager J, Carson D, et al. Challenges of a Changing Earth. Proceedings of the Global Change Open Science Conference. Berlin: Springer: 57-64.

Wattel-Koekkoek E W, Buurman P, van der Plicht J, et al. 2003. Mean residence time of soil organic matter associated with kaolinite and smectite. European Journal of Soil Science, 54: 269-278.

Wiesmeier M, Lützow M, von Spörlein P, et al. 2015. Land use effects on organic carbon storage in soils of Bavaria: the importance of soil types. Soil and Tillage Research, 146: 296-302.

Wright A L, Dou F, Hons F M. 2007. Crop species and tillage effects on carbon sequestration in subsurface soil. Soil Science, 172: 124-131.

Wu H, Guo Z, Peng C. 2003. Land use induced changes of organic carbon storage in soils of China. Global Change Biology, 9: 305-315.

Yan H, Cao M, Liu J, et al. 2007. Potential and sustainability for carbon sequestration with improved soil management in agricultural soils of China. Agriculture Ecosystems and Environment, 121: 325-335.

Yang C, Yang L, Ouyang Z. 2005. Organic carbon and its fractions in paddy soil as affected by different nutrient and water regimes. Geoderma, 124: 133-142.

Yu D S, Shi X Z, Wang H J, et al. 2007. Regional patterns of soil organic carbon stocks in China. Journal of Environment Management, 85: 680-689.

Zhang H H, Chen J J, Wu Z F, et al. 2017. Storage and spatial patterns of organic carbon of soil profiles in Guangdong Province, China. Soil Research, 55(4): 401-411.

Zhang H H, Li F B, Wu Z F, et al. 2008. Baseline concentrations and spatial distribution of trace metals in surface soils of Guangdong province, China. Journal of Environmental Quality, 37: 1752-1760.

Zhou G Y, Liu S G, Li Z A, et al. 2006. Old-growth forests can accumulate carbon in soils. Science, 12: 1417.

Zhou C, Wei X, Zhou G, et al. 2008. Impacts of a large-scale reforestation program on carbon storage dynamics in Guangdong, China. Forest Ecology and Management, 255: 847-854.

第 4 章　红壤侵蚀及土壤碳流失机制研究

在丰富的水热条件下，独特的强烈红壤侵蚀区碳循环过程是红壤发生、形成与发展的基本核心与动力，对这一过程的研究是进行红壤地区水土流失整治、土壤退化恢复与生态重建的基础。本章针对红壤侵蚀区的碳流失问题，采用室内人工模拟降雨的方法，辅助以下垫面采用土壤性质均一的装填土坡面的方法，模拟研究了红壤典型侵蚀区土壤碳流失的物理迁移机制，研究结果既可以揭示侵蚀过程中土壤碳流失的本质，也可在很大程度上反映实际情况，从而为该地区的低碳环保提供一定的理论依据。

4.1　研究方法及实验方案

本节主要探讨了两方面的内容：红壤侵蚀及动力学特征研究采用红壤坡面侵蚀模拟试验的方法，红壤有机碳流失特征采用土壤有机碳流失模拟试验的方法，具体方法详述如下。

4.1.1　红壤坡面侵蚀模拟试验

红壤坡面侵蚀模拟试验是在广东省生态环境技术研究所红壤侵蚀动力学工程实验室（图 4.1）进行，该实验室采用下喷式模拟降雨器 [图 4.1（b）]，有效降雨高度 13.4m，可满足降雨雨滴达到终点速度，有效降雨面积 288m^2，模拟雨强变化范围为 15～300 mm/h，均匀度大于 90 %。试验处理设计：模拟雨强设有 7 个水平，即 30 mm/h、60 mm/h、90 mm/h、120 mm/h、180 mm/h、210 mm/h、270 mm/h；坡度设 5 个水平，即 5°、10°、15°、20°、25°；每个处理设 1 次重复，共计降雨场次 35 次（郭太龙等，2013）。

供试土壤：供试土壤为红壤，质地为壤土，试验前过 2mm 的孔筛，具体土壤理化性质指标见表 4.1。

模拟降雨器为 X 型下喷式模拟降雨系统，有效降雨高度约为 13.4m，降雨方向为重力方向，降雨雨强分布均匀，针对南方地区暴雨事件频发的特点，最大模拟雨强为 270mm/h，雨强利用雨量桶，采用梅花布点法结合秒表进行校核和量测。试验主要测定的指标为径流量和泥沙量。径流量采用体积法量测，泥沙量采用烘干称重法测定。试验数据采用 Excel 和 SPSS10.0 进行统计分析，显著性水平为 0.01。

图 4.1   红壤侵蚀动力学工程实验室主体及配套设备

表 4.1   供试土壤的基本理化性质指标

土壤类型	土壤颗粒组成（%）			有机质（g/kg）	全氮（g/kg）	全磷（mg/kg）	全钾（mg/kg）
	<0.002mm	0.002~0.05mm	>0.05mm				
红壤	8.9	35.4	55.7	1.89	0.079	0.249	24.6

　　试验主要测定的基本水动力参数指标为：坡面流流速，其他水动力参数通过水力学原理计算获得。坡面流流速采用染色剂法测定，染色剂为 1 mol/L 的高锰酸钾溶液。具体方法：试验中的平均流速是通过坡面水流的表层流速乘以一个相应的折减系数得到的，折减系数对于层流取 0.67、过渡流取 0.7、紊流取 0.8，各组试验坡面水流的表层流速由染色剂法沿坡分段测定。试验坡长为 2 m，坡面水流的表层流速采用全断面法（2m 间距）和分段面法（0.2m 间距）两种方法分别进行测定，两种方法测定的表层流速取平均值，然后再乘以相应的折减系数，从而得到平均流速。

4.1.2   土壤有机碳流失模拟试验

　　土壤有机碳流失模拟试验同样也是在广东省生态环境技术研究所红壤侵蚀动力学工程实验室进行的。试验配套可动式变坡钢槽 4 台（尺寸：长×宽×高＝2m×0.5m×0.5m）［图 4.1（e）］、集流桶若干（容积 20L，数量 200 个左右）、电子天平等，其中土槽装土深度为 0.5 m。试验设计 3 个水平的模拟雨强：90 mm/h、180 mm/h、270 mm/h；2 个水平的坡度：10°、25°；共计模拟降雨 12 场。试验主要测定的指标为径流量、泥沙量、径流中可溶性有机碳（DOC）、泥沙中有机碳、试验前后剖面土壤水分及有机碳分布。径流量采用体积法量测，泥沙量采用烘干称重法测定，径流中有机碳含量采用碳自动分析仪测定，泥沙及剖面土壤中的有机碳含量采用重铬酸钾外加热氧化法测定。

　　模拟降雨操作如下：①初始含水状况。土壤初始含水量为 8%（质量含水量），其目的是保证试验土壤水分含量均匀一致。用于试验的风干土壤的质量含水量约为 5.2%，试验前一天喷洒一定量蒸馏水（水量根据控制的含水量 8% 和现场实测含水量的差值进行计算）于土壤表面，然后在土壤表面覆盖一层塑料薄膜以防止水分蒸发，约 24h 后，均匀搅拌土壤，然后用于试验装土。②填土。首先在槽底部铺设一层 5 cm 厚的细沙子，其上以 10 cm 为间隔分层装土（土与沙子用一层粗棉纱布隔开），为了便于分层（5 层）装土，试验土槽侧壁先画出以 10 cm 为间隔的刻度线，装土容重控制在 1.30 g/cm³，再根据每层土槽的体积和控制的装土容重计算出每层所需装的土壤质量，将称好的土壤松散均匀地铺撒在试验土槽之内，用特制的底板留有微型透气孔的击实器轻轻地进行夯实，直到土壤击实面达到控制的间隔刻度线为止，然后用钢毛刷轻轻爪毛该层的击实面，以保证土层与土层之间良好接触而不产生分层效应，其后每层装土重复前述操作，必须注意的是最上面一层装好后不需要用钢毛刷爪毛。③预处理。装土完毕后，将土槽调整到试验所需的坡度，放置约 14 h 后（制备好的土槽坡面用薄膜覆盖，防止水分蒸发或外来干扰）用于第二天的试验。每场试验前在坡面进行 30 mm/h 的模拟降雨 2 min，以保证各试验处理间坡面表层的水分状况基本一致。④模拟降雨。模拟降雨器为 X 型下喷式模拟降雨系统，有效降雨高度约为 13.4 m，降雨方向为重力方向，降雨雨强分布均匀（>90%），雨强利用雨量桶，

模拟降雨试验前准备　　　　模拟降雨试验进行中　　　　模拟降雨试验结束后

图 4.2　土壤有机碳流失模拟试验过程

采用梅花布点法结合秒表进行校核和量测（图 4.2）。⑤降雨试验前、后剖面水分及土壤有机碳含量的测定。模拟降雨试验发生前、后分别沿坡长方向采集三个断面［坡底（距槽口 50cm 处）、坡中（距槽口 100cm）、坡顶（距槽口 150cm）］的剖面土壤样品，采样深度为 50cm，每 10cm 一层，共 5 层。采取的剖面土壤样品测定水分含量、土壤有机碳含量的方法同前。必须注意的是，在采集完降雨前剖面土壤的样品后，应及时用装填土壤对土钻样点进行回填，以保证模拟坡面的完整性。

4.2　红壤侵蚀特征及水动力学特征研究

土壤侵蚀关键的科学问题之一是其独特的水–土界面相互作用机制,研究坡面水蚀产沙的动力学机制是分析坡面水蚀过程、建立坡地土壤侵蚀模型的前提。本节利用室内人工模拟降雨、变坡土槽,模拟不同降雨强度与坡度条件下红壤坡面水蚀产沙过程,探讨红壤坡面水蚀产流产沙的动态变化规律及坡面径流水动力学特性;揭示红壤坡面产沙与径流水动力学参数的动态响应关系,确定坡面径流分离土壤、泥沙输移的控制参数,从动力学角度解析坡面水蚀过程;建立坡面水蚀产沙过程的定量表达式,为红壤坡地水土流失防治提供一定的理论依据。

4.2.1　产流产沙动态变化过程

1. 径流总量和径流流量

红壤坡面模拟降雨条件下，随着坡度、模拟雨强的改变，坡面径流总量也会随之发生改变。图 4.3 给出了不同坡度（5°、10°、15°、20°、25°）、不同模拟雨强

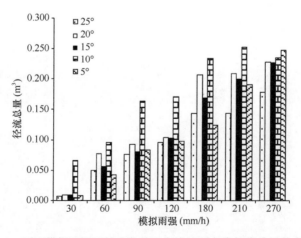

图 4.3　不同模拟雨强及坡度条件下红壤坡面产流径流总量的变化

（30 mm/h、60 mm/h、90 mm/h、120 mm/h、180 mm/h、210 mm/h、270mm/h）条件下的红壤坡面产流径流总量的变化情况。可以看出，径流总量与模拟雨强和坡度之间均存在相关性，径流总量随着模拟雨强和坡度的增加而增大。

径流流量反映的是坡面产流过程中径流的强度随时间变化的情况，图 4.4 给出了不同坡度不同模拟雨强条件下径流流量的变化曲线。可以看出，坡度和模拟雨强对径流流量的影响类似于其对径流总量的影响，即径流流量与模拟雨强和坡度之间均存在相关性，径流流量也随着模拟雨强和坡度的增加而增大。

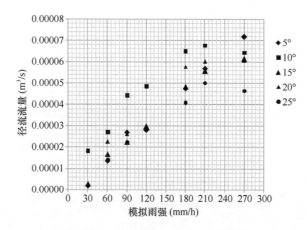

图 4.4　不同模拟雨强及坡度条件下红壤坡面水蚀径流流量的变化

2. 径流过程曲线

径流总量和径流流量均是从数量上解释了改变模拟雨强及坡度对坡面水蚀径流的影响，要反映径流总量在坡面产流过程中、在不同时间的变化，还需比较累计径流量和径流流量随降雨历时的变化过程。图 4.5 是不同模拟雨强及坡度条件下红壤坡面水蚀累计径流量随时间的变化曲线。

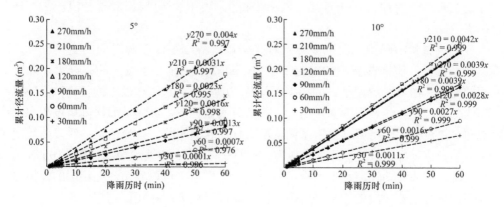

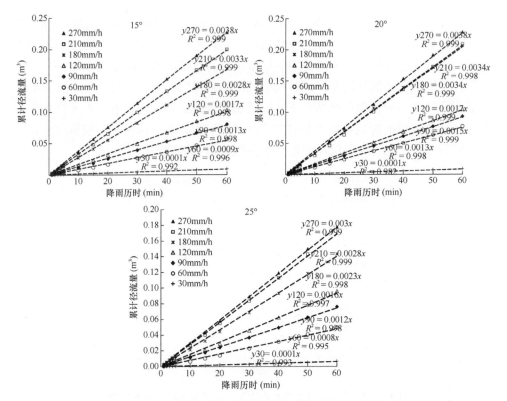

图 4.5　不同模拟雨强及坡度条件下红壤坡面水蚀累计径流量随时间的变化曲线

从图 4.5 可知，在改变模拟雨强及坡度的条件下，红壤坡面水蚀的累计径流量随降雨历时均呈现很好的线性增加关系，对各累计径流量曲线进行拟合可知，拟合曲线的决定系数均在 0.99 以上，说明室内均质坡面下，模拟降雨径流的累计过程是一个很好的简单的直线（过原点的直线，截距为 0）增长过程，直线的斜率反映了不同时段径流总量随时间变化的大小，也就是径流强度或径流率变化的大小，可以通过比较直线的斜率来得出影响因子对模拟降雨径流流量变化的影响。

径流流量随降雨历时的变化过程是降雨过程中径流率随时间的变化过程，也就是累计径流曲线斜率的时刻变动值，反映了径流发生发展的强度大小随时间的变化。图 4.6 给出了不同模拟雨强及坡度条件下红壤坡面水蚀径流流量随时间的变化过程曲线。由图 4.6 可知，模拟降雨条件下，红壤坡面次降雨过程中，坡面产流过程同时受降雨及下垫面状况变化的共同影响，径流流量的时段值表现为波动变化过程，该过程总体表现为：初期 0～10min 为波动增加过程，10min 以后径流流量的波动逐渐趋于平稳（图 4.6）。从图 4.6 可以看出，在相同的模拟雨强条件下，随着坡度的增加，坡面水蚀径流流量增大；在相同的坡度条件下，随着模拟雨强的逐渐增加，径流流量也逐渐增加，当模拟雨强从 30 mm/h 逐渐增加到 270mm/h 时，径流流量的取值上限从 0.000025 m³/s 增加到 0.00008 m³/s。

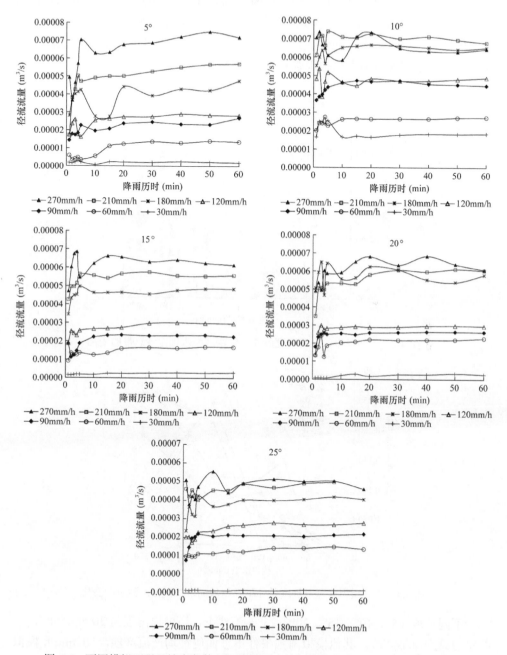

图 4.6　不同模拟雨强及坡度条件下红壤坡面水蚀径流流量随时间的变化过程曲线

3. 侵蚀泥沙量

改变模拟雨强或坡度同样也会对坡面侵蚀泥沙量产生重要影响。图 4.7 和图 4.8 分别给出了不同坡度、不同模拟雨强条件下坡面水蚀的泥沙总量、侵蚀产沙量的变化曲线。可以看出，泥沙总量（或侵蚀产沙量）与模拟雨强和坡度之间存在相关性，侵蚀产沙量随着模拟雨强和坡度的增加而增大。

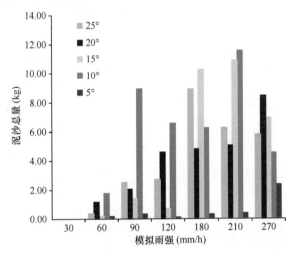

图 4.7　不同模拟雨强及坡度条件下红壤坡面水蚀泥沙总量的变化

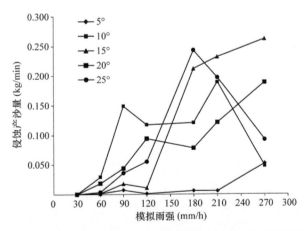

图 4.8　不同模拟雨强及坡度条件下红壤坡面水蚀侵蚀产沙量的变化

不同坡度（5°、10°、15°、20°、25°）条件下，当模拟雨强为 30 mm/h 时，坡面侵蚀只产流不产沙，其他模拟雨强条件下坡面侵蚀均产流产沙，30 mm/h 模拟雨强可看作是红壤坡面侵蚀产沙的一个临界雨强条件。由图 4.7 中可知，泥沙总量随着模拟雨强的增加呈现二次函数关系，先逐渐增加、后逐渐减小，在模拟雨强为 210 mm/h 左右时，泥沙总量最大。

泥沙总量表述的是坡面侵蚀在模拟降雨历时（各试验处理的降雨总历时同为 60min）内产生的泥沙数量多少或总质量，而侵蚀产沙量的含义则是描述降雨历时内坡面侵蚀产沙过程的平均强度大小。由图 4.8 可知，侵蚀产沙量随着模拟雨强的增加表现出逐渐增大的趋势，但是在模拟雨强大于 180 mm/h 后，变化波动较大。

4. 侵蚀产沙过程曲线

类似于坡面降雨径流的累计径流量，泥沙总量和侵蚀产沙量（60min 降雨历时内）也是仅从数量上解释了改变雨强及坡度对坡面水蚀泥沙的影响，要反映侵蚀泥沙在坡面产流过程中不同时间的动态变化过程，还需比较泥沙总量和侵蚀产沙量随降雨历时的变化曲线。

图 4.9 是不同模拟雨强及坡度条件下红壤坡面水蚀累计泥沙量随时间的变化曲线。可以看出，改变模拟雨强及坡度的条件下，红壤坡面水蚀的侵蚀泥沙总量随降雨历时的累计过程也呈现很好的线性增加关系，对各累计泥沙量曲线进行拟合可知，拟合曲线的决定系数均在 0.90 以上，说明室内均质坡面下，侵蚀泥沙的累计过程也是一个很好的简单的直线（过原点的直线，截距为 0）增长过程。同样，直线的斜率反映了不同时段侵蚀泥沙总量随时间变化的大小，也就是产沙强度变化的大小，可以通过比较直线的斜率来得出影响因子对模拟降雨侵蚀产沙量的影响。

在试验条件下（增加模拟雨强或增加坡度），坡面水蚀的累计泥沙量曲线的斜率也逐渐增大，说明模拟雨强和坡度的改变对于坡面平均侵蚀产沙强度的影响显著，平均侵蚀产沙强度随模拟雨强和坡度的增加而增加（5°斜率 K_s 变化范围为 0.0031~0.0342；10°斜率 K_s 变化范围为 0.0296~0.1855；15°斜率 K_s 变化范围为 0.0035~0.1572；20°斜率 K_s 变化范围为 0.0206~0.122；25°斜率 K_s 变化范围为 0.0065~0.0131）（图 4.9）。

图 4.10 给出了红壤坡面水蚀侵蚀产沙量随时间的变化曲线。在坡面侵蚀过程中，侵蚀产沙的强度也是波动变化的，侵蚀发生的前期波动比较剧烈，随着侵蚀过程逐渐趋于稳定，侵蚀产沙量逐渐趋于一个稳定值（图 4.10）。总的来说，大雨强下侵蚀产沙量趋于的稳定值较大，但是在雨强大于 180 mm/h 后，该变化规律不存在，可能是因为暴雨雨强下侵蚀产沙过程与中小雨强下的侵蚀产沙过程从本质上发生改变，暴雨雨强下的侵蚀水流状态变化情况剧烈。试验进行了不同坡度（5°~25°）、不同模拟雨强（30~270 mm/h）条件下共计 35 场次模拟降雨试验，但是在 30mm/h 时坡面仅仅产流而不产沙，其他模拟雨强条件下均产流产沙，30mm/h 降雨可视为该试验条件下红壤坡面侵蚀产沙的雨强下限（图 4.10）。

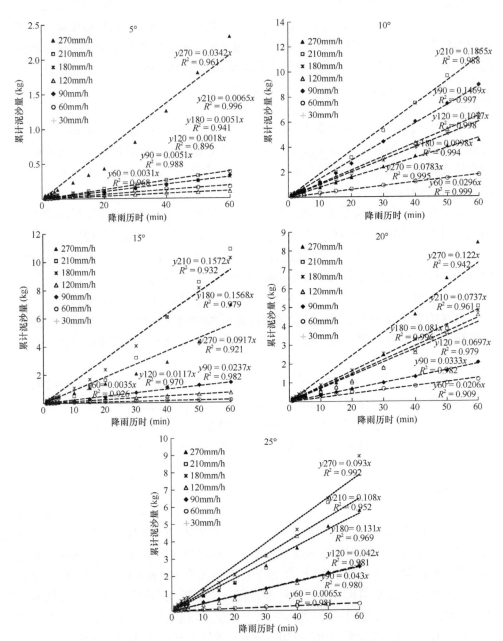

图 4.9　不同模拟雨强及坡度条件下红壤坡面水蚀累计泥沙量随时间的变化曲线

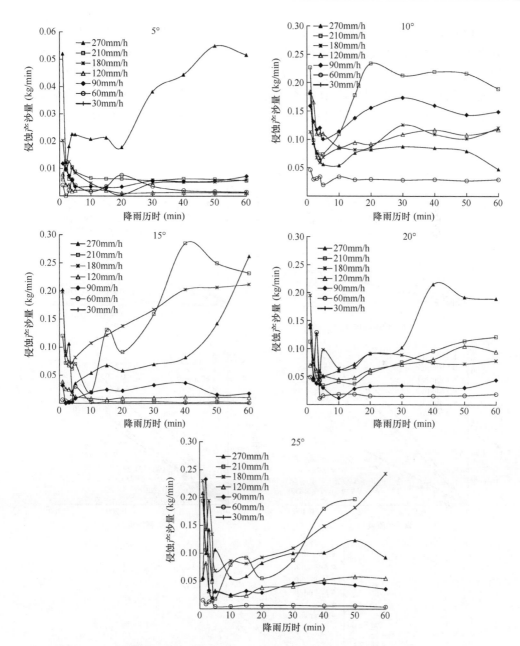

图 4.10　不同模拟雨强及坡度条件下红壤坡面水蚀侵蚀产沙量随时间的变化曲线

5. 侵蚀泥沙与径流量间关系探讨

坡面侵蚀过程中，径流是侵蚀泥沙产生的动力和载体，径流量和泥沙量之间存在较好的线性相关关系（Guo et al.，2010a，2010b）。

　　径流量与泥沙量关系曲线的斜率反映了坡面侵蚀实际状况下侵蚀能力的大小，分析不同模拟雨强及坡度条件下径流量与泥沙量关系曲线的斜率变化，可以了解模拟雨强及坡度的改变对坡面侵蚀能力大小的影响作用。图4.11给出了不同模拟雨强及坡度条件下累计泥沙量与累计径流量的关系曲线，从图4.11中可知，累计泥沙量和累计径流量呈现较好的线性相关关系，改变模拟雨强和坡度量对径流量与泥沙量

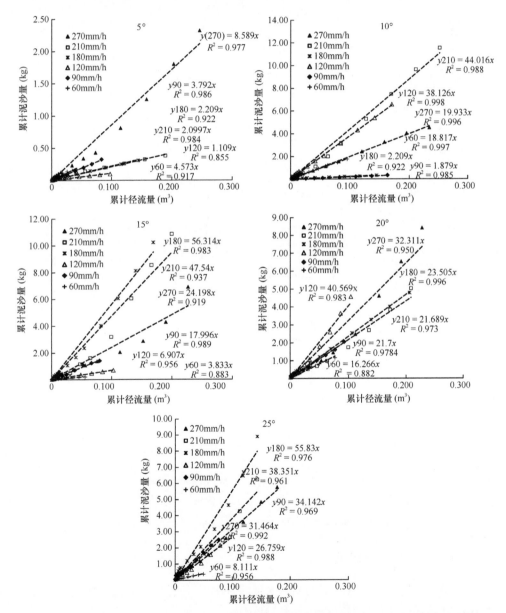

图4.11　不同模拟雨强及坡度条件下红壤坡面水蚀累计泥沙量与累计径流量的关系曲线

关系曲线的斜率有较大影响，但这一变化规律不是单一的线性增加或减小的关系，其变化规律还需进一步研究论证。

4.2.2　红壤侵蚀的水动力学特征

目前，坡面流理论尚不完善，坡面流水深通常很小，约几毫米，水流的运动受边界影响复杂，而且关键动力指标参数（如流速或水深）的测定方法也有待改进，故通常关于坡面侵蚀水流的水动力学机制的探讨是基于水动力学的明渠水流理论假定，以简化实际问题。坡面侵蚀水流的水动力学特征主要包括：水流的平均流速、平均水深、雷诺数、弗汝德数、曼宁糙率、达西–韦斯巴赫阻力系数、水流功、剪切力等。表 4.2 给出了不同模拟雨强及坡度条件下红壤坡面侵蚀水流的基本水动力学参数。

表 4.2　红壤坡面水蚀基本水动力学参数

模拟降雨处理		平均流速 v（m/s）	平均水深 h（mm）	雷诺数 Re	弗汝德数 Fr	曼宁糙率 n（m/s$^{1/3}$）	达西–韦斯巴赫阻力系数 f	水流功（kg/s^3）	剪切力（N/m^2）
坡度（°）	模拟雨强（mm/h）								
5	270	0.058	1.23	70.8	0.533	0.058	2.454	0.061	1.046
	210	0.051	1.12	56.2	0.488	0.062	2.929	0.049	0.952
	180	0.059	0.81	47.1	0.667	0.043	1.567	0.041	0.686
	120	0.066	0.43	27.9	1.028	0.025	0.660	0.024	0.363
	90	0.042	0.64	26.6	0.528	0.052	2.504	0.023	0.549
	60	0.049	0.28	13.5	0.941	0.026	0.788	0.012	0.237
	30	0.026	0.07	1.9	0.969	0.020	0.743	0.002	0.064
10	270	0.070	0.92	63.5	0.744	0.056	2.513	0.109	1.553
	210	0.062	1.08	66.8	0.607	0.070	3.766	0.115	1.838
	180	0.067	0.97	64.2	0.685	0.061	2.957	0.110	1.651
	120	0.048	1.02	48.0	0.478	0.088	6.092	0.083	1.731
	90	0.045	0.98	43.9	0.462	0.091	6.519	0.075	1.668
	60	0.056	0.48	26.9	0.818	0.046	2.075	0.046	0.822
	30	0.034	0.53	18.2	0.477	0.079	6.101	0.031	0.907
15	270	0.079	0.78	60.6	0.900	0.055	2.556	0.155	1.974
	210	0.064	0.87	55.1	0.696	0.072	4.274	0.141	2.199
	180	0.053	0.91	47.8	0.568	0.089	6.418	0.122	2.292
	120	0.052	0.57	29.3	0.695	0.067	4.292	0.075	1.445
	90	0.044	0.52	22.2	0.614	0.075	5.494	0.057	1.305
	60	0.037	0.45	16.6	0.554	0.081	6.758	0.043	1.152
	30	0.020	0.15	2.9	0.526	0.071	7.497	0.007	0.369
20	270	0.089	0.68	60.0	1.089	0.051	2.306	0.203	2.282
	210	0.064	0.95	59.6	0.660	0.089	6.284	0.202	3.173
	180	0.079	0.71	55.4	0.949	0.059	3.036	0.188	2.373
	120	0.057	0.51	29.1	0.809	0.065	4.176	0.099	1.718

续表

模拟降雨处理		平均流速 v（m/s）	平均水深 h（mm）	雷诺数 Re	弗汝德数 Fr	曼宁糙率 n（m/s$^{1/3}$）	达西-韦斯巴赫阻力系数 f	水流功（kg/s^3）	剪切力（N/m^2）
坡度（°）	模拟雨强（mm/h）								
	90	0.058	0.45	25.9	0.878	0.059	3.550	0.088	1.506
20	60	0.043	0.52	22.5	0.606	0.088	7.462	0.076	1.753
	30	0.014	0.19	2.7	0.322	0.139	26.328	0.009	0.642
	270	0.059	0.79	46.0	0.671	0.094	7.511	0.192	3.264
	210	0.053	0.94	49.6	0.554	0.117	11.014	0.207	3.898
	180	0.062	0.66	40.5	0.765	0.080	5.785	0.169	2.747
25	120	0.059	0.48	28.0	0.859	0.068	4.584	0.117	1.989
	90	0.036	0.62	22.1	0.459	0.132	16.068	0.093	2.581
	60	0.034	0.42	14.2	0.535	0.106	11.821	0.059	1.730
	30	0.016	0.13	2.1	0.441	0.106	17.349	0.009	0.552

1. 平均流速

坡面水流流速是坡面径流最主要的水动力学要素之一，坡面水流流速的变化会直接影响到坡面水蚀的颗粒剥离、泥沙输移和沉积整个过程，而坡面水流的流速主要受到地表特征、坡度、流量、降雨雨强等因素影响。从表 4.2 可以看出，在相同坡度条件下改变模拟雨强，随着模拟雨强的增大，坡面侵蚀水流的流速也逐渐增大，表明模拟雨强（或试验坡度）大小的改变直接决定了输入系统的雨量大小和强度，其对坡面水流的运动快慢起着关键作用，雨强和坡度对坡面侵蚀水流的流速影响显著。

2. 雷诺数 Re 与弗汝德数 Fr

雷诺数表征坡面水流的紊动程度，弗汝德数表征坡面水流的缓急程度。从表 4.2 可见，在相同坡度条件下改变模拟雨强，随着模拟雨强（或坡度）的增大，坡面侵蚀水流的雷诺数也逐渐增大，说明模拟雨强（或坡度）的增加会使得坡面水流的流动状态发生改变，水流的紊动程度增加。雷诺数和弗汝德数是共同反映坡面水流流态的指标参数。不同坡度（5°～25°）、不同模拟雨强条件下红壤坡面侵蚀水流的雷诺数取值范围为 1.9～70.8，弗汝德数的取值范围为 0.322～1.089，说明试验条件下坡面侵蚀水流流态大部分处于"层流-缓流区"（表 4.2）。

3. 曼宁糙率 n

曼宁糙率为表征水流流动边界表面影响水流阻力的各种因素的一个综合系数，其大小受到坡面土壤的性质、表面覆盖物的覆盖程度以及水流运动边界的形态特征等因素的共同影响。由表 4.2 可知，红壤坡面侵蚀下，改变坡度或模拟雨强，曼宁糙率会发生改变，说明坡度和模拟雨强会对曼宁糙率产生影响，但是变化规律不明显，这可能是由于室内试验装填土条件下，很难保证各处理间土壤表面的状况完全一致所致。

4. 达西–韦斯巴赫阻力系数 f

达西–韦斯巴赫阻力系数反映了下垫面对水流的阻力大小，在流量、坡度等水力条件相同的情况下，达西–韦斯巴赫阻力系数越大，水流克服阻力所消耗的能量越多，土壤侵蚀就越强烈，反之则土壤侵蚀越微弱。目前，一部分学者研究认为对于坡面侵蚀薄层水流，降雨有增加阻力的作用；另一部分学者则认为，降雨有减小坡面水流阻力的作用，观点尚不统一。红壤坡面侵蚀下，改变坡度或模拟雨强，坡面侵蚀水流的阻力也发生变化，但是不呈现特定的函数关系，说明雨强和坡度对坡面流的阻力有着重要的影响（表 4.2）。

5. 剪切力和水流功

坡面水流的侵蚀能力与水流的剪切应力之间有着密切的关系，坡面水流的剪切力反映的是坡面运动的水流对土水界面上土壤颗粒的分散、剪切作用，它是径流分离土壤的主要动力。水流功是径流剪切力与流速的乘积，从能量学角度反映的是径流分散、剪切土壤颗粒作用中的功率大小。当增加坡度或模拟雨强时，坡面流的平均流速逐渐增大，但是径流剪切力和水流功却表现出类似于达西–韦斯巴赫阻力系数的变化。这可以解释为坡度增加，则坡面水流的水力坡度增加；模拟雨强增加，则坡面水流的流速增加，但是在坡宽不变的情况下，流速增加却导致平均水深和水力半径变小，水力半径和水力坡度共同决定着径流剪切力大小的变化，因此径流剪切力受坡度和雨强影响显著，但是不呈现单一的线性函数关系，其变化规律不明显。

4.2.3 侵蚀产沙的水动力学解析

目前，对于坡面水流侵蚀中特征水动力学参数指标的选定还存在差异，一部分学者认为坡面水流的雷诺数 Re 可以较好地作为一个判别坡面侵蚀过程的水动力学指标，另一部分学者则认为坡面水流在边界上的剪切力是判别坡面侵蚀过程的重要指标，还有学者认为反映坡面侵蚀过程的水动力学指标应该综合某几个水动力因子更为适宜（Nearing and Bradford，1991；Lei et al.，1998）。坡面水流的侵蚀过程实质上是土水界面的能量交换过程，因此坡面水流的能量变化与坡面水流侵蚀过程的演变有着密切的联系（李占斌等，2002）。代表坡面水流能量的水动力学参数较多，有单一水动力因子形式的流速、流量、水深、加速度等，也有综合几个水动力因子的复合参数形式，如雷诺数、弗汝德数、剪切力、水流功等，究竟采取何种形式的水动力学参数作为判别坡面侵蚀过程的水动力学指标参数，我们的思路是寻求一个综合考虑几种或多种动力因子共同影响作用的，而且在坡面地表状况发生改变时对侵蚀参量影响作用又相对稳定的指标，以此来衡量和反映坡面侵蚀过程将更有普遍的实际意义。

1. 径流与水动力参数量间关系分析

径流的变化是坡面侵蚀水流水动力学特性的本质和现实表象，因为径流是发生侵蚀现象的动力和载体，坡面流水动力学特征参数的变化势必会揭示坡面水蚀径流本身的一些变化规律或特征，径流量与水动力学参数间存在密切关系。图 4.12 给出了不同坡度条件下红壤坡面水蚀径流率与水动力学特征参数平均流速、雷诺数 Re、弗汝德数 Fr、达西–韦斯巴赫阻力系数 f、剪切力、水流功、相对水深曼宁糙率 n/h，以及雷诺数与弗汝德数的几何平方根 $\sqrt{(Re^2 + Fr^2)}$ 之间的变化关系。从图 4.12 可知，雷诺数 Re、相对水深曼宁糙率 n/h，以及雷诺数与弗汝德数的几何平方根 $\sqrt{(Re^2 + Fr^2)}$ 三个水动力学参数可以较好地反映红壤坡面水蚀径流率的变化，其他的水动力学参数虽然与径流率之间存在一定的关系，但是变化规律不明显。水动力学参数雷诺数 Re，以及雷诺数与弗汝德数的几何平方根 $\sqrt{(Re^2 + Fr^2)}$ 均反映了坡面侵蚀水流的流动状态（紊动状态以及缓急程度），可以看出径流率随相对水深曼宁糙率 n/h 的增加而减小，而径流率随着雷诺数 Re 或者雷诺数与弗汝德数的几何平方根 $\sqrt{(Re^2 + Fr^2)}$ 的增加而线性增加，这一规律也揭示了现实状态下坡面侵蚀水流的紊动程度越大、水流缓急程度越强烈，则径流强度越大的侵蚀现象。以上结果表明，从坡面水蚀的径流角度来看，水动力学参数雷诺数 Re、相对水深曼宁糙率 n/h，以及雷诺数与弗汝德数的几何平方根 $\sqrt{(Re^2 + Fr^2)}$ 可以较好地表征不同坡度条件下径流的变化。

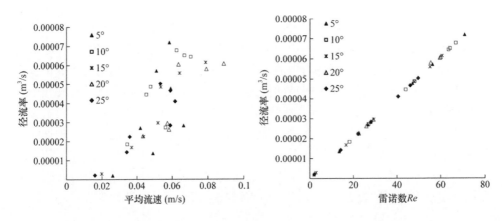

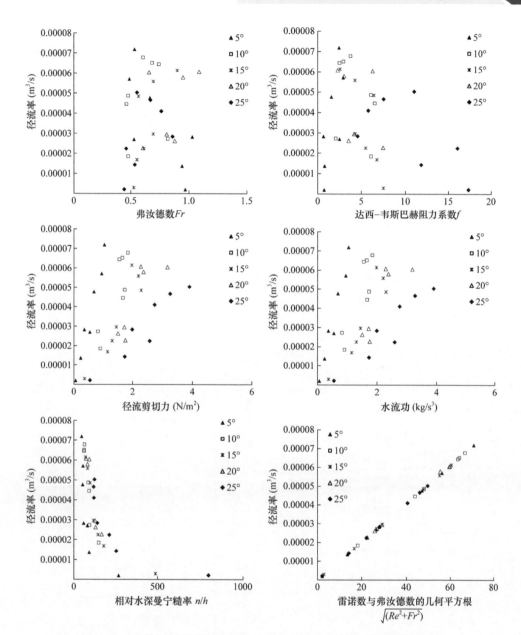

图 4.12　不同坡度条件下径流率与坡面水流水动力学特征参数间的关系

2. 泥沙与水动力学特征参数量间关系分析

坡面水蚀中，侵蚀泥沙是研究的核心，泥沙颗粒的运动是以径流为载体和驱动力的，径流的水动力行为势必会深刻影响其中的泥沙颗粒运动，泥沙运动特性与水动力参数间的关系密切。图 4.13 给出了不同坡度条件下红壤坡面水蚀的侵蚀产沙量与水动力学特征参数平均流速、雷诺数 Re、弗汝德数 Fr、达西–韦斯巴赫阻力系数 f、剪切力、水流功、相对水深曼宁糙率 n/h，以及雷诺数与弗汝德数的几何平方根 $\sqrt{(Re^2 + Fr^2)}$ 之间的变化关系。

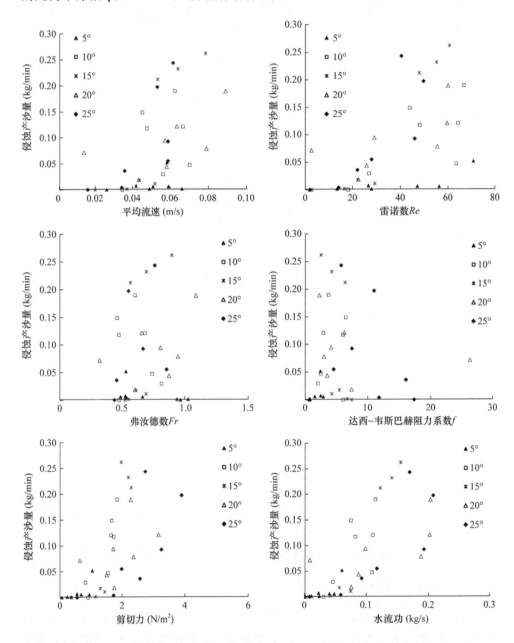

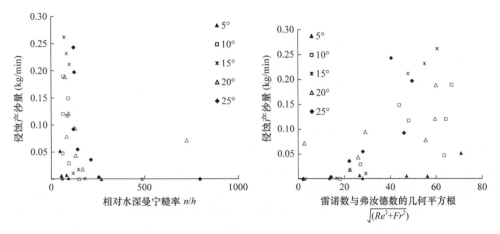

图 4.13　不同坡度条件下侵蚀产沙量与坡面水流水动力学特征参数间的关系

由图 4.13 可知，只有水动力学特征参数相对水深曼宁糙率 n/h 可以较好地反映红壤坡面水蚀侵蚀产沙量的变化，侵蚀产沙量随相对水深曼宁糙率 n/h 的增加而减小，其他水动力学特征参数虽然会对侵蚀产沙量产生一定影响，但是规律不明显。这一结果说明，由相对水深和曼宁糙率系数两种水动力因子共同组成的复合水动力学特征参数，可以较好地反映不同坡度条件下的坡面水蚀侵蚀泥沙。

综上可知，如果单从坡面水蚀的径流角度来看，雷诺数 Re、相对水深曼宁糙率 n/h，以及雷诺数与弗汝德数的几何平方根 $\sqrt{(Re^2 + Fr^2)}$ 三个水动力学特征参数可以认为是表征不同坡度条件下坡面水蚀的水动力学特征参数；如果从泥沙的角度来看，只有相对水深曼宁糙率 n/h 可被认为是表征不同坡度条件下坡面水蚀的水动力学特征参数。

4.2.4　侵蚀产沙的定量表达

1. 水动力学特征参数确定

任何形式的坡面水流侵蚀过程都是以水流为载体，是水流直接或间接地做功和能量转化过程，因此在确定反映这种能量转化过程的水动力学特征参数时，应综合考虑与水流能量变化密切相关的某几种水动力学因子来共同分析比较合适。由前述的试验结果可知，不论是从坡面侵蚀过程的径流角度（即水的角度）来看，还是从坡面侵蚀的泥沙角度来考虑，相对水深曼宁糙率 n/h 可以较好地反映糙率系数（主要由平均流速、平均水深所决定）与径流平均剪切力（坡度一定时其值大小主要决定于平均水深）对坡面侵蚀量变化的双重影响作用，不同模拟雨强及坡度条件下，选用相对水深曼宁糙率 n/h 作为红壤坡面侵蚀过程的一个水动力学特征参数较为适宜。

　　坡面不同的地表状况及试验条件会导致坡面水蚀的侵蚀行为及相应坡面流的水动力行为均产生较大差异，如何确定一个稳定的、不受试验条件限制的综合水动力学特征参数来表征坡面水蚀过程是水动力机制及模拟研究的关键所在。图 4.14 对比两种土壤（南方红壤、西北黄土）在不同试验条件下的水动力学特征参数相对水深曼宁糙率 n/h 与坡面水蚀的单宽侵蚀产沙量（消除不同试验组间坡面宽度对侵蚀量的影响）之间的关系。西北黄土的模拟试验分为室内模拟试验和野外原状坡面试验两组，室内模拟试验为下喷式模拟降雨和放水冲刷组合，土壤为娄土；野外原状坡面试验为单放水冲刷模拟，土壤为沙黄土（Guo et al.，2010a，2010b）。由图 4.14 可知，不同土壤类型、不同前期试验条件下，南方红壤坡面和西北黄土坡面侵蚀均表现出坡面水蚀的单宽侵蚀产沙量与相对水深曼宁糙率 n/h 之间存在较好的相关关系，单宽侵蚀产沙量随着相对水深曼宁糙率 n/h 的增加而减小，这反映了相对水深曼宁糙率可以较好地表征不同坡面地表状况及试验条件下的坡面侵蚀产沙量。

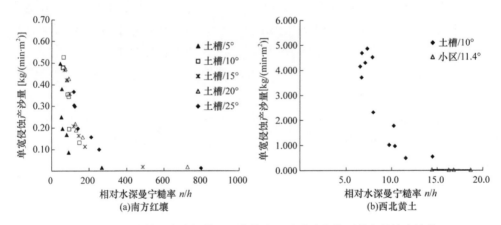

图 4.14　不同土壤（南方红壤、西北黄土）及试验条件下单宽侵蚀产沙量
与相对水深曼宁糙率 n/h 间的关系

2. 侵蚀产沙的动力模拟表达式

　　前述试验结果表明，相对水深曼宁糙率 n/h 可以较好地表征不同坡面地表状况及试验条件下的坡面侵蚀产沙量，对单宽侵蚀产沙量与相对水深曼宁糙率 n/h 间的关系曲线进行拟合可知，二者间的关系可用幂函数关系较好地表达，决定系数 R^2 大于 0.76。不同土壤（南方红壤、西北黄土）及试验条件下单宽侵蚀产沙量与相对水深曼宁糙率 n/h 间的拟合关系列于表 4.3。

表 4.3　坡面水蚀产沙的动力模拟表达式

模拟试验对比	试验条件	数据样本 n	动力模拟表达式	R^2
南方红壤坡面	红壤；坡长 2m；坡宽 0.5m；坡度 5°~25°；模拟雨强 30~270mm/h；装土容重 1.30g/cm³；前期土壤含水量 8%	35	$R_s=52814(n/h)^{-1.323}$	0.772
西北黄土坡面	娄土；坡长 3.5m；坡宽 0.5m；坡度 10°；模拟雨强 0mm/h、60mm/h、120mm/h；放水流量 10~40L/min；装土容重 1.35g/cm³；前期土壤含水量 8.3‰	12	$R_s=1845.5(n/h)^{-3.149}$	0.865
	沙黄土；坡长 20m；坡宽 1.25m；坡度 11.4°；放水流量 36.9L/min；土壤容重 1.26~1.41g/cm³；前期土壤含水量 7%	4	$R_s=29.1(n/h)^{-2.514}$	0.769

注：表中 R_s 为单宽侵蚀产沙量，单位 kg/（min·m²）

由表 4.3 可知，相对水深曼宁糙率 n/h 可以较好地表征坡面水蚀产沙，二者间的拟合关系可以用幂函数 $Y=AX^B$ 形式进行表达。对于南方红壤坡面水蚀，产沙动力模拟表达式可表述为 $R_s=52814(n/h)^{-1.323}$，决定系数 R^2 为 0.772。不同土壤（南方红壤、西北黄土）及试验条件下单宽侵蚀产沙量与相对水深曼宁糙率 n/h 间函数关系的拟合常数 A 的取值范围为 29.1~52814，拟合指数 B 的取值范围为 -3.149~-1.323。

4.2.5　红壤侵蚀特征及水动力学机制探讨

随着坡度、模拟雨强的改变，坡面径流总量也会随之发生改变，径流总量与模拟雨强和坡度之间均存在相关性，随着模拟雨强（或坡度）的增加，坡面径流总量也随之增加。坡度和模拟雨强对径流流量、平均径流量的影响类似于其对径流总量的影响。红壤坡面侵蚀产流变化过程特征如下：红壤坡面次降雨过程中，坡面产流过程同时受降雨及下垫面状况变化的共同影响，径流流量的时段值表现为波动变化过程，该过程总体表现为初期 0~10min 为波动增加过程，10min 以后径流流量的波动逐渐趋于平稳。改变模拟雨强或坡度同样也会对坡面侵蚀泥沙产生重要影响。坡度和模拟雨强对侵蚀泥沙量的影响类似于对径流流量的影响。

不同坡度（5°、10°、15°、20°、25°）条件下，当模拟雨强为 30mm/h 时，坡面侵蚀只产流不产沙，其他模拟雨强下坡面侵蚀均产流产沙，30 mm/h 模拟雨强可看作是红壤坡面侵蚀产沙的一个临界雨强条件。侵蚀产沙量随着雨强增加呈现二次函数关系，先逐渐增加后逐渐减小，在模拟雨强为 210 mm/h 左右，侵蚀的累计泥沙量最大。累计泥沙量和累计径流量呈现较好的线性相关关系，改变模拟雨强和坡度对径流与泥沙关系曲线的斜率有较大影响，侵蚀产沙量随着模拟雨强（或坡度）的增加而增大。侵蚀产沙过程特征如下：坡面侵蚀过程中，侵蚀产沙的强度也是波动变化的，侵蚀发生的前期波动比较剧烈，随着侵蚀过程逐渐趋于稳定，侵蚀产沙量逐渐趋于一个稳定值。大雨强下侵蚀产沙量趋的的稳定值较大，但是在雨强大于180mm/h后，该变化规律不存在。试验进行了不同坡度（5°～25°）、不同模拟雨强（30～270 mm/h）条件下共计 35 场次模拟降雨试验，但是在 30 mm/h 时坡面仅仅产流而不产沙，其他模拟雨强条件下均产流产沙，30mm/h 降雨可视为该试验条件下红壤坡面侵蚀产沙的雨强下限。

从红壤坡面水蚀的径流角度来看，雷诺数 Re、相对水深曼宁糙率 n/h，以及雷诺数与弗汝德数的几何平方根 $\sqrt{(Re^2 + Fr^2)}$ 三个水动力参数可以较好地反映红壤坡面水蚀径流率的变化，可以作为表征不同模拟雨强、不同坡度条件下的径流变化的水动力学特征参数，其他的水动力学特征参数虽然与径流率之间存在一定的关系，但是变化规律不明显。水动力学特征参数相对水深曼宁糙率 n/h 可以较好地反映红壤坡面水蚀侵蚀产沙量的变化，侵蚀产沙量随相对水深曼宁糙率 n/h 的增加而减小，其他的水动力学特征参数虽然会对侵蚀产沙量产生一定影响，但是尚不存在明显的线性规律。

综合径流和泥沙角度，由相对水深和曼宁糙率系数两种水动力因子共同组成的复合水动力学特征参数，可作为表征不同模拟雨强及坡度条件下的坡面水蚀侵蚀产沙的水动力学特征参数。通过对比南方红壤和西北黄土的模拟试验数据可知，不同的土壤类型、不同的前期试验条件下，坡面水蚀均表现出单宽侵蚀产沙量与相对水深曼宁糙率 n/h 之间存在较好的相关关系，单宽侵蚀产沙量随相对水深曼宁糙率 n/h 的增加而减小，这反映了相对水深曼宁糙率 n/h 可以较好地表征不同坡面地表状况及试验条件下的侵蚀产沙量。单宽侵蚀产沙量与相对水深曼宁糙率 n/h 间的关系曲线可用幂函数 $Y=AX^B$ 形式较好地表达，对于南方红壤坡面水蚀，产沙动力模拟表达式可表述为 $R_s=52814(n/h)^{-1.323}$，决定系数 R^2 为 0.772。不同土壤（南方红壤、西北黄土）及试验条件下单宽侵蚀产沙量与相对水深曼宁糙率 n/h 间函数关系的拟合常数 A 的取值范围为 29.1～52814，拟合指数 B 的取值范围为 –3.149～–1.323。

4.3　土壤有机碳的侵蚀流失特征研究

土壤有机碳的流失会导致土壤质量的下降，进而影响土地的生产能力。侵蚀条件下流失的土壤有机碳主要有两种迁移途径：一种是土壤中的溶解性有机碳（DOC）以溶解态的形式随侵蚀径流流失；另一种是土壤有机碳随侵蚀泥沙迁移流失。

4.3.1　侵蚀区土壤的基本理化性质

本节选择广东省五华县源坑河小流域，即五华县水土保持试验推广站

(115°37′26.5″E，24°5′17.0″N)卡口站所控制的源坑河小流域作为红壤典型侵蚀区，并对其进行研究。试验土壤采自广东省梅州市五华县五华水土保持综合示范区内（图 4.15），分为两种不同土地利用类型的土壤：林地（马尾松，次生林）和弃耕荒地（旱作，休闲两年）。

图 4.15 供试土壤采样点示意图

采土深度 50 cm，所采土壤经自然风干后，过 10 mm 孔筛以供室内模拟试验，测定其基本理化性质及土壤有机碳含量，见表 4.4。

表 4.4 土壤的基本理化性质及有机碳含量

土地利用类型	土壤颗粒组成（%）			pH	土壤有机碳（SOC）（g/kg）	溶解性有机碳（DOC）（mg/kg）	命名（美制）
	<0.002mm	0.002～0.05mm	>0.05mm				
林地	25.4	27.8	46.8	4.45	6.03	32.95	砂质黏壤土
弃耕荒地	27.4	49.0	23.6	4.67	4.95	38.5	黏壤土

结合土壤基本理化性质测定结果，进一步分析两种供试土壤的组分性质，两种土地利用类型的土壤各级颗粒组成对比情况如图 4.16 所示。由表 4.4 和图 4.16 可知，试验所用的两种土壤的基本理化性质有较大的差异，林地土壤为砂质黏壤土，砂粒含量较大；弃耕荒地土壤的粉粒含量较高，其中粉粒以 0.002～0.02mm 颗粒为主，占各级土壤颗粒的比例为 42%，为黏壤土。所采林地土壤的有机碳含

量明显高于弃耕荒地，但是二者的 pH 及溶解性有机碳的含量较为接近，差异不大。土壤有机碳主要随侵蚀泥沙迁移，林地土壤的有机碳含量明显高于弃耕荒地，表明两种土壤侵蚀模拟的土壤有机碳本底含量水平为林地大于弃耕荒地；两种土壤的溶解性有机碳含量相近，表明侵蚀过程中随径流迁移的有机碳本底含量水平差异不大。

图 4.16　两种土壤（林地、弃耕地）的颗粒组成对比分析

4.3.2　土壤有机碳在径流中的流失过程

坡度和雨强是影响坡面土壤侵蚀的两个重要因子，尤其是雨强更是影响坡面侵蚀产流产沙的动力因子之一。图 4.17 为两种土地利用类型的土壤（林地、弃耕荒地）在不同坡度不同模拟雨强条件下的径流总量变化过程。在同一坡度条件下，不论是林地或是弃耕荒地，径流总量随模拟雨强的增加而增大，弃耕荒地坡面的径流总量大于林地坡面的径流总量。图 4.17 中径流总量随降雨历时的变化曲线的斜率表征了降雨产流过程中的径流强度大小，径流强度变化规律类似于径流总量，径流强度随模拟雨强的增加而增大，弃耕荒地坡面的径流强度大于林地坡面的径流强度。这一现象也说明了弃耕荒地土壤比林地土壤更易产生地表径流，其主要是由弃耕荒地土壤的质地黏性更重、土壤的渗透性能较差、土壤结构较差所致。

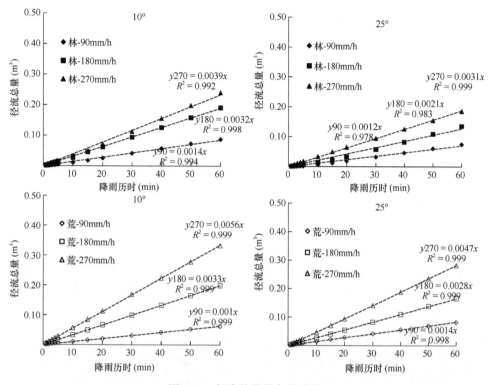

图 4.17 径流总量的变化过程

从坡度方面来看，在同一模拟雨强条件下，林地或弃耕荒地的径流总量均表现出 25°坡面的径流总量小于 10°坡面的径流总量，出现这一现象的原因是，随着坡度增加，坡面接受降雨的垂直投影面积减小，有效降雨面积相应减少，坡面小区单位面积有效降水量也相应减小。这一结果与相关研究结果类似，揭示了南方红壤坡面侵蚀强度的临界坡度应该为 10°～25°。

两种土地利用类型的土壤（林地、弃耕荒地）在不同坡度不同模拟雨强条件下，径流中溶解性有机碳（DOC）含量的变化过程如图 4.18 所示。径流中 DOC 含量随时间的变化过程有别于通常的 N、P 养分浓度随时间的变化过程，径流中 N、P 养分浓度的变化曲线通常类似于 Ahjia（1982）降雨试验所得的浓度衰减曲线，降雨产流初期 N、P 养分浓度骤然下降，浓度值相差近一个数量级，降雨中后期浓度趋于稳定值。两种土地利用类型的土壤（林地、弃耕荒地）在不同坡度不同模拟雨强条件下，径流中 DOC 含量的衰减规律表现为：降雨初期（0～5 min）径流中的 DOC 含量逐渐减小，但其量值变化范围不大，降雨中后期（5 min 以后）径流中的 DOC 含量略有逐渐增加的趋势，且量值变化范围也不大，这一现象可能是由坡地迁移物质自身的化学性质所决定的，养分元素 N 主要以溶解态形式存在于径流中，养分元素 P 主要以吸附态形式存在于侵蚀泥沙中，而 DOC 主要以固态颗粒或吸附态存在于侵蚀泥沙之中,不同的存在形态最终导致其含量衰减曲线有较大差异。不同土地利用类型的土壤(林地、弃耕荒地)间径流中的DOC含量变化差异不大,模拟雨强和坡度因子对径流中DOC含量影响的规律也不明显。

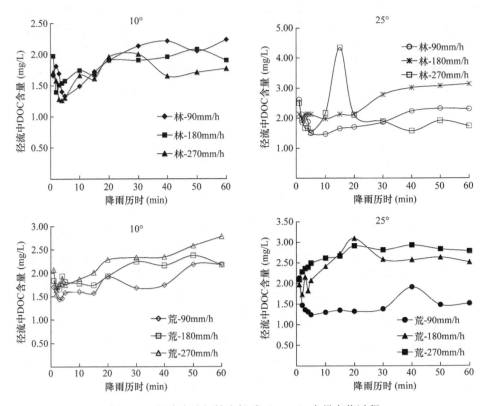

图 4.18　径流中溶解性有机碳(DOC)含量变化过程

4.3.3　土壤有机碳在侵蚀泥沙中的流失过程

坡面侵蚀过程中,侵蚀产沙的强度也是波动变化的(图 4.19)。

红壤侵蚀区的侵蚀特征主要表现在以下几个方面:①相同坡度下,不论是林地或是弃耕荒地,径流总量随降雨强度的增加而增大,弃耕荒地坡面的径流总量大于林地坡面的径流总量。径流强度变化规律类似于径流总量,径流强度随降雨强度的增加而增大,弃耕荒地坡面的径流强度大于林地坡面的径流强度。这一现象也说明了弃耕荒地土壤比林地土壤更易产生地表径流,其主要是由弃耕荒地土壤的质地黏性更重、土壤的渗透性能较差、土壤结构较差所致。②坡面侵蚀过程中,侵蚀产沙的强度也是波动变化的,侵蚀发生的前期(0~10 min)波动过程比

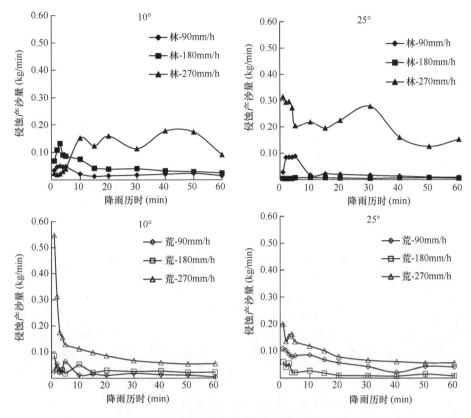

图 4.19　侵蚀产沙量变化过程

较剧烈，随着侵蚀的发生，曲线变化逐渐趋于稳定，侵蚀产沙量值逐渐趋于一个稳定值（10～60 min）。降雨强度对侵蚀产沙量的影响较为显著，侵蚀产沙量趋于的稳定值随雨强的增加而增大；但是坡度改变对侵蚀产沙量的影响不明显（图 4.19）。③林地的侵蚀产沙量大于弃耕荒地的侵蚀产沙量，尤其是在陡坡 25°、大雨强270mm/h 条件下表现更为明显，60 min 降雨过程中，林地坡面的侵蚀产沙量趋于稳定值 0.153 kg/min，而弃耕荒地坡面的侵蚀产沙量趋于稳定值 0.055 kg/min。林地土壤比弃耕荒地土壤更容易侵蚀产沙。

土壤有机碳的流失主要以侵蚀泥沙为载体，图 4.20 显示了两种土地利用类型（林地、弃耕荒地）的土壤在不同坡度不同模拟雨强条件下的泥沙中有机碳含量的变化过程。两种土地利用类型（林地、弃耕荒地）坡面的泥沙中有机碳含量均表现出随降雨历时的增加逐渐减小的趋势；林地土壤坡面的侵蚀泥沙中有机碳含量明显高于弃耕荒地土壤坡面的侵蚀泥沙中有机碳含量，这可能是由于林地土壤本底中有机碳含量明显高于弃耕荒地，林地土壤本底中有机碳含量为 6.03 g/kg，而弃耕荒地土壤本底中有机碳含量仅为 4.95 g/kg。

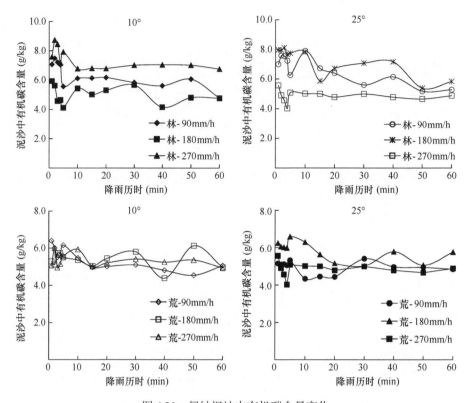

图 4.20　侵蚀泥沙中有机碳含量变化

4.3.4　土壤有机碳的富集比和流失率

　　土壤侵蚀过程中由于径流的筛选作用，侵蚀泥沙颗粒以细颗粒为主，这会造成泥沙中养分含量通常高于土壤中的养分含量，产生养分流失过程中的富集现象。富集比是指泥沙中与土壤中养分含量之比。类似于土壤养分，土壤有机碳也会在流失过程中表现出富集现象。表 4.5 给出了两种土地利用类型（林地、弃耕荒地）的土壤在不同坡度不同模拟雨强条件下的有机碳富集比和流失率。径流（泥沙、剖面土壤）中的有机碳含量分别利用径流量（泥沙量、土体质量）和径流（泥沙、土壤）中有机碳含量数据，采用平均浓度法计算获得。试验计算土体深度取值 30 cm，为各处理降雨试验后最大湿润土体深度值，其他未湿润土体不做有机碳下渗垂直迁移考虑。由表 4.5 可知，林地土壤的泥沙有机碳富集比明显大于弃耕荒地的泥沙有机碳富集比，富集比大于 1 表明侵蚀泥沙中的有机碳产生了富集现象，林地土壤坡面的泥沙有机碳富集比变化范围为 0.99～1.65，说明林地土壤降雨侵蚀后，泥沙中有机碳富集现象显著；弃耕荒地土壤坡面的泥沙有机碳富集比变化范围为 0.86～1.07，说明弃耕荒地土壤降雨侵蚀后，泥沙中有机碳接近富集或富集现象不是十分明显；雨强和坡度对泥沙有机碳富集比的影响规律不明显。土壤有机碳的流失虽然包含两种主要途径：随径流流失和随泥沙流失，但是两种途径所占的作用比例却不同。由表 4.5 可知，各处理侵蚀过程中随泥沙流失的有机碳含量占总流失量的 95%左右，仅有 5%左右的有机碳含量随径流流失，表明侵蚀条件下土壤有机碳流失主要以侵蚀泥沙为载体，侵蚀泥沙的物理迁移特性会显著影响土壤有机碳的流失过程。林地土壤的有机碳流失率明显大于弃耕荒地的有机碳流失率，林地土壤的有机碳流失率变化范围为 1.6%～18.9%，弃耕荒地土壤的有机碳流失率变化范围为 2.2%～10.4%。土壤有机碳流失率随雨强的增加而增大，坡度对土壤有机碳流失率的影响不显著。

表 4.5　不同侵蚀来源区域的土壤有机碳含量及其富集比和流失率

土地利用类型	处理号	径流中含量(mg/L)	泥沙中含量(g/kg)	剖面土壤(g/kg)	有机碳富集比	径流中质量(g)	泥沙中质量(g)	剖面土壤中质量(g)	总有机碳质量(g)	有机碳流失率(%)
林地	林-90mm/h-10°	1.80	6.24	5.43	1.15	0.18	7.31	213.27	220.76	3.3
	林-180mm/h -10°	1.76	4.99	4.72	1.06	0.36	12.74	188.21	201.31	6.1
	林-270 mm/h -10°	1.62	7.73	5.51	1.40	0.43	54.53	215.47	270.42	16.9
	林-90 mm/h -25°	1.95	6.57	4.65	1.41	0.15	7.34	179.89	187.38	3.8
	林-180 mm/h -25°	2.39	7.11	4.32	1.65	0.38	2.40	167.96	170.74	1.6
	林-270 mm/h -25°	2.08	4.85	4.88	0.99	0.38	57.27	190.38	248.03	18.9
弃耕荒地	荒-90 mm/h -10°	1.71	5.39	5.38	1.00	0.12	4.61	209.29	214.02	2.2
	荒-180 mm/h -10°	1.95	5.38	5.31	1.01	0.42	8.99	208.01	217.42	4.1
	荒-270 mm/h -10°	2.10	5.32	5.46	0.97	0.78	27.34	213.84	241.95	10.4
	荒-90 mm/h -25°	1.48	4.93	5.74	0.86	0.12	14.29	222.76	237.17	5.7
	荒-180 mm/h -25°	2.35	5.80	5.42	1.07	0.43	4.85	212.57	217.84	2.4
	荒-270 mm/h -25°	2.60	4.85	5.48	0.89	0.78	22.56	213.09	236.42	9.0

4.3.5　土壤有机碳流失强度

土壤有机碳是陆地碳库的重要组成部分，侵蚀条件下土壤有机碳的流失会造成土壤质量下降、土地生产能力下降，同时也会在一定程度上加剧全球变暖的趋势。全球土壤有机碳储量为 1555Pg，大约为大气中碳储量的 3 倍，并且主要分布于 1m 以内的上层土体中。我国陆地生态系统中土壤有机碳总量约为 92.42Pg。据联合国政府间气候变化专门委员会（IPCC）的估计，土壤有机碳损失对全球大气 CO_2 浓度升高的贡献率为 30%～50%。损失的土壤有机碳有 50%～70%是由土壤侵蚀造成的。由此可见，土壤侵蚀中的有机碳流失对于陆地生态系统和大气间的碳循环交换有着重要影响，其在平衡全球 CO_2 浓度、气候变暖等方面起着重要作用。

　　土壤有机碳的流失主要以侵蚀泥沙为载体（贾松伟等，2004），流失的土壤有机碳质量有95%左右是随侵蚀泥沙迁移的（表4.5），因此土壤有机碳流失强度与侵蚀强度间的关系也最为密切。图4.21为两种土地利用类型（林地、弃耕荒地）的土壤在不同坡度不同模拟雨强条件下的土壤有机碳流失强度与侵蚀强度间的关系曲线。土壤有机碳流失强度与侵蚀强度呈明显的线性正相关关系，相关系数达0.98以上，试验条件下（不同地类土壤、雨强、坡度），土壤有机碳流失强度与侵蚀强度间的函数关系可表达为：$y_{有机碳} = 5.104x_{侵蚀} + 0.036$（$R^2 = 0.984$）（图4.21）。由此也说明土壤有机碳流失强度与侵蚀强度二者间的关系主要是由侵蚀强度决定的，不受下垫面土壤类型、降雨、坡度等的影响。侵蚀强度越大，则侵蚀区土壤的有机碳流失强度也越大。可见，保持水土、减少水土流失的措施或手段同样也会有效地降低土壤有机碳的流失，水土保持与固碳节能环保的作用是一致的。

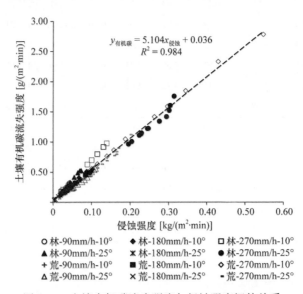

图4.21　土壤有机碳流失强度与侵蚀强度间的关系

4.4　侵蚀土壤的有机碳时空分异特征及源汇探讨

　　全球环境变化日益严重，而陆地生态系统对土壤有机碳的响应及其反馈是目前科学界所关注的主要问题之一。降水水分是生态系统物质循环的重要驱动因子，降水变化势必改变陆地生态系统其他物质循环过程（如碳、氮循环），从而导致这些物质循环对气候系统发生正或负反馈作用，进而破坏生态系统平衡。水蚀条件下坡面土壤有机碳的迁移及分布是一个非常复杂的物理化学过程，其受降水、温度、土壤性质、地形、土地利用状况等众多因素的影响。迁移过程主要分为两个方向：①在加速土壤淋溶作用下，许多溶解性有机碳伴随下渗的水分向深层迁移，纵向沉积一部分碳；②在降雨侵蚀力作用下，侵蚀区土壤中大团聚体（>0.25 mm）将被溶解破坏，土壤微团聚体（<0.25 mm）开始增加。当径流冲刷力大于土壤内聚力和渗透力时，表面流产生，首先是地表植物残体和凋落物被搬运，随后将优先迁移细颗粒物质（黏粒和粉粒），导致大量溶解性有机碳、少量颗粒有机碳发生横向迁移，土壤有机碳含量降低。

4.4.1　侵蚀发生前后的土壤有机碳、水分的再分布

土壤特性的空间分布及变异取决于成土母质的性质和地形位置，并受到气候、降雨和农业措施等的影响。地形影响水热条件和成土母质的再分配，因而不同地形位置有着不同的土壤特性。通过分析土壤有机碳流失模拟试验降雨前后所采集的剖面水分及土壤有机碳含量数据，绘制了图 4.22。图 4.22 给出了两种土地利用类型（林地、弃耕荒地）的土壤在降雨试验前后土壤有机碳含量及水分含量的再分布情况。

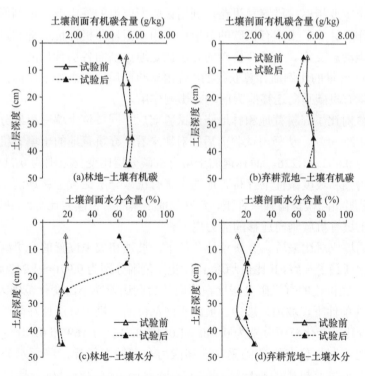

图 4.22　降雨试验前后土壤剖面有机碳含量及水分含量的再分布

由图 4.22 可知,对于林地土壤坡面来说,降雨试验前后的土壤剖面有机碳含量在 0～15 cm 表层降低明显,15～50 cm 土层的土壤剖面有机碳含量基本保持不变;林地土壤剖面的湿润土体深度约 30 cm,30 cm 以下土层水分变化不明显。对于弃耕荒地土壤坡面而言,降雨试验前后的土壤剖面有机碳含量在 0～25 cm 表层降低明显,25～50 cm 土层的土壤剖面有机碳含量基本保持不变;弃耕荒地土壤剖面的湿润土体深度约 45 cm,且分为两层(0～15 cm 和 15～45 cm)。这一结果说明,土壤侵蚀下土壤剖面有机碳的流失主要发生在约 30 cm 以上的土壤表层,30cm 以下的土壤剖面有机碳流失量所占的比例较小;由于两种土地利用类型(林地、弃耕荒地)的土壤的质地及渗透性能差异明显,土壤剖面水分的再分布情况表现不同,林地土壤剖面只有一个湿润土层,深度约 30 cm,而弃耕荒地土壤剖面存在两个湿润土层,深度约 45 cm。

4.4.2　土壤有机碳的分层比特征

土壤有机碳含量的多少随剖面深度的时空变化存在分异特征,如何选择适宜的指标来表征这一特征十分关键。针对土壤有机碳来评价土壤的质量动态,Franzluebbers(2002)首先提出了利用土壤有机碳的分层比来作为土壤动态质量评价的一个重要指标,借鉴其思路,利用试验所取得的降雨前、后剖面有机碳含量数据,作者计算了土壤有机碳的分层比,用该指标分析评价次降雨过程的剖面土壤有机碳动态变化。土壤有机碳的分层比是通过剖面各层含量的极大值占表层(0～10 cm)含量的比例而计算获得的,降雨试验前后比较表征了次降雨过程水分输入对土壤有机碳垂向迁移能力的动态影响作用。

图 4.23 对比了弃耕荒地和林地降雨试验前后不同坡位土壤有机碳分层比的变化。由图 4.23 可知,从降雨试验前后的对比来看,弃耕荒地的土壤有机碳分层比变化范围为 0.883～1.226,而林地的土壤有机碳分层比变化范围为 0.716～1.169,相同模拟雨强和坡度条件下弃耕荒地的土壤有机碳分层比大于林地的土壤有机碳分层比,说明相同模拟雨强条件下,弃耕荒地土壤的有机碳要比林地更易于迁移,弃耕荒地土壤有机碳垂向迁移的能力更大。

从不同坡位对比来看,弃耕荒地条件下,坡顶和坡中位置的有机碳分层比在降雨前后逐渐趋于一致,其比值趋近于 1,变化范围分别为 0.970～1.213 和 0.944～1.204,而坡底位置的有机碳分层比在降雨前后则逐渐减小,变化范围为 0.883～1.226;林地条件下,坡顶、坡中、坡底不同部位的有机碳分层比在降雨试验前后均有波动变化,变化范围分别为 0.740～1.051、0.716～1.169 和 0.781～1.163;前述结果说明不同坡位有机碳的垂向迁移能力存在较大差异,降雨水分的加入深刻地影响着土壤有机碳的垂向迁移能力,降雨试验前后有机碳分层比总体表现

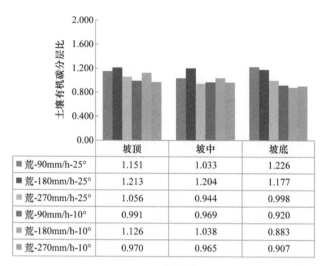

	坡顶	坡中	坡底
■ 荒-90mm/h-25°	1.151	1.033	1.226
■ 荒-180mm/h-25°	1.213	1.204	1.177
■ 荒-270mm/h-25°	1.056	0.944	0.998
■ 荒-90mm/h-10°	0.991	0.969	0.920
■ 荒-180mm/h-10°	1.126	1.038	0.883
■ 荒-270mm/h-10°	0.970	0.965	0.907

(a)弃耕荒地

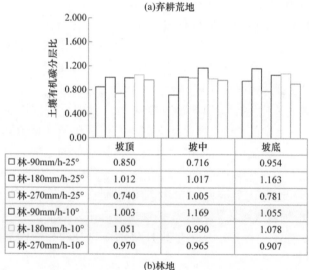

	坡顶	坡中	坡底
□ 林-90mm/h-25°	0.850	0.716	0.954
□ 林-180mm/h-25°	1.012	1.017	1.163
□ 林-270mm/h-25°	0.740	1.005	0.781
□ 林-90mm/h-10°	1.003	1.169	1.055
□ 林-180mm/h-10°	1.051	0.990	1.078
□ 林-270mm/h-10°	0.970	0.965	0.907

(b)林地

图 4.23　降雨试验前后不同坡位土壤有机碳分层比的变化对比

为坡顶>坡中>坡底，降雨水分的加入使得土壤有机碳的垂向迁移能力沿下坡方向逐渐降低。

　　侵蚀发生前后土壤有机碳的分布特征及分层比：①土壤侵蚀下土壤有机碳的流失主要发生在约 30 cm 以上的土壤表层，30cm 以下的土壤有机碳流失量所占的比例较小；由于两种土地利用类型（林地、弃耕荒地）的土壤的质地及渗透性能差异明显，土壤水分的再分布情况表现不同，林地剖面只有一个湿润土层，深度约 30 cm，而弃耕荒地土壤剖面存在两个湿润土层，深度约 45 cm。②不同坡位有机碳的垂向迁移能力存在较大差异，降雨水分的加入深刻地影响着土壤有机碳的垂向迁移能力，降雨前后有机碳分层比总体表现为坡顶>坡中>坡底，降雨水分的加入使得土壤有机碳的垂向迁移能力沿下坡方向逐渐降低。

4.5 结 论

对于红壤侵蚀区的坡面侵蚀而言，模拟雨强和坡度对径流和侵蚀泥沙的影响显著，随着模拟雨强（或试验坡度）的增加，径流总量、径流流量、泥沙总量，以及侵蚀产沙量均逐渐增大。坡面侵蚀过程中，侵蚀产沙的强度也是波动变化的，侵蚀发生的前期（0～10 min）波动过程比较剧烈，随着侵蚀的发生，曲线变化逐渐趋于稳定，侵蚀产沙量值逐渐趋于一个稳定值（10～60 min）。林地的侵蚀产沙量大于弃耕荒地的侵蚀产沙量，尤其是在陡坡 25°、大雨强 270 mm/h条件下表现更为明显，60 min 降雨过程中，林地坡面的侵蚀产沙量趋于稳定值0.153 kg/min，而弃耕荒地坡面的侵蚀产沙量趋于稳定值 0.055 kg/min。

径流中有机碳含量随时间的变化过程有别于通常的 N、P 养分浓度随时间的变化过程，径流中 N、P 养分浓度的变化曲线通常类似于浓度衰减曲线，降雨产流初期 N、P 养分浓度骤然下降，浓度值相差近一个数量级，降雨中后期浓度趋于稳定值。两种土地利用类型下（林地、弃耕荒地）的土壤在不同坡度不同模拟雨强条件下的径流中溶解性有机碳（DOC）含量的衰减规律表现为：降雨初期（0～5 min）径流中的 DOC 含量逐渐减小，但其量值变化范围不大，降雨中后期（5 min 以后）径流中的 DOC 含量略有逐渐增加的趋势，且量值变化范围也不大。以上径流中有机碳浓度随时间的变化规律说明，养分元素 N 主要以溶解态形式存在于径流中，养分元素 P 主要以吸附态形式存在于侵蚀泥沙中，而DOC 主要以固态颗粒或吸附态存在于侵蚀泥沙之中，不同的存在形态最终导致其含量衰减曲线有较大差异，其中坡地迁移物质自身的化学性质起着很大的决定作用。

土壤有机碳的流失主要以侵蚀泥沙为载体。林地、弃耕荒地坡面的泥沙有机碳含量均表现出随降雨历时的增加逐渐减小的趋势；林地土壤坡面的侵蚀泥沙中有机碳含量明显高于弃耕荒地土壤坡面的侵蚀泥沙中有机碳含量，这是由于林地土壤本底中有机碳含量明显高于弃耕荒地，林地土壤本底中有机碳含量为 6.03 g/kg，而弃耕荒地土壤本底中的有机碳含量仅为 4.95 g/kg。林地土壤的泥沙有机碳富集比明显大于弃耕荒地的泥沙有机碳富集比，富集比大于 1 表明侵蚀泥沙中的有机碳产生了富集现象，林地土壤坡面的泥沙有机碳富集比变化范围为 0.99～1.65，说明林地土壤降雨侵蚀后，泥沙中有机碳富集现象显著；弃耕荒地土壤坡面的泥沙有机碳富集比变化范围为 0.86～1.07，说明弃耕荒地土壤降雨侵蚀后，泥沙中有机碳接近富集或富集现象不是十分明显；雨强和坡度对泥沙有机碳的富集比影响规律不明显。土壤有机碳的流失虽然包含两种主要途径：随径流流失和随泥沙流失，但是两种途径所占的作用比例却不同。随泥沙流失的有机碳含量占总流失量的95%左右，仅有5%左右的有机碳含量随径流流失，表明侵蚀条件下土壤有机碳流失主要以侵蚀泥沙为载体，侵蚀泥沙的物理迁移特性会显著影响土壤有机碳的流失过程。林地土壤的有机碳流失率明显大于弃耕荒地的有机碳流失率，林地土壤的有机碳流失率变化范围为 1.6%～18.9%，弃耕荒地土壤的有机碳流失率变化范围为2.2%～10.4%。土壤有机碳流失率随雨强的增加而增大，坡度对土壤有机碳流失率的影响不显著。土壤有机碳流失强度与侵蚀强度二者间的关系主要是由侵蚀强度决定的，不受下垫面土壤类型、降雨、坡度等的影响。土壤有机碳流失强度与侵蚀强度呈明显的线性正相关关系，相关系数达 0.98 以上，试验条件下（不同地类土壤、雨强、坡度）土壤有机碳流失强度与侵蚀强度间的函数关系可表达为：$y_{有机碳} = 5.104x_{侵蚀} + 0.036$（$R^2 = 0.984$）。

土壤有机碳的分层比指标可以较好地分析评价次降雨过程的剖面土壤有机碳动态变化特征。降雨试验前后对比显示，弃耕荒地的土壤有机碳分层比变化范围为0.883～1.226，而林地的土壤有机碳分层比变化范围为0.716～1.169，相同模拟雨强和坡度条件下荒地的土壤有机碳分层比大于林地的土壤有机碳分层比，说明相同模拟雨强条件下，弃耕荒地土壤的有机碳要比林地更易于迁移，弃耕荒地土壤有机碳垂向迁移的能力更大。从不同坡面部位对比来看，弃耕荒地条件下，坡顶和坡中位置的有机碳分层比在降雨前后逐渐趋于一致，其比值趋近于 1，变化范围分别为 0.970～1.213 和 0.944～1.204，而坡底位置的有机碳分层比在降雨前后则逐渐减小，变化范围为 0.883～1.226；林地条件下，坡顶、坡中、坡底不同坡位的有机碳分层比在降雨前后均有波动变化，变化范围分别为 0.740～1.051、0.716～1.169 和 0.781～1.163；前述结果说明不同坡位有机碳的垂向迁移能力存在较大差异，降雨水分的加入深刻地影响着土壤有机碳的垂向迁移能力，降雨前后有机碳分层比总体表现为坡顶>坡中>坡底，降雨水分的加入使得土壤有机碳的垂向迁移能力沿下坡方向逐渐降低。

参 考 文 献

郭太龙, 谢金波, 孔朝晖, 等. 2015. 华南典型侵蚀区土壤有机碳流失机制模拟研究. 生态环境学报, 24(8): 1266-1273.

郭太龙, 卓慕宁, 李定强, 等. 2013. 华南红壤坡面侵蚀水动力学机制试验研究. 生态环境学报, 22(9): 1556-1563.

胡建, 郭太龙, 卓慕宁, 等. 2013. 华南红壤坡面产流产沙过程模拟降雨试验研究. 生态环境学报, 22(5): 787-791.

黄荣珍, 樊后保, 李凤, 等. 2010. 人工修复措施对严重退化红壤固碳效益的影响. 水土保持通报, 30(2): 60-64.

贾松伟. 2009. 黄土丘陵区不同坡度下土壤有机碳流失规律研究. 水土保持研究, 16(2): 30-33.

贾松伟, 贺秀斌, 陈云明. 2004. 黄土丘陵区土壤侵蚀对土壤有机碳流失的影响研究. 水土保持研究, 11(4): 88-90.

靳长兴. 1995. 论坡面侵蚀的临界坡度. 地理学报, 50(3): 234-239.

李光录, 赵晓光, 吴发启. 1995. 水土流失对土壤养分的影响研究. 西北林学院学报, 10(supp): 28-33.

李占斌, 鲁克新, 丁文峰. 2002. 黄土坡面土壤侵蚀动力过程试验研究. 水土保持学报, 16(2): 5-8.

李智广, 刘秉正. 2006. 我国主要江河流域土壤侵蚀量测算. 中国水土保持科学, 4(2): 1-6.

刘秉正, 李光录, 吴发启. 1995. 黄土高原南部土壤养分流失规律. 水土保持学报, 9(2): 77-86.

刘满强, 胡锋, 陈小云. 2007. 土壤有机碳稳定机制研究进展. 生态学报, 27(6): 2642-2649.

陆发熹. 1988. 珠江三角洲土壤. 北京: 中国环境科学出版社.

潘根兴, 李恋卿, 张旭辉. 2003. 中国土壤有机碳库量与农业土壤碳固定动态的若干问题. 地球科学进展, 18(4): 609-618.

潘根兴, 李恋卿, 张旭辉. 2002. 土壤有机碳库与全球变化研究的若干前沿问题. 南京农业大学学报, 25(3): 100-109.

潘根兴, 周萍, 李恋卿. 2007. 固碳土壤学的核心科学问题与研究进展. 土壤学报, 44(2): 327-337.

水利部, 中国科学院, 中国工程院. 2010. 中国水土流失防治与生态安全——南方红壤区卷. 北京: 科学出版社.

唐克丽. 2004. 中国水土保持. 北京: 科学出版社.

田均良. 2004. 土壤学与水土保持学//朱显谟院士论文集. 西安: 陕西人民出版社.

王绍强, 周成虎, 李克让. 2000. 中国土壤有机碳库及空间分布特征分析. 地理学报, 55(5): 533-544.

Ahjua L R. 1982. Release of soluble chemical from soil to runoff. Soil Science Society of America Journal, 17(4): 948-954.

Anderson D W, Jone E D, Verity G E. 1986. The effects of cultivation on the organic matter of soils of the Canadian prairies. International Society of Soil Science, 7: 1344-1345.

Franzluebbers A J. 2002. Soil organic matter stratification ratio as an indicator of soil quality. Soil and Tillage Research, 66: 9-106.

Franzluebbers A J, Stuedemann J A. 2008. Soil-profile organic carbon and total nitrogen during 12 years of pasture management in the Southern Piedmont USA. Agriculture Ecosystems and Environment, 129: 28-36.

Gregorich E G, Greer K J, Anderson D W. 1998. Carbon distribution and losses: erosion and deposition effects.Soil Tillage Research, 47: 291-302.

Guo T L, Wang Q J, Bai W J, et al. 2013a. Effect of land use on scouring flow hydraulics and transport of soil solute in erosion. Journal of Hydrologic Engineering, ASCE, 18: 465-473.

Guo T L, Wang Q J, Li D Q, et al. 2013b. Flow hydraulic characteristics effect on sediment and solute transport on slope erosion. Catena, 107: 145-157.

Guo T L, Wang Q J, Li D Q, et al. 2010a. Sediment and solute transport on soil slope under simultaneous influence of rainfall impact and scouring flow. Hydrological Processes, 24(11):

1446-1454.

Guo T L, Wang Q J, Li D Q, et al. 2010b. Effect of surface stone cover on sediment and solute transport on the slope of fallowed loess land in a Semi-Arid Region of Northwestern China. Journal of Soils and Sediments, 10(6): 1200-1208.

IPCC. 1995. Climate Change. Cambridge: Cambridge Univ. Press.

Lal R. 2003. Soil erosion and the global carbon budget. Environment International, 29: 437-450.

Lal R. 1999. Soil management and restoration for C sequestration to mitigate the accelerated greenhouse effect. Progress in Environmental Science, 1(4): 307-326.

Lei T W, Nearing M A, Kamyar H, et al. 1998. Rill erosion and morphological evolution: a simulation model.Water Resources Research, 34(11): 3157-3168.

Lowrance R, Williams R G. 1988. Carbon movement in runoff and erosion under simulated rainfall conditions. Soil Science Society of America Journal, 52: 1445-1448.

Nearing M A, Bradford J M. 1991. Soil detachment by shallow flow at low slope.Soil Science Society of American Journal, 55: 339-344.

Noordwijk V M, Cerri C, Woomer P L. 1997. Soil carbon dynamics in the humid tropical forest zone. Geoderma, 79: 187-225.

Osher L J, Matson P A, Amundson R. 2003. Effect of land use change on soil carbon in Hawaii. Biogeochemistry, 65: 213-232.

Spaccini R, Zena A, Igwe C A. 2001. Carbohydrates in water stable aggregates and particle size fractions of forested and cultivated soils in two contrasting tropical ecosystems. Biogeochemistry, 53: 1-22.

Stallard R F. 1998. Terrestrial sedimentation and the carbon cycle: coupling weathering and erosion to carbon burial. Global Biogeochemical Cycles, 12(2): 231-257.

Zhang H H, Li F B, Wu Z F, et al. 2008. Baseline concentrations and spatial distribution of trace metals in surface soils of Guangdong Province, China.Journal of Environmental Quality, 37: 1752-1756.

第5章　侵蚀/沉积作用下土壤有机碳稳定性研究

侵蚀环境下有机碳稳定性研究得到了越来越广泛的关注，并取得了一系列重要的研究结果。从机理上说，土壤理化性质和有机碳稳定性的相关研究已比较丰富，但对于侵蚀如何影响土壤有机碳稳定性并不是十分清楚，侵蚀后土壤有机碳的长期稳定性是阐明侵蚀"源汇效应"的关键。土壤侵蚀不仅改变了土壤有机碳的分布规律，还改变了有机碳存在的微环境，并从这两个方面影响有机碳的稳定性。传统研究主要通过田间定位监测、室内矿化培养等方法探讨侵蚀对土壤有机碳稳定性的影响。这些方法主要分析的是单次侵蚀事件对有机碳稳定性的作用，无法获取长期水蚀作用下土壤有机碳的稳定性变化。然而，侵蚀的发生具有随机性和长期性等特征，单次侵蚀作用下的有机碳稳定性研究并不能完整地反映长期侵蚀对有机碳稳定性的影响。有机碳分子结构的变化可能为明晰有机碳的长期动态变化提供有利依据，从土壤环境因素和有机碳分子结构变异角度探讨侵蚀区土壤有机碳稳定性特征，将有利于揭示有机碳长期稳定性对侵蚀的响应机理。

本章以红壤丘陵区为研究对象，通过在典型小流域侵蚀区、沉积区和对照区进行样品采集，分析了土壤团聚体、不同土壤因子的分布规律，探讨了侵蚀区、沉积区和对照区表层土壤有机碳稳定性特征，重点分析了上述三个不同区域土壤有机碳分子结构组成特征，同时将有机碳矿化量、DOC 和热稳定指标作为表征有机碳稳定性的参数，通过分析土壤环境因素、有机碳分子结构组成与有机碳稳定性参数等的关系，揭示土壤有机碳稳定性对侵蚀的响应机制，其研究结果将为固碳实践提供一定的科学依据。

5.1　研究方法及实验方案

1. 土壤样品采集

选择湖南省邵阳市水土保持科技示范园中一个相对闭合的流域作为研究对象，其土壤侵蚀分布如图 5.1 所示。本书将流域内侵蚀最严重的马尾松林地作为典型侵蚀区域，将撂荒沉积池塘作为典型沉积区。侵蚀区采样点位于马尾松林地海拔最高处，该区域马尾松林稀疏，林下几乎没有草本和灌木等其他植被，郁闭度极低，土壤遭受严重水力侵蚀，其为物质的净输出区。沉积区采样点选择流域出口的沉积池塘，其为物质的净输入区。对照区采样点选择流域内面积较大的平坦地势的区域。通过采集分析 8 个 0～30 cm 土壤样品 ^{137}Cs 值，发现对照区 ^{137}Cs 活度变化范围为 1784.5～2007.3 Bq/m^2，平均 ^{137}Cs 活度为 1920 Bq/m^2，这与湘中红壤区背景值（1992～2148 Bq/m^2）相近（濮励杰等，2004；金平华等，2004），表明对照区的选择具有较高的可信度。选择的侵蚀区 ^{137}Cs 活度变化范围为 52.50～1785.16 Bq/m^2，平均值为 629.44±363.21 Bq/m^2，呈现明显的侵蚀特征；选择的沉积区 ^{137}Cs 活度变化范围为 5397.64～8453.39 Bq/m^2，平均值为 6523.26±1081.22 Bq/m^2，具有显著的沉积特征。

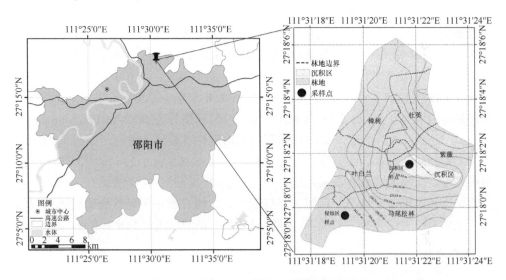

图 5.1　流域不同地类坡面土壤侵蚀分布

　　第一种采样方案仅考虑侵蚀区和沉积区土壤有机碳含量的差异，土壤样品采用挖取剖面的方式采集。根据前期研究结果，土壤采集深度设置为 150 cm，并按照 0～5 cm、5～10 cm、10～20 cm、20～30 cm、30～40 cm、40～60 cm、60～80 cm、80～100 cm、100～120 cm 和 120～150 cm 分层采集。采集的土壤样品被分成两部分：一部分立即放入 4℃的冰箱中保存，用于活性易变土壤组分的分析检测；另一部分在室温条件下风干，去除石头和根系后，过 2 mm 筛保存备用。根据土壤有机碳的剖面分布规律，选择 0～5 cm、5～10 cm、20～30 cm 和 120～150 cm 土壤代表整个剖面。侵蚀区和沉积区典型深度土壤通过湿筛进行土壤团聚体筛分，共分为>0.25 mm、0.053～0.25mm、0.002～0.053mm 和<0.002 mm 四个等级。团聚体烘干后分为两部分：一部分用作理化性质分析，另一部分用于热重–差示量热扫描（TG-DSC）分析。土壤的理化性质分析指标分别为有机碳、pH、溶解性有机碳、红外光谱指数、紫外光谱指数、颗粒组成等，团聚体的分析指标为有机碳等。

第二种采样方案考虑了侵蚀区、沉积区和对照区三个不同区，采样深度仅考虑表层 0~30 cm，采样时分层为 0~5 cm、5~10 cm、10~20 cm 和 20~30 cm。采集的土壤也分为风干样品和新鲜样品并分别对其进行保存，然后用于土壤基本理化性质分析、核磁共振分析、热分析等。

2. 基本理化性质分析

土壤有机碳采用 CN 元素分析仪（Vario Max CN, Elementar, Hanau, Germany）进行测定。土壤颗粒组成采用激光粒度仪（型号为 Malvern Instruments Ltd., UK）进行测定。土壤容重采用环刀法进行测定。土壤 pH 采用水土比为 2.5∶1（v/w）的水溶液、pH 计（型号为 Hanna Instruments Inc., USA）进行测定。土壤溶解性有机碳采用盐溶浸提、TOC 分析仪进行测定。简而言之，10 g 干燥土壤（冷冻干燥获得）按照 1∶5（w/v）的比例加入 0.5mol/L K_2SO_4，在 20℃的恒温下振荡 3h。所得悬浮液通过 0.45 μm 滤膜后，采用 TOC 分析仪（型号为 TOC-VCPH, Shimadzu, Kyoto, Japan）进行测定。盐溶浸提获得的溶解性有机碳还进行了紫外光谱（型号为 UV-2550，日本岛津）分析，测定其在波长为 365 nm、254 nm 和 250 nm 处的吸光度。土壤游离氧化铁采用连二亚硫酸钠–柠檬酸钠–重碳酸钠法（DCB）进行测定，无定形铁采用草酸铵缓冲液提取测定，络合铁采用碱性焦磷酸钠提取测定，土壤全铁采用强酸（硝酸–高氯酸–氢氟酸）消解法进行测定。

3. 研究方法

1）水稳性团聚体筛分

土壤团聚体的筛分采用湿筛法分析（Six et al., 2002；Plante et al., 2006）。其具体步骤是，50g 风干土壤浸入去离子水中保持 30min，以促进大团聚体的消解，然后通过 0.25 mm 孔径的尼龙筛。将 50 颗小玻璃珠放置于尼龙筛上与泥水混合物左右振动 50 次，振动的同时连续的水流不断通过尼龙筛以使微小团聚体通过筛孔。筛上未过筛的土壤颗粒用去离子水冲洗入小烧杯中，烘干收集得到>0.25 mm 的团聚体。过筛的泥水混合物再继续通过 0.053 mm 尼龙筛，获得 0.053~0.25 mm 的团聚体，操作方法同上。根据斯托克斯沉降原理，过筛的泥水混合物在不同的速度和时间下离心，以获得 0.002~0.053 mm 和<0.002 mm 的团聚体。获得的不同粒径的土壤颗粒在 40℃的烘箱中干燥至恒重，称重后过筛保存备用。

2）热重-差示量热扫描分析

热重分析（thermo gravimetric analysis，TGA）是反映样品质量随温度变化而变化的技术，而差示扫描量热分析（differential scanning calorimetry，DSC）则是

通过样品与参照物质在相同温度变化时的温差揭示研究物质的能量变化（Gao et al.，2015）。已有研究表明，热分析能用来评估研究物质的热稳定性和指示物质的组成特征。本书的研究 TG-DSC 分析使用的仪器为耐驰 STA449 F3 热分析仪（型号为 Netzsch-GerätebauGmb，Selb，Germany）。土壤及团聚体热分析方法参考 Plante 等（2011）和 Gao 等（2015）的研究。具体来说，分析测试前，仪器用标准铟（纯度为 99%）进行校准。将约 30 mg 的测试样品放入带盖的 Al_2O_3 坩埚再放入仪器中，然后将仪器温度升高到 $700℃$，升温速率为 $10℃/min$。载气为人工合成的具有氧化性的气体（20%的氧气和 80%的氮气），通气速率为 30 mL/min，保护性气体为氮气，通气速率为 10 mL/min。根据前人研究，在热重分析过程中土壤质量和能量变化在 $200\sim600℃$ 主要为土壤有机质的分解阶段，因此这个温度变化范围成为本书研究关注的重点。同时，这一温度变化范围分为两个阶段：第一阶段为 $200\sim400℃$，这一阶段分解的物质被认为是活性有机碳组分（Exo1）；第二阶段为 $400\sim600℃$，这一温度范围下分解的主要物质被认为是惰性有机碳组分（Exo2）。分解的总有机碳为 Exo1 与 Exo2 之和。DSC 曲线需要进行校正，校正方法参考 Plante 等（2011）的研究。具体来说，DSC 曲线中>600℃的部分被定义为基线，而研究认为 $190\sim200℃$ 为土壤中水分流失的温度区间，因而把 $190\sim200℃$ 的平均数据作为<200℃ DSC 曲线区间段的基线。DSC 曲线中 $200\sim600℃$ 的基线校正使用 Peakfit 软件（v4.12，Systat Software Inc.，Chicago IL）进行非参数的拟合。TG-T_{50} 和 DSC-T_{50} 分别为热分析过程中半数质量流失温度和半数能量释放温度。能量密度（energy density，ED）是热分析过程中单位有机碳流失质量对应的能量变化（J/mg SOM），是能量与有机碳流失量之间的比值（Rovira et al.，2008）。

3）热重–质谱联合分析

热重–质谱联合分析（TG-MS）是指对热重分析产物开展物质分析。其基本过程是热重与质谱联合开展分析测试，物质加热产生的气态物质进入质谱，后分析其中的物质组成。本书的研究中，质谱分析的主要是与碳相关的物质，包括 CO_2、CO 和 CH_4。

4）^{13}C 分析

土壤 ^{13}C 丰度由中国科学院水利部水土保持研究所测定。将过 0.15 mm 筛的土壤取 $1\sim2$ mg 置于石英燃烧管内，放入氧化剂氧化铜铜丝后通入 O_2，在 $800℃$ 的温度下燃烧 $4\sim5min$。燃烧管中经过燃烧获得的 CO_2 通过检测系统中的管路，并在液氮作用下得到纯净的 CO_2 气体，再将 CO_2 气体通入气体同位素质谱仪（MAT-252）进行 $\delta^{13}C$ 测定。每个样品都重复测定三次，然后取平均值。$\delta^{13}C$ 的分析以国际标准物质 PDB 为标准，测定误差低于±0.1‰。

5）核磁共振分析

采用固态 ^{13}C 核磁共振技术分析土壤有机质的化学结构。由于红壤中有大量顺磁性物质，在上机检测前需去除这类物质。Schmidt 等（1997）采用 10%（v/v）氢氟酸（HF）去除土壤中顺磁性物质。其具体方法如下：将 5 g 土壤样品置于 100 mL 塑料离心管中，加入 10%（v/v）HF 50 mL，盖上盖子上下倒置 30 s 充分混匀后至少静置 12 h，其间 HF 与土壤矿物反应释放的热量使得溶液温度不超过 40℃。静置结束后，在离心机中以 2000 r/min 的速度离心 10 min，然后通过 0.45 μm 的滤膜过滤去除上清液，并冲洗 3～4 次。样品用上述 HF 处理方法重复 2～3 次。最后一次离心结束后，将获得的泥沙样品用蒸馏水冲洗 3～4 次，然后冷冻干燥收集保存。

固态 ^{13}C 核磁共振波谱用 Bruker AVANCE Ⅲ400 型核磁共振仪测定，采用交叉极化压制边带（CP-TOSS）技术，^{13}C 共振频率为 100.4 MHz。将样品放入直径为 7 mm 的转子中，魔角自旋频率为 6.0 kHz，交叉极化时间为 1 ms，脉冲长度为 4.5 μs，循环延迟时间为 0.5 s，累加 105 次，化学位移用外标 2,2-二甲基-2-硅戊基-5-磺酸钠（DSS）校正。

^{13}C 核磁共振波谱数据采用 MestReNova 12.0（型号为 Mestrelab Research SL，Spain）进行分析处理。其基本过程为利用软件自动调整波峰相位和基线，再利用自动积分功能对各峰面积进行计算，最终得到各峰面积比。根据前人研究（Baumann et al.，2009；de Marco et al.，2012；Wang et al.，2004；Kögel-Knabner，1997），不同化学位移对应的碳基团见表 5.1。

表 5.1　固态 ^{13}C 核磁共振信号对应碳基团结构

化学位移（ppm）	碳基团	对应的主要化合物
0～45	烷基碳（alkyl C）	脂质、角质和木栓
45～60	甲氧基碳（methoxyl C）	木质素取代基
60～93	烷氧碳（o-alkyl C）	纤维素和半纤维素
93～110	双氧烷基碳（di-O-alkyl C）	纤维素和半纤维素
110～142	芳香碳（aromatic C）	多酚、木质素和单宁
142～160	酚基碳（phenolic C）	多酚、木质素和单宁
160～190	羰基碳（carbonyl C）	羧酸、酰胺和有机酸

6）红外光谱分析

傅里叶红外光谱分析是分析土壤中基团的有效方法。将 20 mg 土壤与 2 g KBr（土壤与 KBr 的比例为 1∶100）充分混合，在玛瑙研钵中充分研磨并混合均匀，在压片机中压成透明薄片，接着在傅里叶红外光谱仪（型号为 IRTracer-100，Shimadzu，Kyoto，Japan）中进行扫描分析。

7）紫外光谱和荧光光谱分析

溶解性有机质（DOM）的组分特征运用紫外光谱和三维荧光光谱进行分析测定。其中，紫外光谱分析使用 UV-2550 紫外–可见光分度计，扫描波长范围为 200～800 nm，以 Mill-Q 水为空白。三维荧光光谱分析是一种灵敏的"光谱指纹"技术，其不仅能提供溶解性有机质的成分、来源以及成分活性信息，而且还能提供大样本量的分析（Gao et al., 2017）。本书的研究采用 F-7000 荧光分光光度计（F-7000，Hitachi）、1 cm 石英四通比色皿，进行 DOM 三维荧光光谱测定。激发波长为 200～550 nm，波长间隔为 5 nm；发射波长为 250～600 nm，波长间隔均为 2 nm，扫描速度为 2400 nm/min，用 Milli-Q 水校正，单位为拉曼。

DOM 吸收系数 $a(\lambda)$ 的计算公式如下：

$$a(\lambda) = 2.303 A(\lambda)/L \tag{5.1}$$

式中，$A(\lambda)$ 为波长 λ 的吸光度；L 为光程长度（$L=0.01$ m）。$E2：E3$ 为样品在 250 nm 处与 365 nm 处的吸光度之比，表征 DOM 分子量大小，其值越大，DOM 分子量越小。$SUVA_{254}$ 为样品在 254 nm 处的 UV 吸收系数与 DOM 浓度之比，$SUVA_{254}$ 越大，DOM 芳香化程度越大。$SUVA_{260}$ 为样品在 260 nm 处的 UV 吸收系数与 DOM 浓度之比，表征 DOM 的疏水性，其值越大，DOM 的疏水组分越多。

荧光指数（FI）表征 DOM 的来源，FI>1.9 表示溶解性有机质主要来源于微生物活动，以内源输入为主；FI<1.4 则表示以陆源输入为主，微生物活动等贡献相对较低。自生源指数（BIX）反映溶解性有机质自生源相对贡献，BIX 值越大，自生源特征越明显，类蛋白组分贡献越大，生物可利用性越高。腐质化指数（HIX）表征溶解性有机质腐质化程度，高 HIX 值表明 DOM 腐质化程度高、结构可能更加复杂。FI、BIX 和 HIX 的计算公式如下：

$$FI = \frac{I_{Ex=370,\ Em=450}}{I_{Ex=370,\ Em=500}} \tag{5.2}$$

$$BIX = \frac{I_{Ex=310,\ Em=380}}{I_{Ex=310,\ Em=430}} \tag{5.3}$$

$$HIX = \frac{\int I_{Ex=255,\ Em=435-480}}{\int I_{Ex=255,\ Em=300-345}} \tag{5.4}$$

式中，I 为荧光强度；Ex 为激发波长；Em 为发射波长；$\int$ 为积分面积。

平行因子分析（parallel factor analysis，PARAFAC）方法是解谱三维荧光数据的常用方法，其具体操作步骤包括：首先，利用 Milli-Q 水去除所有样品三维荧光图谱中的拉曼散射和瑞利散射，并进行单位校正（raman unit，RU，nm^{-1}）；然后，将处理好的数据导入 MATLAB 2008，利用 DOM Fluor toolbox 工具箱开始对各个样品进行分析，在剔除其中的异常值后，根据残差结果选择最佳组分模型；再者，利用残差分析、半分析和随机赋值分析法对组分模型的合理性进行检验；最后，进行数据输出。各荧光组分的相对丰度由单位浓度 DOM 的最大荧光强度 F_{max} 表示：（F_{max}/DOM）；各荧光组分在总组分中所占的百分比用该组分的最大荧光强度 F_{max} 除以各组分 F_{max} 的总和表示。

8）矿化培养试验

将田间采集的土壤进行矿化培养。将相当于 20 g 干土的土壤调节到田间持水量，并在 25℃的黑暗环境中培养 7 天，以激活微生物。在恒定的温度和湿度条件下开始矿化培养，将培养时间设定为 90 天。培养过程中，按照 1 天、3 天、6 天、10 天、20 天、30 天、40 天、50 天、70 天、90 天的时间间隔采集培养瓶中的气体，用作 CO_2 和 CH_4 含量的测定。每次气体样品采集完毕后充分通风，保证瓶内 O_2 含量。培养结束后采集土壤样品，并对其中的有机碳、不同形态铁的含量等指标进行测定。

9）统计分析

本书的研究中所有数据采用 SPSS 20.0 和 R 软件进行统计分析，不同指标间的差异性分析采用 LSD（least-significant difference）方法。在 Origin 9.5 中进行线性（或非线性）回归分析，以获得指标间的相关性。数据绘图采用 Origin 9.5 和 R 软件。

5.2　侵蚀对红壤有机碳分布特征的影响

5.2.1　土壤有机碳分布规律与基本理化性质

有机碳因聚集在土壤表层而呈现表聚性，其在水力侵蚀的强烈影响下的分布规律与特征是本书研究的重要内容。从土壤有机碳的分布可以发现，侵蚀区和沉积区土壤有机碳在垂向上呈现不同的变化规律（图 5.2）。首先，在 0～30 cm 范围内，土壤有机碳浓度均随土壤深度的增加而降低；而在 30～150 cm 范围内，土壤有机碳浓度则呈现波动中趋于稳定的规律，且侵蚀区和沉积区表现出相似的垂向分布规律。而从侵蚀的影响范围和土壤有机碳变异程度来看，表层土壤受到的影响远远大于深层土壤。为了更大程度地反映剖面土壤有机碳的差异，本书选择受到侵蚀–沉积影响最大的表层土壤（0～5 cm 和 5～10 cm）和典型深层土壤（20～

30 cm 和 120～150 cm）作为研究对象。

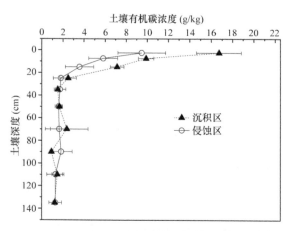

图 5.2　侵蚀区和沉积区剖面土壤有机碳浓度分布

有机碳侵蚀区和沉积区土壤基本理化性质呈现显著不同的规律（表 5.2）。黏粒含量在侵蚀区不同深度土壤中的变化范围为 21.29%～22.86%，在沉积区土壤中的变化范围则为 20.52%～43.65%。黏粒在侵蚀区和沉积区土壤中均表现出表层（0～10 cm）高、深层（20～30 cm 和 120～150 cm）低的特征。由表层及深层，侵蚀区和沉积区土壤黏粒含量均表现出随着土壤深度增加而降低的趋势，且沉积区表层土壤（0～10 cm）中黏粒平均含量（42.45%）约为侵蚀区（23.96%）的两倍。土壤容重在侵蚀区和沉积区的变化范围分别为 1.36～1.70 g/cm^3 和 1.02～1.62 g/cm^3。侵蚀区和沉积区土壤容重均随着土壤深度的增加而增大，且沉积区不同深度 20～30cm 除外土壤容重均低于侵蚀区相应深度的土壤容重。此外，土壤有机碳浓度在侵蚀区和沉积区土壤中的分布也与黏粒分布特征相似。其中，侵蚀区土壤有机碳浓度最高为 9.88 g/kg，最低为 1.61 g/kg，沉积区土壤有机碳浓度变化范围为

表 5.2　侵蚀区和沉积区土壤基本理化性质

样区	土层深度（cm）	SOC（g/kg）	沙粒（%）	粉粒（%）	黏粒（%）	pH	土壤容重（g/cm^3）
侵蚀区	0～5	9.88±1.60	16.23±1.25	60.91±1.21	22.86±0.91	3.72±0.07	1.36±0.01
	5～10	6.35±0.77	12.72±5.22	62.23±6.24	25.05±1.52	3.66±0.02	1.43±0.03
	20～30	2.14±0.77	17.51±3.88	59.64±1.56	22.85±2.52	4.04±0.16	1.51±0.01
	120～150	1.61±0.28	16.89±7.17	61.83±6.33	21.29±1.08	4.17±0.07	1.70±0.09
沉积区	0～5	16.96±1.56	6.49±1.71	52.26±1.25	41.25±1.59	3.91±0.04	1.02±0.03
	5～10	9.85±0.74	4.53±1.82	51.82±0.91	43.65±1.17	4.02±0.01	1.30±0.10
	20～30	2.56±0.74	16.57±3.38	58.31±0.97	28.37±5.44	4.13±0.07	1.51±0.11
	120～150	1.34±0.25	19.16±3.60	60.32±3.59	20.52±0.99	4.29±0.12	1.62±0.10

1.34～16.96 g/kg。侵蚀区与沉积区相比，相同的是土壤有机碳浓度均随土壤深度的增加而降低，不同的是沉积区表层土壤中有机碳浓度高于侵蚀区。值得关注的是，侵蚀区和沉积区土壤中有机碳浓度均只在表层（0～10 cm）有明显差异。侵蚀区和沉积区土壤中 pH 分布规律则不同，存在由表层及深层逐渐升高的趋势。

5.2.2 土壤团聚体、土壤 ^{13}C 与土壤铁的分布特征

有机碳侵蚀-沉积过程对土壤团聚体的破碎及再团聚过程有较大影响。研究结果表明，侵蚀区和沉积区土壤中，0.002～0.25mm 粒级团聚体在土壤中的比例变化范围为 73.9%～93.35%，其是土壤中含量最高的团聚体组分（表 5.3）。<0.002 mm 的土壤颗粒在土壤中所占比例最低（0.79%～3.91%），且不同区域及不同深度土壤间没有显著差异（$P>0.05$）。不同深度土壤间，>0.25 mm 的团聚体含量在侵蚀区分布相对均匀，没有显著差别；但其在沉积区表层土壤中的含量显著高于深层（$P<0.05$）。同时，>0.25 mm 粒级团聚体在土壤中的含量的差异还表现在不同区域之间，其在沉积区表层土壤（0～5 cm 和 5～10 cm）中的含量显著高于侵蚀区（$P<0.05$）。与表层（0～5 cm 和 5～10 cm）相比，深层土壤中 0.053～0.25 mm 粒级的团聚体含量更高，且侵蚀区土壤中 0.053～0.25 mm 粒级的团聚体含量均显著高于沉积区（$P<0.05$）。

表 5.3 不同区域土壤团聚体粒径分布特征

样区	土层深度(cm)	>0.25 mm(%)	0.053～0.25 mm(%)	0.002～0.053 mm（%）	<0.002 mm(%)	平均质量直径（MWD)
侵蚀区	0～5	11.09±3.57aB	59.62±3.65abA	27.51±1.30abB	1.78±0.01aA	0.22±0.03aB
	5～10	9.44±2.22aB	57.10±1.09bA	32.66±2.71aB	0.79±0.02aA	0.20±0.02aA
	20～30	8.54±1.04aA	59.78±2.18abA	30.45±3.67abB	1.23±0.08aA	0.20±0.01aA
	120～150	9.53±1.57aA	63.77±1.52aA	25.26±3.59bB	1.45±0.06aA	0.21±0.01aA
沉积区	0～5	25.33±2.43aA	35.83±2.89cB	34.93±2.84bA	3.91±0.19aA	0.35±0.02aA
	5～10	14.51±1.75bA	35.64±1.42cB	48.27±9.61aA	1.59±0.10bA	0.23±0.02bA
	20～30	4.99±1.52cB	46.10±1.66bcB	47.25±0.50aA	1.66±0.08bA	0.14±0.01cB
	120～150	6.91±0.26cA	57.81±2.08aB	33.51±2.78bA	1.77±0.06bA	0.18±0.02cA

注：表中数字后不同小写字母表示同一区域不同深度土壤间有显著性差异（$P<0.05$），数字后不同大写字母表示同一深度土壤中同一粒径团聚体在不同区域中存在显著性差异（$P<0.05$）

δ^{13}C 是土壤中稳定性碳同位素组分，其在土壤中的分布反映了土壤有机碳的动态变化。研究结果表明，侵蚀区和沉积区土壤中 δ^{13}C 值的变化范围分别为 −25.74‰～−24.5‰和−24.61‰～−20.63‰（图 5.3）。其中，侵蚀区不同深度土壤中 δ^{13}C 值没有显著差异（$P>0.05$），但沉积区土壤中 δ^{13}C 值随土壤深度的增加而逐渐降低，且表层土壤中（0～5 cm 和 5～10 cm）的值显著高于深层（20～30 cm

和 120～150 cm）。此外，除 120～150 cm 土壤外，沉积区各深度土壤中 $\delta^{13}C$ 值均显著高于侵蚀区（$P<0.05$）。

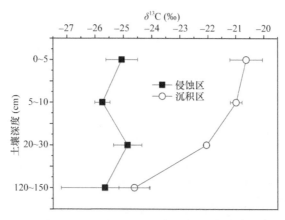

图 5.3　不同区域土壤 $\delta^{13}C$ 含量分布特征

铁是红壤的重要组成元素，其与土壤有机碳的赋存状态紧密相关。研究结果表明，游离氧化铁（Fe_d）、无定形铁（Fe_o）和络合铁（Fe_p）在不同区域呈现较为相似的分布特征（图 5.4）。除侵蚀区土壤中的络合铁含量在不同深度分布较为均匀外，游离氧化铁和无定形铁含量均随土壤深度的增加而降低。与侵蚀区土壤相比，沉积区各深度土壤中各形态铁含量均较高，且沉积区表层土壤（0～5 cm 和 5～10 cm）中各形态铁含量均显著高于侵蚀区（$P<0.05$）。

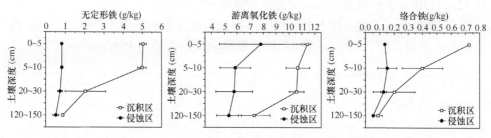

图 5.4　侵蚀区和沉积区土壤中无定形铁（Fe_o）、游离氧化铁（Fe_d）和
络合铁（Fe_p）的分布特征

5.2.3　侵蚀作用下土壤有机质的热稳定特征与土壤有机碳矿化特征

研究结果表明，侵蚀区和沉积区土壤的热重微分曲线（DTG）均呈现三个峰值（图 5.5）。其中，第一个土壤物质质量流失峰值约出现在温度 100℃，土壤物质质量流失温度<200℃，主要流失物质为土壤中的吸湿水和毛管水。第二个和第三个物质质量流失峰值分别出现在温度 300℃和 500℃，其对应的物质质量流

失温度区间分别为 200～400℃和 400～600℃。其中，200～400℃主要为土壤中活性有机质的流失，而 400～600℃主要为惰性有机质的流失。

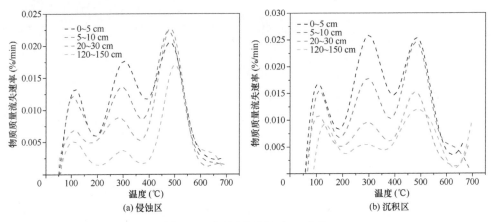

(a) 侵蚀区　　　　　　　　　　(b) 沉积区

图 5.5　不同区域土壤 DTG 曲线

从物质流失特征来看，侵蚀区土壤中活性有机质组分（Exo1）随着土壤深度的增加而降低，而惰性有机质组分（Exo2）则在较小的范围内波动，且其在不同土壤深度的值的大小变化顺序为 20～30 cm>5～10 cm>0～5 cm>120～150 cm。然而，沉积区土壤中活性和惰性有机质流失量均随土壤深度的增加而降低。不同区域相比，沉积区活性有机质组分流失量高于侵蚀区，且其表层土壤（0～5 cm和 5～10 cm）中惰性有机质组分也要高于侵蚀区；但侵蚀区深层土壤（20～30 cm和 120～150 cm）中惰性有机质组分流失量高于沉积区。

从 DSC 曲线来看（图 5.6），侵蚀区和沉积区土壤均出现四个峰值：两个吸热峰和两个放热峰。其中，<200℃的是吸热阶段，主要为土壤水的蒸发吸热。

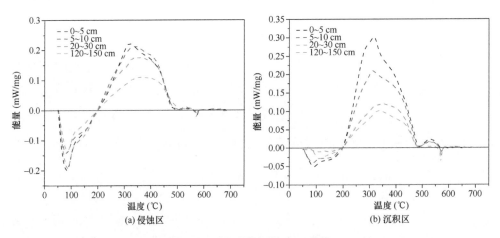

(a) 侵蚀区　　　　　　　　　　(b) 沉积区

图 5.6　不同区域土壤 DSC 曲线

放热阶段主要出现的温度区间为 200~500℃，峰值大约出现在 350℃。不同区域土壤放热峰峰高均随土壤深度的增加而下降。与侵蚀区土壤相比，沉积区表层 0~5 cm 土壤的主要放热峰峰高相对较高，但二者在其他深度土壤中差异很小。

侵蚀区和沉积区土壤 TG-T_{50} 值变化范围分别为 326.22~432.55℃ 和 308.15~392.98℃（表 5.4），均随土壤深度的增加而增大，侵蚀区土壤 DSC-T_{50} 和 ED 值也都随着深度的增加而增大，但沉积土壤中这些值随土壤深度增加呈现波动变化规律。不同区域相比，TG-T_{50} 和 DSC-T_{50} 在侵蚀区和沉积区土壤间的差异仅存在于表层（0~5 cm）（$P<0.05$），而不同区域土壤 ED 值的显著性差异仅存在于深层（120~150 cm）（$P<0.05$）。侵蚀区和沉积区土壤中活性有机物流失量（Exo1/Exo2）的变化范围分别为 0.20~0.48 和 0.34~0.52，均随土壤深度的增加而下降。此外，当不同区域相同深度土壤相比时，沉积区土壤 Exo1/Exo2 高于侵蚀区，但侵蚀区和沉积区土壤中 Exo1/Exo2 的显著性差异仅存在于深层土壤中（20~30 cm 和 120~150 cm）（$P<0.05$）。

表 5.4　侵蚀区和沉积区不同深度土壤热分析特征

样区	土层深度（cm）	TG-T_{50}（℃）	DSC-T_{50}（℃）	Exo1/Exo2	ED-Labile OM	ED-Recalcitrant OM
侵蚀区	0~5	326.22±5.72	343.89±8.46	0.48±0.01	2.25±0.08	0.60±0.01
	5~10	327.49±8.81	344.75±3.66	0.42±0.05	2.93±0.10	0.64±0.06
	20~30	382.11±12.03	352.40±11.82	0.33±0.04	3.68±0.01	0.65±0.10
	120~150	432.55±23.22	356.16±6.35	0.20±0.00	7.58±0.26	0.84±0.05
沉积区	0~5	308.15±5.87	332.34±9.94	0.52±0.06	2.17±0.11	0.56±0.03
	5~10	328.19±7.19	342.89±9.28	0.45±0.03	2.26±0.09	0.52±0.11
	20~30	376.06±19.56	352.52±13.79	0.44±0.08	2.31±0.14	0.59±0.06
	120~150	392.98±20.69	351.26±9.88	0.34±0.05	3.43±0.09	0.50±0.02

注：TG-T_{50} 为热分析过程中土壤半数质量流失温度；DSC-T_{50} 为热分析中半数能量释放温度；ED-Labile OM 和 ED-Recalcitrant OM 分别为单位质量活性和惰性有机质流失能量

侵蚀区和沉积区土壤有机碳矿化量均随土壤深度的增加而下降，变化范围分别为 249.33~595.47 mg/kg 和 328.53~1903.73 mg/kg（图 5.7）。沉积区各深度土壤有机碳矿化量均高于侵蚀区，但仅表层 0~10 cm 呈现显著差异（$P<0.05$）。82 天的矿化培养试验表明，土壤有机碳的累积矿化流失量能够由一次动力方程描述。

5.2.4　土壤有机碳稳定性与相关作用因素的关系

土壤有机碳的稳定性与土壤因素的关系采用冗余分析方法（RDA）开展分析。两个不同的指标（TG-T_{50} 和 CO_2 释放量）被选择用来表征土壤有机碳的稳

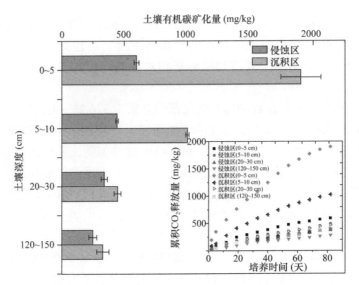

图 5.7　侵蚀区和沉积区土壤有机碳矿化流失特征

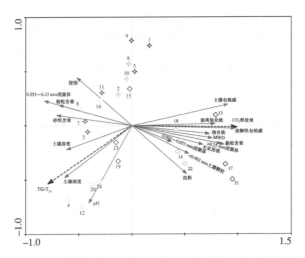

图 5.8　有机碳稳定特征值与环境因子关系的冗余分析排序图

定性。其中，TG-T$_{50}$越高（或 CO$_2$ 释放量越低），表明土壤有机碳越稳定。研究结果表明，土壤因子与 TG-T$_{50}$ 或 CO$_2$ 释放量存在截然不同的关系（图 5.8）。其中，土壤有机碳（SOC）、溶解性有机碳（DOC）、游离氧化铁、无定形铁、络合铁、MWD、黏粒含量、>0.25 mm 团聚体、0.002～0.053 mm 团聚体及<0.002 mm 土壤颗粒与 CO$_2$ 释放量呈正相关关系，但与 TG-T$_{50}$ 呈负相关关系。相反，侵蚀、砂粒含量、粉粒含量、土壤容重、土壤深度、pH 和 0.053～0.25 mm 团聚体与 CO$_2$ 释放量呈负相关关系，但与 TG-T$_{50}$ 呈正相关关系。RDA 分析表明，前两轴中，

这些被选择的土壤因子对有机碳稳定性的解释量分别为 **97.7%** 和 1%。所有的土壤因子对有机碳稳定性的解释量达到 98.6%。RDA 分析也表明，DOC、侵蚀、沉积和游离氧化铁与有机碳稳定性显著相关，且 DOC 单独解释了 92.7% 的有机碳变异量。

偏冗余分析结果表明，这些土壤因子分别解释了 91.4% 和 98.9% 的 $TG-T_{50}$ 或 CO_2 释放量的变异量（表 5.5）。前向选择表明，$TG-T_{50}$ 与 SOC、土壤深度、MWD、>0.25 mm 团聚体和 pH 显著相关，而 CO_2 释放量与 DOC、侵蚀/沉积以及游离氧化铁显著相关。这些因素中，SOC 和 DOC 对有机碳稳定性具有最重要的影响，其分别解释了 68% $TG-T_{50}$ 的变异量和 93.9% CO_2 释放量的变异量。

表 5.5　环境因子单独作用及显著因子共同作用对土壤有机碳稳定性的影响

因子	$TG-T_{50}$		CO_2 释放量		$TG-T_{50}+CO_2$ 释放量	
	Eign 值（%）	P 值	Eign 值（%）	P 值	Eign 值（%）	P 值
SOC	68.0	0.002	—	0.518	—	0.222
DOC	—	0.962	93.9	0.002	92.7	0.002
侵蚀	—	0.848	2.2	0.006	2.2	0.006
沉积			2.2	0.006	2.2	0.002
土壤深度	9.2	0.008	—	0.326	—	0.284
MWD	8.7	0.016	—	0.320	—	0.400
pH	7.4	0.03	—	0.442	—	0.110
游离氧化铁	—	0.446	2.0	0.008	2.0	0.0012
络合铁	—	0.824	—	0.248	—	0.328
无定形铁			—	0.182	—	0.204
土壤容重	—	0.476	—	0.748	—	0.606
>0.25 mm 团聚体	7.4	0.028	—	0.596	—	0.570
0.053～0.25 mm 团聚体	—	0.666	—	0.162	—	0.168
0.002～0.053mm 团聚体	—	0.178	—	0.232	—	0.264
<0.002 mm 土壤颗粒	—	0.520	—	0.180	—	0.194
黏粒含量	—	0.648	—	0.616	—	0.664
粉粒含量	—	0.656	—	0.892	—	0.776
砂粒含量	—	0.872	—	0.560	—	0.758
总计	91.4		98.9		98.6	0.986

5.2.5　侵蚀对土壤有机碳稳定性的影响

水力侵蚀不仅造成土壤的再分布，还导致土壤有机碳及相关土壤因子在侵蚀区和沉积区的分异（Wang et al.，2013；Novara et al.，2016；Nie et al.，2017）。研究结果表明，沉积区表层 0～5 cm 和 5～10 cm 土壤中 SOC 和 DOC 的含量比侵蚀区更高，但是这种差异没有出现在深层土壤中（20～30 cm 和 120～150 cm）。

这种现象被归结于侵蚀（或沉积）对不同深度土壤具有不同程度的影响（Nie et al.，2018）。其中，表层土壤受到水蚀过程中雨滴击溅、径流冲刷等多种影响，而深层土壤则更多受到的是入渗和埋藏作用的影响。尽管所受影响程度存在差异，但侵蚀诱导下的土壤有机碳分子结构及环境影响因子的改变，将对有机碳稳定性产生重要影响。

为探讨侵蚀对有机碳稳定性的影响，本书采用不同方法对有机碳稳定性进行表征。目前，热分析方法已被众多研究证明是测定有机碳稳定性较好的方法（Nie et al.，2018；Gao et al.，2015）。鉴于热分析方法良好的表征特性和简便的操作分析过程，热分析方法是本书研究分析有机碳稳定性的重要手段之一。研究结果表明，活性有机碳组分流失量随土壤深度的增加而下降，且其在沉积区各深度土壤中的值高于侵蚀区。与此相似，TG-T_{50}、DSC-T_{50}和 ED 值变化特征表明侵蚀区表层土壤有机碳比沉积区更稳定。这种稳定性有两个方面的含义：①土壤有机碳更难被土壤中的微生物利用而发生矿化分解；②具有更多的惰性有机碳组分（或更少的活性有机碳组分）。因此，沉积区土壤中应存在更高含量的活性有机质组分。沉积区表层土壤中总有机碳含量与热分析过程中的活性有机碳流失组分均高于侵蚀区。侵蚀诱导下的有机碳的选择性迁移和沉积过程是活性有机物碳在不同区域呈现差异的主要原因（Nie et al.，2015；Schiettecatte et al.，2008a，2008b）。此外，沉积区土壤中 δ^{13}C 值高于侵蚀区，表明沉积区土壤中有机碳的矿化速率高于侵蚀区。同时，沉积区土壤中 δ^{13}C 值随土壤深度的增加而降低，且与有机碳呈正相关关系。根据前人研究结果（Chen et al.，2007），SOC 与 δ^{13}C 值的关系反映了土壤有机碳的矿化速率，二者之间的正相关关系表明土壤有机碳具有较高的矿化速率，负相关关系则表明具有较低的矿化速率。因此，相对于侵蚀土壤来说，沉积区土壤具有较高的矿化速率。沉积区表层土壤 CO_2 释放量大约是侵蚀区的 3 倍（图 5.7），这可能与不同区域环境因素相关。水力侵蚀过程不仅为沉积区提供了丰富的可矿化的物质基础，而且还为微生物的生长提供了优越的环境条件（Li et al.，2015；Tian et al.，2015），这就导致沉积区土壤有机碳具有较高的矿化速率。而在侵蚀区，大量的活性有机质被迁移流失、土壤结构被破坏、土壤养分流失殆尽，导致土壤恶劣生境的出现，并最终出现较低的异养呼吸速率。

因此，水力侵蚀导致大量的有机质从侵蚀区迁移，并最终在沉积区沉积，这一过程严重影响了不同区域表层土壤有机质的质量和数量。尽管侵蚀区和沉积区表层土壤具有相似的有机基团组成，但侵蚀区土壤有机碳较沉积区更加稳定。总的来说，侵蚀区储存有较少的有机碳但具有较高的固碳潜力，沉积区土壤有机碳库相对较高且易于矿化流失，但这种差异仅表现于表层 0~10 cm 土壤中。

5.2.6　侵蚀作用下土壤有机碳稳定性的影响因素

$TG-T_{50}$ 和 CO_2 释放量是本书研究选定的两个表征土壤有机碳稳定性的指标。RDA 分析结果表明，$TG-T_{50}$ 和 CO_2 释放量呈密切的负相关关系（图 5.8），这种关系也证实了 $TG-T_{50}$ 能够与 CO_2 一样用于表征有机碳的稳定性（Nie et al.，2018；Peltre et al.，2013）。同时，土壤因子与 $TG-T_{50}$ 和 CO_2 释放量的关系能够为土壤有机碳稳定机制的深入阐释提供有力依据。已有研究结果表明，$TG-T_{50}$ 越高，土壤有机碳就具有越高的热稳定性（Gao et al.，2015；Rovira et al.，2008）。本书研究的结果表明，SOC、土壤深度、MWD、>0.25 mm 团聚体和 pH 与 $TG-T_{50}$ 显著相关（表 5.5）。其中，SOC、MWD、>0.25 mm 团聚体与 $TG-T_{50}$ 呈负相关关系，它们共同解释了 84.1% 的 $TG-T_{50}$ 的变异，这与 Gao 等（2015）等的研究结果相似。事实上，较高的 SOC 浓度、较大的>0.25 mm 团聚体比例和较高的 MWD 值均反映了土壤良好的团聚结构（Six et al.，2000；von Lutzow et al.，2006）。而大团聚体由微团聚体和有机质相互黏结而成（Six et al.，2004），其包含更多的活性有机碳（Elliott，1986）。结构良好的土壤中大量存在的活性有机碳能够降低土壤有机碳的热稳定性。相反，pH 的升高和土壤深度的增加能够显著增强有机碳的热稳定性。此外，土壤深度的增加可降低微生物的活性（Chaopricha and Marín-Spiotta，2014），从而增加土壤有机碳的稳定性。

本书的研究中，CO_2 释放量为土壤中最大的潜在矿化量，且 CO_2 释放量越高，土壤有机碳的稳定性越差。研究结果表明，DOC、游离氧化铁和侵蚀与 CO_2 释放量显著相关，它们共同解释了 98.1% 的 CO_2 释放量的变异，而 DOC 单独解释了 93.9% 的 CO_2 释放量的变异。这一结果与 Wiaux 等（2014）的研究相似，他们认为活性有机碳是控制有机碳稳定性的最重要因素之一。与此相似，游离氧化铁与 CO_2 释放量显著相关。在土壤微生态系统中，有机碳常常吸附在活性土壤矿物表面，活性铁因具有较高的吸附能力而常常与有机碳紧密相关（Mu et al.，2016）。相反，土壤侵蚀因素与土壤有机碳呈负相关关系，表明水力侵蚀降低了土壤中活性有机碳的含量，增加了土壤有机碳的稳定性。水力侵蚀对土壤中具有表聚性的活性有机碳的迁移是可能的解释之一（Nie et al.，2015，2014）。

综上所述，尽管水力侵蚀作用下土壤有机碳的稳定性受到众多因素的影响，但有机碳的质量和数量是控制有机碳在土壤和大气之间交换的关键因素。侵蚀和沉积对 $TG-T_{50}$ 和 CO_2 释放量的变异的解释量仅有 2.2%，对有机碳的稳定性几乎没有直接影响。这可能与侵蚀/沉积对剖面不同深度土壤施加的影响不同有关。正如前文中所提到的，SOC 受到侵蚀/沉积影响最大的是表层 20 cm 土壤。但是，通过对土壤中有机碳质量和数量的复杂影响，侵蚀/沉积可能对有机碳稳定性发挥更大的间接作用。本书的研究结果支持可利用性有机碳限制了土壤有机碳的矿化分解这一观点（Birge et al.，2015；Sanderman et al.，2016），同时，土壤有机碳质量和数量可作为土壤侵蚀对有机碳动态影响的重要评估指标。

5.3　溶解性有机碳分子结构特征及其对有机碳稳定性的影响

5.3.1　土壤溶解性有机碳分布特征

侵蚀区和沉积区土壤中 DOC 存在独特的分布特征（图 5.9）。侵蚀区和沉积区土壤中 DOC 浓度均随深度的增加而降低，其中，沉积区土壤 DOC 浓度随深度呈现急剧下降趋势，而侵蚀区土壤 DOC 浓度则缓慢降低。与总有机碳分布类似，DOC 也存在表聚性。沉积区表层土壤 DOC 浓度约是深层的 17 倍，而侵蚀区约为 4 倍。此外，除 120～150 cm 外，沉积区所有深度土壤 DOC 浓度均显著高于侵蚀区，但差异随着深度的增加而降低。

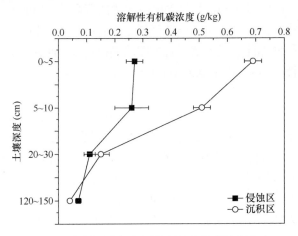

图 5.9　侵蚀区和沉积区溶解性有机碳浓度分布

5.3.2　SOM 的红外光谱特征

傅里叶红外光谱分析表明，侵蚀区和沉积区土壤具有相似的光谱吸收带（图 5.10）。土壤的红外光谱吸收带主要位于 3600～3700 cm^{-1}、1600～1650 cm^{-1} 和 400～1100 cm^{-1}。最强烈的吸收带位于 400～1100 cm^{-1}，其主要为多糖组分中碳水化合物 C-C 或 C-O 的伸缩。其他的几个主要吸收峰分别位于 3622 cm^{-1}（主要为羟基伸缩）、1618 cm^{-1}（主要来自-COOH 伸缩）和 1382 cm^{-1}（主要来自 C-H 伸缩和 C-H 弯曲）。对于侵蚀区土壤来说，不同土壤深度土壤红外光谱吸收峰是相似的；对于沉积区土壤来说，除了 5～10 cm 土壤在 3300～3500 cm^{-1} 具有吸收峰外，其他深度土壤吸收峰均相似。

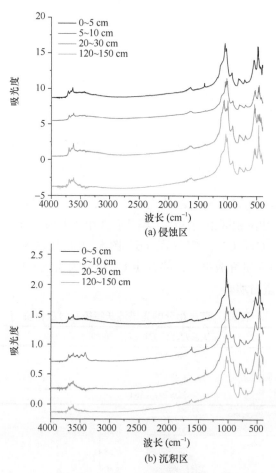

图 5.10　侵蚀区和沉积区不同深度土壤红外光谱特征

5.3.3　DOM 紫外光谱特征、荧光光谱特征与荧光指数特征

　　溶解性有机质（DOM）是土壤中活性相对较高的组分，容易随着径流从地表向深层迁移。有研究表明，250 nm、254 nm 和 365 nm 紫外光谱能够反映 DOM 的化学组成或结构功能特征。研究结果表明，侵蚀区和沉积区土壤 DOM 芳香性指数呈现不同的变化特征（图 5.11）。侵蚀区 DOM 芳香性指数从表层 0～5 cm 土壤中的 1.37 逐渐下降到 120～150 cm 土壤中的 1.13；沉积区 DOM 芳香性指数变化范围为 0.90～1.00，随土壤深度呈现先增大后降低的趋势。此外，侵蚀区土壤 DOM 芳香性指数显著高于沉积区（P<0.05）。区别于芳香性指数变化趋势，侵蚀区和沉积区

E2∶E3 均随土壤深度的增加呈现先降低后增大的趋势（图 5.11），除 120～150cm 土壤外，侵蚀区 DOM 的 E2∶E3 均低于沉积区。这一结果表明沉积区 DOM 分子量小于侵蚀区。

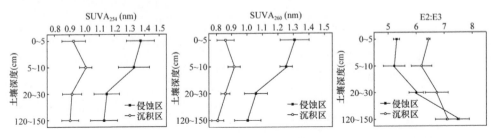

图 5.11　侵蚀区和沉积区土壤 DOM 芳香性指数和 E2∶E3 变化特征

采用 PARAFAC 方法分析三维荧光光谱图像，并探讨 DOM 的分子结构组成。分析发现，侵蚀区和沉积区不同深度土壤共有 3 个主要荧光峰，并据此鉴定了 3 种荧光组分，分别为 C1、C2 和 C3（表 5.6，图 5.12）。根据 3 种组分的激发特征和发射区间，以及前人研究成果，最终判定 C1 组分为类色氨酸，C2 组分为类腐殖质，C3 组分为类蛋白质。

表 5.6　荧光组分的光谱波长特征及对应物质

组分	最大激发波长/发射波长（nm）	物质
C1	260/352	类色氨酸
C2	230/424	类腐殖质
C3	220/294（364）	类蛋白质

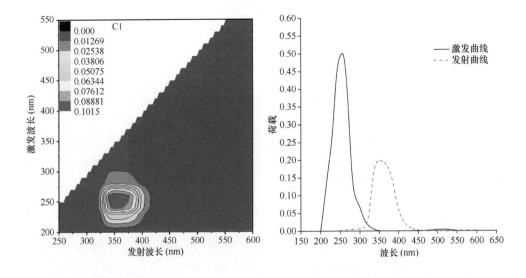

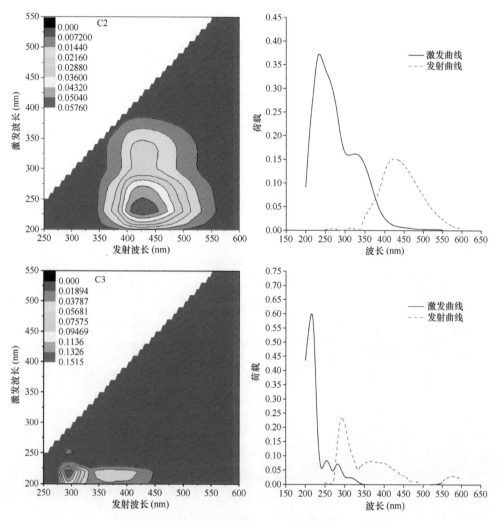

图 5.12　土壤 DOM 荧光光谱图
C1、C2、C3 分别为类色氨酸、类腐殖质和类蛋白质

　　通过对不同深度土壤 DOM 中 3 种组分的荧光强度和相对百分比进行分析
[图 5.13（a）和图 5.13（b）]，发现侵蚀区和沉积区土壤中类色氨酸组分（C1）
均随土壤深度的增大而增加，且 120～150 cm 处土壤 DOM 中类色氨酸组分远高
于其他组分；而类腐殖质组分（C2）和类蛋白质组分（C3）则在不同深度土壤间
的差异较小。侵蚀区和沉积区土壤 DOM 中，类腐殖质组分（C2）在表层土壤（0～
5 cm 和 5～10 cm）中的含量均高于深层（20～30 cm 和 120～150 cm）；但类蛋白
质组分（C3）在不同深度土壤中的变化规律不明显。

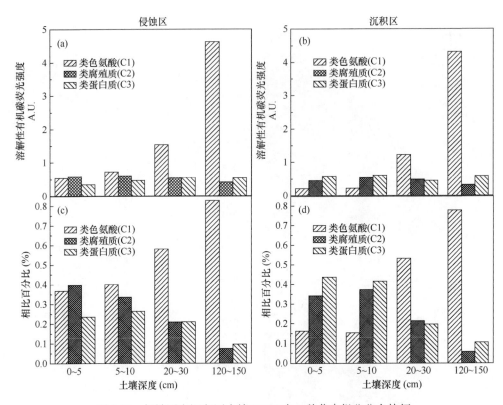

图5.13 侵蚀区和沉积区土壤DOM中3种荧光组分分布特征

不同区域和不同深度土壤中各组分的相对百分比也存在较大差异[图5.13(c)和图5.13(d)]。表层土壤中（0～5 cm和5～10 cm），侵蚀区类色氨酸组分（C1）和类腐殖质组分（C2）大约为DOM总荧光组分的75%；而沉积区类腐殖质组分（C2）和类蛋白质组分（C3）约为DOM总荧光组分的83%。对于深层土壤（20～30 cm和120～150 cm），类色氨酸组分（C1）占总荧光组分的56%～83%，是DOM的最主要成分。值得关注的是，侵蚀区和沉积区土壤DOM的荧光组分差异仅仅表现在表层土壤中。总的来说，侵蚀区和沉积区表层土壤DOM的3种荧光组分分布较均匀，但不同区域间的组分存在一定差异；而深层土壤3种组分以类氨酸组分（C1）为主，且不同区域间没有显著差异。

为进一步分析探讨侵蚀–沉积作用对土壤DOM的影响，本书分析了DOM的荧光指数（FI）、自生源指数（BIX）和腐殖化指数（HIX）。分析发现，FI指数随土壤深度的加深而逐渐增大（图5.14）。侵蚀区土壤DOM的FI指数由表层2.30逐渐增加到深层2.58，而沉积区变化范围为2.44～2.57。除120～150 cm土壤外，同一深度土壤，沉积区土壤DOM的FI指数均高于侵蚀区。与FI指数相似，DOM的BIX指数在不同区域均随土壤深度的增加而增大，侵蚀区和沉积区

BIX 指数变化范围分别为 0.85~1.56 和 0.87~1.73，且不同区域同一深度土壤 DOM 的 BIX 指数几乎没有差异。区别于 FI 指数和 BIX 指数，土壤 DOM 中 HIX 指数则在不同深度及侵蚀区和沉积区之间表现出较大的差异。HIX 指数在侵蚀区和沉积区都随着土壤深度的增加而逐渐减小，从表层到深层，HIX 指数在侵蚀区和沉积区的变化范围分别为 0.17~3.28 和 0.19~2.62。除 120~150 cm 土壤外，侵蚀区土壤 DOM 中 HIX 指数高于沉积区，但这种差异随着深度的增加而逐渐减小。

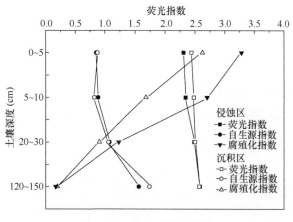

图 5.14　DOM 的荧光指数

5.3.4　侵蚀作用下 DOC 与土壤有机碳矿化之间的关系

为探讨土壤 DOC 与有机碳矿化的关系，本书开展了 DOC 与土壤有机碳累积矿化量之间的相关性分析。研究结果表明，侵蚀区和沉积区土壤中的 DOC 均与土壤有机碳累积矿化量呈显著正相关关系（R^2 分别为 0.9209 和 0.9900）（图 5.15）。为进一步分析 DOM 分子结构对有机碳矿化的影响，本书探讨了土壤 DOC 光谱指数等与土壤有机碳累积矿化量之间的关系。研究结果表明，土壤 DOC 的 SUVA$_{254}$ 值与土壤有机碳累积矿化量之间呈现显著线性负相关关系，在侵蚀区和沉积区 R^2 分别为 0.9019 和 0.9126（图 5.16）。与 DOC 含量及 SUVA$_{254}$ 值相似，SUVA$_{260}$ 值与土壤有机碳累积矿化量呈显著负相关。侵蚀区和沉积区的 R^2 分别为 0.8930 和 0.9054（图 5.17）。但深层土壤 DOC 的 E2/E3 值则与土壤有机碳累积矿化量没有显著相关关系。不同 DOM 组分与土壤有机碳累积矿化量之间的关系呈现较大差异，侵蚀区和沉积区仅有表层土壤 DOM 中类腐殖质组分（C2）相对丰度与土壤有机碳累积矿化量显著相关，它们呈二次函数关系，R^2 分别为 0.7399 和 0.9800（图 5.18）。

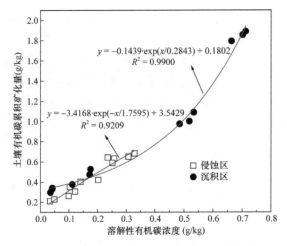

图 5.15　侵蚀区和沉积区土壤溶解性有机碳浓度与土壤有机碳累积矿化量的关系

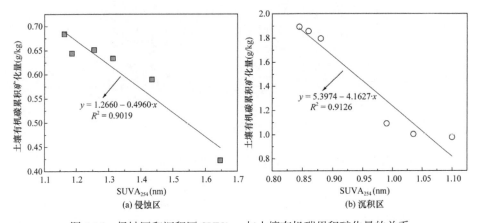

图 5.16　侵蚀区和沉积区 $SUVA_{254}$ 与土壤有机碳累积矿化量的关系

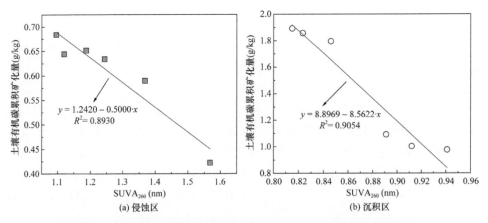

图 5.17　侵蚀区和沉积区 $SUVA_{260}$ 与土壤有机碳累积矿化量的关系

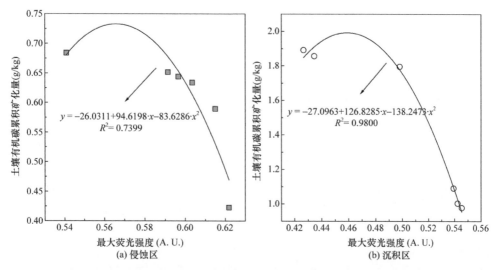

图 5.18　侵蚀区和沉积区类腐殖质与土壤有机碳累积矿化量的关系

5.3.5　水力侵蚀对土壤 DOC 的影响

DOC 是土壤中的活性有机碳组分,其在土壤中具有表聚性特征。而水力侵蚀不仅导致 DOC 随土壤或径流发生横向迁移,还能使 DOC 通过淋滤过程改变其在垂向上的分布。研究结果表明(图 5.9),沉积区表层 0～10 cm 土壤中 DOC 含量随着土壤深度的增加逐渐降低,表层土壤中 DOC 含量显著高于深层,表明水力侵蚀不能改变土壤中 DOC 的表聚性特征。而沉积区表层土壤 DOC 含量显著高于侵蚀区,这与大多数相关研究的结果一致(Ma et al.,2016;Nie et al.,2017;Xiao et al.,2017)。其主要原因是侵蚀过程中,DOC 能以泥沙结合态或径流溶解态由侵蚀区向沉积区迁移,且 DOC 往往存在于质量较轻的细小颗粒中,容易发生优先迁移(Nie et al.,2015;Schiettecatte et al.,2008a,2008b),最终导致沉积区土壤中 DOC 的富集。然而,侵蚀并没有改变 DOC 的垂向分布格局,侵蚀区和沉积区深层土壤中 DOC 含量几乎没有差异。其原因有以下几点:①DOC 在土壤总碳中的比例相对较低,本书的研究中土壤 DOC 不超过总有机碳的 4%。②红壤较黏重,易形成致密层,阻碍了溶解态或结合态 DOC 的入渗。因此,土壤 DOC 受到土壤侵蚀的严重影响,但以横向迁移导致的表层分布格局变化为主。

不仅 DOC 含量受到水力侵蚀的影响,DOC 分子结构也在不同区域存在较大差异。侵蚀区和沉积区土壤 DOC 的芳香性指数随土壤深度的变化整体上呈现下降趋势,这可能与芳香组分与土壤颗粒具有较强的结合力有关(Scott and Rothstein,2014)。DOC 芳香性指数随土壤深度的增加而下降,其原因可能是芳香化组分在淋滤迁移过程中易于被土壤截留而较难向下迁移。此外，沉积区土壤 DOC 中 E2：E3 值高于侵蚀区（图 5.11）。这一结果表明，侵蚀区土壤中 DOM 分子量高于沉积区，小分子量的 DOM 组分容易流失，而沉积区土壤 DOM 含有更多活性或生物可利用性组分。总的来说，水力侵蚀不仅改变了土壤 DOM 的分布格局，还对 DOM 分子结构有直接影响。

进一步的荧光光谱结果也表明水力侵蚀改变了土壤 DOM 分子组成在不同区域或不同土壤深度中的分布。土壤 DOM 中 3 种主要荧光组分分别为类色氨酸（C1）、类腐殖质（C2）和类蛋白质（C3）。侵蚀区和沉积区表层与深层土壤均存在显著差别，其中 3 种物质在表层的含量差异较小，而深层土壤中类色氨酸 C1 占绝对优势。疏水性组分在不同土壤深度间差异较小，但亲水物质则存在较大差异，主要原因为物质与水的结合能力限制了其在横向和垂向的运移能力。而侵蚀区和沉积区土壤 DOM 的荧光指数（FI）值均大于 1.9，且不同深度间差异不明显，表明 DOM 主要来源于土壤微生物的活动，且以内源输入为主（Cory et al.，2010；McKnight et al.，2001），这一结果符合侵蚀环境下土壤 DOM 来源特征。DOM 的自生源指数（BIX）在侵蚀区和沉积区均随土壤深度的增加而呈现上升趋势，表明深层土壤 DOM 自生源特征强于表层土壤（Huguet et al.，2009）。这与表层土壤受到强烈侵蚀作用，而深层土壤受到扰动较少的现实情况一致。不同区域土壤中 DOM 腐殖化指数（HIX）均随土壤深度的增加而降低，表明深层土壤的腐殖化组分低于表层土壤（Huguet et al.，2009）。其主要原因有两点：一是表层土壤 DOM 中腐殖组分不易迁移至深层土壤；二是深层土壤不能够提供有利的腐殖化环境条件。而与 FI 指数和 BIX 指数不同，侵蚀区表层土壤 DOM 的 HIX 指数显著高于沉积区，说明侵蚀区表层土壤 DOM 含有更多的芳香结构，而沉积区表层土壤则有更为丰富的含氧官能团，这可能与腐殖质大分子易被土壤吸附而不利于迁移有关。

总的来说，水力侵蚀对土壤中 DOC 含量及 DOM 的分子结构有显著影响，其最根本的规律是导致沉积区土壤 DOC 含量增加，且活性小分子量 DOM 易于富集于沉积区土壤。但是，这种作用仅仅出现在表层土壤中，深层土壤受到的影响极小。

5.3.6　水蚀作用下 DOC 对有机碳稳定性的影响

DOC 是土壤中的重要组分，其不仅在土壤团聚过程中起着重要作用（Opara，2009；Urbanek et al.，2007），还是维持土壤生态功能不可或缺的组分（Stamati et al.，2011）。其在土壤中活性高、易于被植物或土壤微生物利用的特性也使其成为周转速率最快的有机碳组分之一。因此，有理由相信 DOC 含量与土壤有机碳稳定性存在紧密的正相关关系。为此，本书的研究采用矿化培养试验首先分析了土壤有机碳的矿化量。研究发现，土壤有机碳累积矿化量随土壤深度的增加而下降，且沉积区表层土壤有机碳累积矿化量显著高于侵蚀区表层土壤（图 5.7）。这表明侵蚀区土壤有机碳相对较为稳定，而沉积区土壤有机碳易于矿化分解。其次，进一步分析探讨了 DOC 含量与土壤有机碳累积矿化量之间的关系。研究结果表明，侵蚀区和沉积区土壤中 DOC 含量与土壤有机碳累积矿化量呈显著正相关关系（图 5.15）。这个结果与大部分已有研究结果相似，表明 DOC 是土壤微生物异氧呼吸的限制性因素（Xiao et al.，2017），同时其含量能反映土壤有机碳稳定性特征（Zhao et al.，2017）。基于此，本书认为，水力侵蚀作用下 DOC 的迁移流失再分布是土壤有机碳累积矿化量在不同区域出现分异的主要原因。而这也进一步证明了 Ahn 等（2009）的观点：DOC 是量化土壤有机碳矿化潜力最有效的土壤变量之一。

为进一步分析土壤 DOM 组分与有机碳稳定性的关系，本书的研究也探讨了不同荧光组分与土壤有机碳累积矿化量之间的关系。研究发现，3 种荧光组分中，仅有类腐殖质组分（侵蚀区和沉积区表层土壤）与有机碳累积碳矿化量具有显著相关性（图 5.18），且类腐殖质组分高于一定水平，有机碳累积矿化量反而下降。这说明外源的类腐殖质是土壤微生物利用的主要成分之一。尽管相对于因富含大分子和共轭芳香族单元的结构复杂的类腐殖质组分（Guo et al.，2012），类色氨酸和可溶性类蛋白质具有相对更简单的分子结构（Mikutta et al.，2007），是土壤微生物易利用的组分，但其更可能包含微生物利用后的产物，与有机碳矿化量并不存在紧密的相关关系。进一步的分析表明，侵蚀区和沉积区表层土壤 DOM 的芳香性和疏水性（$SUVA_{260}$）与土壤有机碳累积矿化量均有显著相关性（图 5.16，图 5.17）。结果表明，芳香性和疏水性物质不利于土壤有机碳的矿化，而分子量较大的 DOM 物质能促进有机碳的分解流失。这也从分子属性上证明了芳香性程度较高的类腐殖质组分不是微生物优先分解的物质。相反，DOM 分子量越大，其包含微生物所需的 N 等物质越多，越有利于微生物的活动，从而越有利于碳的矿化。

总的来说，水力侵蚀不仅能通过 DOC 含量的再分布影响土壤有机碳的稳定性，还能通过 DOM 性质的变化对有机碳矿化分解过程产生作用。侵蚀过程中 DOC 从侵蚀区迁移至沉积区，增加了土壤有机碳的矿化；而迁移过程中，活性更强的、分子结构简单的物质的优先迁移更不利于有机碳的稳定。值得关注的是，水力侵蚀通过 DOC 对有机碳稳定性产生的影响仅仅表现在表层土壤中。

5.4　红壤有机碳化学结构组成对其稳定性的影响

5.4.1　土壤环境因子的分布特征

表层土壤最易受到水力侵蚀的影响，不同土壤环境因子具有相似的分布规律（表 5.7）。其中，土壤质地在侵蚀区和沉积区表现出明显的侵蚀–沉积特征。沉积区土壤中黏粒含量最高,所有深度土壤中的数值均超过 40%,显著高于对照区和侵蚀区($P<0.05$),呈现明显的沉积特征。而相对于沉积区和对照区,侵蚀区各深度土壤中砂粒含量最高,具有明显的侵蚀特征。对照区土壤中易迁移的黏粒和黏重的砂粒含量则居于侵蚀区和沉积区之间。侵蚀区土壤 pH 随土壤深度的增加而增大,但各深度土壤中 pH 均小于沉积区和对照区,土壤酸性最强。对照区土壤 pH 最高。铁作为红壤的重要成分,也受到侵蚀的强烈影响。结果表明,不同区域土壤铁浓度几乎不受土壤深度的影响。但侵蚀区铁浓度最高,其中铁浓度高于 46 g/kg,且不同区域土壤中铁浓度均呈现侵蚀区>沉积区>对照区的规律。与铁浓度分布规律相似,CEC 含量在侵蚀区土壤中均高于沉积区和对照区。但是,侵蚀区土壤 CEC 含量与沉积区或对照区的显著性差异仅表现在 10~20cm 或 20~30cm 土壤中。

表 5.7　不同区域土壤理化因子分布特征

样区	土壤深度(cm)	砂粒(%)	粉粒(%)	黏粒(%)	pH	铁浓度(g/kg)	CEC(cmol/kg)
侵蚀区	0~5	44.00±2.00abA	36.33±2.51aA	19.67±2.08abC	4.25±0.04aB	46.26±3.51aA	12.27±0.08aA
	5~10	41.67±1.52bA	38.00±2.00aA	20.33±0.57aC	4.25±0.03aB	47.04±3.51aA	12.07±0.59abA
	10~20	43.67±0.57abA	35.67±1.52aA	20.67±1.15aC	4.35±0.13aA	47.50±1.39aA	12.15±0.19abA
	20~30	46.33±1.53aA	36.00±2.00aA	17.67±0.57bC	4.47±0.19aB	47.57±4.05aA	11.45±0.54bA
沉积区	0~5	30.67±4.16aB	26.67±2.30aB	42.66±3.05aA	4.55±0.07bA	30.53±4.52bB	11.39±1.39aA
	5~10	27.67±2.51aB	25.33±3.05aB	47.00±5.19aA	4.57±0.04bA	37.90±2.59aB	10.63±0.70aA
	10~20	29.67±1.52aB	25.00±2.00aB	45.33±3.51aA	4.57±0.08bA	34.07±1.24abB	8.95±0.43bC
	20~30	30.00±2.59aB	26.33±1.52aB	43.67±3.78aA	4.69±0.01aAB	30.09±2.41bB	6.43±0.45cB
对照区	0~5	30.00±1.29aB	36.00±2.00aA	34.00±5.29abB	4.63±0.12bA	20.35±0.77aC	11.22±0.53aA
	5~10	21.00±2.64bC	39.00±1.00aA	40.00±2.00aB	4.51±0.10bA	20.51±1.11aC	11.06±0.91aA
	10~20	27.33±4.16aB	40.00±3.46aA	32.67±1.15abB	4.55±0.12bA	21.71±0.99aC	10.90±0.77aB
	20~30	33.00±2.65aB	37.00±6.00aA	30.00±6.08bB	4.84±0.06aA	21.74±0.29aC	6.48±0.09bB

注:表中不同小写字母表示同一侵蚀区域不同深度土壤间存在显著性差异,表中不同大写字母表示不同区域同一深度土壤间存在显著性差异

5.4.2　不同区域 DOC、SOC、TN 和 C∶N 的分布特征

不同区域(侵蚀区、沉积区、对照区)SOC 浓度变化范围分别为 1.96~5.19 g/kg、2.05~15.53 g/kg 和 4.16~14.34 g/kg(图 5.19),其含量均随着土壤深度的增加而降低,且不同深度土壤中的值存在显著差异($P<0.05$)。沉积区和对照区不同深度土壤中 SOC 浓度均高于侵蚀区,但这种差异随着土壤深度的逐渐增加而降低。侵蚀区、沉积区和对照区土壤 DOC 浓度也随着土壤深度的增加而降低,其浓度变化范围分别为 0.06~0.09 g/kg、0.06~0.24 g/kg、0.06~0.16 g/kg。0~10 cm 土壤

中 DOC 浓度沉积区>对照区>侵蚀区（$P<0.05$），而在 10～30 cm 土壤中，沉积区和对照区的差异逐渐减小。不同区域土壤中 TN 浓度的变化范围分别为 0.35～0.51、0.33～1.40 和 0.45～1.30，其在不同深度及不同区域的分布特征与 SOC 极其相似。土壤 C∶N 在不同区域也随土壤深度的增加而降低，但在不同区域中，表层土壤 C∶N 没有显著性差异，而在表层以下土壤中，对照区土壤 C∶N 均显著高于侵蚀区和沉积区（$P<0.05$）。

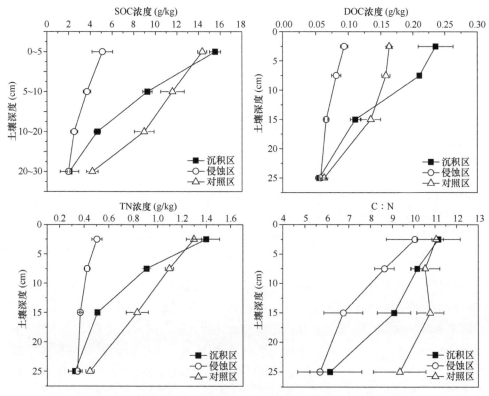

图 5.19　不同区域土壤中 SOC、DOC、TN 和 C∶N 分布规律

5.4.3　不同区域土壤有机碳化学组成特征

侵蚀区、沉积区和对照区不同深度土壤有机质具有相似的有机物官能团（图 5.20），并据此区分出五种主要的官能团，分别为羰基碳（carbonyl C）、双氧烷基碳（di-O-alkyl C）、烷氧碳（o-alkyl C）、甲氧基碳（methoxyl C）和烷基碳（alkyl C）。此外，芳香碳（aromatic C）含量极低，难以检出。不同区域和不同深度土壤中，烷氧碳是有机质的主要化学组成成分，其相对丰度在侵蚀区、沉积区和对照区的变化范围分别为 46.63%～47.18%、44.15%～47.32%和 45.55%～47.15%。

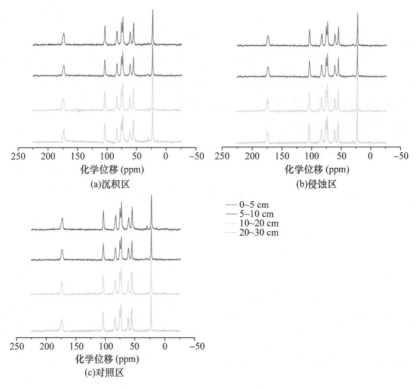

图 5.20   不同区域土壤有机质的 ^{13}C NMR 曲线

相对丰度高低顺序为烷基碳、甲氧基碳、羰基碳和双氧烷基碳（图 5.21）。烷基碳与烷氧碳比值在不同区域呈现出显著差异（图 5.22）。其中，沉积区土壤中这一比值随着土壤深度的增加而升高，而侵蚀区和对照区这一比值有下降趋势。表层 0~5 cm 土壤中，对照区土壤烷基碳/烷氧碳显著高于侵蚀区和沉积区（$P<$ 0.05）；而在 10~30 cm 土壤中，沉积区显著高于侵蚀区和对照区（$P<0.05$）。疏水基团与亲水基团的比值也受到水力侵蚀的影响（图 5.22），其在不同区域不同深度土壤间具有较大差异。表层 0~5 cm 土壤中，侵蚀区和沉积区土壤有机质的疏水基团/亲水基团显著小于对照区（$P<0.05$）；5~10 cm 土壤中，不同侵蚀区土壤中该值没有显著差异（$P>0.05$）；10~20 cm 和 20~30 cm 土壤中，沉积区土壤的该比值显著高于侵蚀区和对照区（$P<0.05$）。

5.4.4   不同区域土壤有机碳热稳定性特征

侵蚀区、沉积区和对照区土壤热分析 TG 和 DTG 曲线如图 5.23 所示。从图 5.23 中可以看出，不同区域土壤相对质量流失量均随土壤深度的增加而降低。侵蚀区不同深度土壤相对质量流失量差异较小，但与沉积区和对照区存在明显差异。

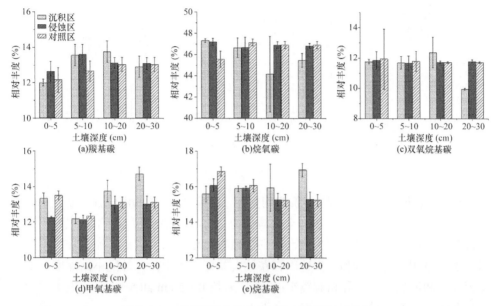

图 5.21　不同区域土壤有机质化学基团相对丰度

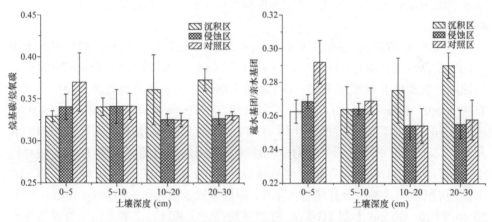

图 5.22　不同区域土壤中烷基碳/烷氧碳及疏水基团/亲水基团

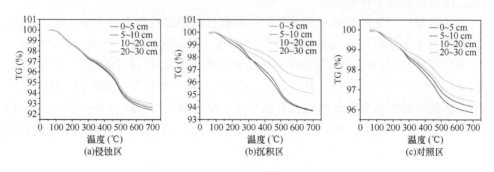

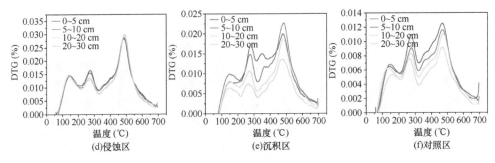

图 5.23   不同区域土壤热分析 TG 和 DTG 曲线

从 DTG 曲线来看，土壤质量流失均存在三个流失峰，出峰温度分别位于 150℃、300℃和 500℃左右。其中，第一个峰被认为是土壤吸湿水和毛管水流失峰，第二个峰为土壤中活性有机质流失峰，第三个峰为土壤中惰性有机质流失峰。不同区域土壤质量相对流失量和流失速率存在较大差异。其中，侵蚀区不同深度土壤质量流失量和流失速率差异相对较小；沉积区表层 0~5 cm 和 5~10 cm 土壤质量流失量和流失速率差异也较小，但却高于 10~20 cm 和 20~30 cm 土壤；对照区土壤质量流失量和流失速率均随土壤深度增加而下降，且不同深度土壤间差异相对均一。

不同区域 TG-T_{50} 存在较大差异（图 5.24）。侵蚀区、沉积区和对照区土壤 TG-T_{50} 变化范围分别为 403.31~427.63℃、377.68~416.59℃和 379.58~390.93℃。侵蚀区、沉积区和对照区土壤 TG-T_{50} 随土壤深度增加有升高趋势。侵蚀区土壤 TG-T_{50} 在 0~5 cm 和 5~10 cm、10~20 cm 和 20~30 cm 没有显著性差异（$P>0.05$）。沉积区 10~20 cm 和 20~30 cm 土壤 TG-T_{50} 没有显著性差异，但显著高于 5~10 cm 和 0~5 cm 土壤（$P<0.05$）。相对于侵蚀区和沉积区，对照区土壤 TG-T_{50} 相对较小，且不同深度土壤间没有显著性差异（$P>0.05$）。对于表层 0~5 cm 土壤 TG-T_{50} 来说，沉积区和对照区没有显著性差异，却显著低于侵蚀区；对于 5~10 cm、10~20 cm 和 20~30 cm 土壤 TG-T_{50}，侵蚀区均高于沉积区，二者之间没有显著性差异，但均显著高于对照区。

热重分析产生的气体产物是分析土壤有机碳稳定性的重要方法。图 5.25 为本书研究中不同区域土壤热重分析气体产物（与碳相关的）经由质谱分析得到的不同物质相对强度，重点分析了热重流失物质质量/电荷（m/z）信号为 16、28 和 44 的产物变化规律。其中，m/z 信号为 16 主要涉及的物质为 CH_4，其在不同区域土壤中流失特征曲线具有三个流失峰 [图 5.25（a）~图 5.25（c）]，出峰温度大约为 150℃、300℃和 500℃，且 CH_4 流失量随温度的升高呈现升高趋

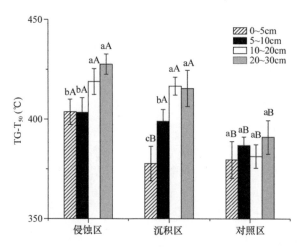

图 5.24　不同区域土壤 TG-T$_{50}$ 分布特征

不同小写字母表示同一侵蚀区域不同深度土壤间的显著性差异，
不同大写字母表示同一深度不同区域土壤间的显著性差异

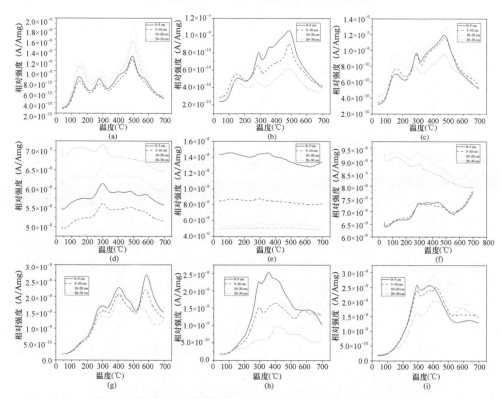

图 5.25　热重流失物质质量/电荷（m/z）发射频谱信号变化特征

（a）～（c）m/z 为 16；（d）～（f）m/z 为 28；（g）～（i）m/z 为 44；（a）（d）（g）为侵蚀区土壤；
（b）（e）（h）为沉积区土壤；（c）（f）（i）为对照区土壤

势。m/z 信号为 28 时，土壤涉及的流失物质主要为 CO，不同区域土壤中 CO 流失规律存在较大差别 [图 5.25（d）～图 5.25（f）]。侵蚀区不同深度土壤 CO 流失相对强度的变化规律为 20～30 cm>10～20 cm>0～5 cm>5～10 cm，且其在流失过程中随温度的升高，呈现先上升后下降的趋势。在整个 TG 分析过程中，CO 仅有一个流失峰，出峰温度约为 300℃。而对于沉积区土壤来说，CO 流失的相对强度随温度升高有下降趋势，但整体变化不大。不同深度土壤 CO 流失相对强度变化顺序为 0～5 cm>5～10 cm>10～20 cm>20～30 cm。与侵蚀区和沉积区不同深度土壤 CO 流失相对均一不同，对照区土壤 CO 流失强度具有两种不同的变化规律。其中，0～5 cm 和 5～10 cm 土壤随温度升高，其释放的 CO 整体上呈现上升趋势。而 10～20 cm 和 20～30 cm 土壤 CO 释放强度则随温度的升高而下降，且在 150℃ 和 300℃ 附近出现流失峰。值得关注的是，深层土壤的 CO 流失强度在整个 TG 分析过程中均高于表层土壤。m/z 信号为 44 的土壤的主要流失物质为 CO_2，沉积区和对照区土壤具有相似的 CO_2 流失曲线，但显著区别于侵蚀区土壤 [图 5.25（g）～图 5.25（i）]。沉积区和对照区土壤 CO_2 流失呈现单峰型，而侵蚀区则呈现双峰型，且出峰温度分别为 400℃ 和 600℃。从整体上看，不同区域土壤 CO_2 流失强度均随土壤深度的增加而下降。

5.4.5 土壤因子与有机碳稳定性的关系

根据前期研究结果，本节选择了与有机碳紧密相关的 12 个土壤因子（SOC、DOC、TN、粒径组成、pH、总铁、铝、CEC、比表面积、Fe_d、Fe_o 和 Fe_p）作为研究对象（图 5.26）。

相关性分析表明，不同土壤因子含量紧密相关。其中，SOC、DOC 和 TN 相互之间呈现极显著正相关关系。SOC、DOC 和 TN 均与 Fe_o 和 Fe_p 具有极显著正相关关系，决定系数在 0.78 以上。除粉粒、pH 和 CEC 外，SOC 与其他因子的相关关系均有显著性；DOC 与黏粒含量呈显著正相关关系。土壤粒径组成（砂粒、粉粒和黏粒）中，粉粒与其他土壤因子的关系并不显著，相反，砂粒和黏粒与 DOC、pH、总铁、Fe_d、Fe_o 和 Fe_p 呈显著相关关系。值得关注的是，黏粒和粉粒与其他因子的关系刚好相反。pH 与总铁、铝、CEC、比表面积、Fe_d 均呈显著负相关关系。此外，土壤的比表面积与总铁、铝和 Fe_d 及砂粒均呈显著正相关关系。这说明土壤特性的 14 个指标存在相互关联和相互制约的作用，一些因子的变化可能导致另外一些因子的变化，为了更好地评价不同指标对土壤性质的贡献，采用主成分分析方法进行进一步处理。

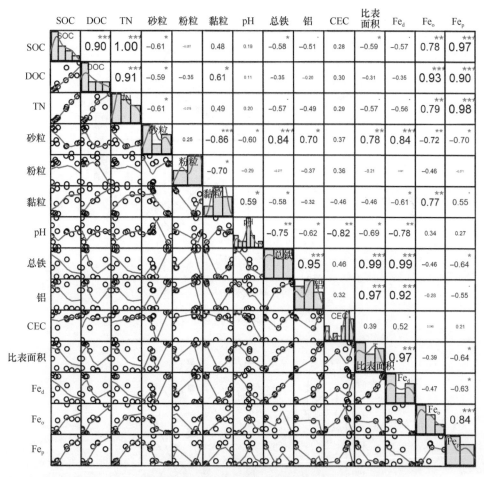

图 5.26　不同土壤因子间的相互关系

鉴于土壤因子间较好的线性相关性，我们对土壤因子进行了降维处理。采用主成分分析方法提取土壤因子的主成分（图 5.27）。当提取三个主成分时，其方差贡献率分别为 58%、22.3%和 15.5%，累积贡献率可达 95.8%。综合了土壤特性的主要信息，且其特征值分别为 8.1、3.1 和 2.2，均大于 1，故提取的因素可以反映土壤的总体特征。PC1 主要综合了大部分土壤因子，几乎包括除 CEC 和粉粒外的所有因子；PC2 则反映的是 CEC 的贡献量，PC3 主要为粉粒。

通过不同因子的成分得分系数矩阵表，获得不同区域与不同深度土壤每个主成分综合得分。基于此，分析了不同区域土壤主成分与土壤有机碳热稳定指标 TG-T$_{50}$ 的相关关系（图 5.28）。研究结果表明，第一主成分（PC1）与 TG-T$_{50}$ 呈显著负相关关系，而第二（PC2）和第三（PC3）主成分则与 TG-T$_{50}$ 呈显著正相关关系。

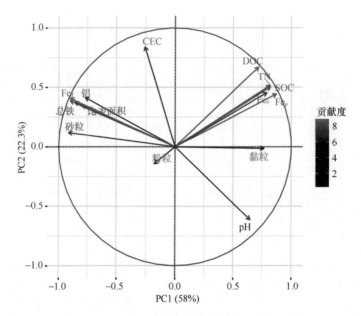

图 5.27　土壤因子主成分分析

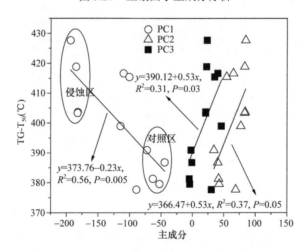

图 5.28　土壤主成分与 TG-T$_{50}$ 的关系

　　水力侵蚀是景观内土壤迁移、物质循环和能量流动的重要驱动因素。小流域内，水力侵蚀将土壤及其中物质由坡上位置迁移至坡下位置，由此形成不同的侵蚀区域。其中，土壤净输出区域为侵蚀区，土壤净输入区域为沉积区。除此之外，流域内相对平缓区域或位置侵蚀和沉积均不明显，一般被认为是对照区。不同区域的确定，判断依据一般为微地形地貌和 ^{137}Cs 活度。本书的研究据此在研究区域内选择了侵蚀区、沉积区和对照区。研究结果表明（表 5.7），侵蚀区和沉积区土壤理化性质呈现明显的差异，而对照区土壤中相关因子含量介于侵蚀区和沉积区之间。尤其是土壤黏粒在不同区域的分布规律（沉积区>对照区>侵蚀区）体现了水力侵蚀作用下细小颗粒的优先迁移过程（Nie et al.，2015；Martinez-Mena et al.，2012）。尽管沉积区和对照区 SOC 浓度均显著高于侵蚀区，但二者之间并不存在显著相关性。相反，沉积区表层土壤中 DOC 浓度显著高于侵蚀区和对照区，再次从土壤碳的角度证明了质量轻、活性高的有机碳组分的优先迁移。SOC 与 TN 浓度紧密相关（图 5.26），这与大部分相关研究的结果一致（Nie et al.，2017，2019a；Ma et al.，2016）。

　　不同区域碳氮比（C∶N）均随土壤深度的增加而下降，但只有对照区土壤中 C∶N 比始终大于 10（图 5.19）。有研究表明，土壤微生物群落主要为细菌和真菌（Six et al.，2006），这与 C∶N 相关。当 C∶N 为 10 左右时，微生物群落以真菌群落为主，而随着 C∶N 逐渐减小到 4 左右时，微生物群落以细菌为主（Sylvia et al.，2005）。同时，真菌在土壤中呈现固碳趋势，而细菌以矿化分解碳为主（Bailey et al.，2002）。因此，对照区更有利于自养型微生物的活动，且有利于土壤有机碳的稳定存在，相反，侵蚀区则不利于土壤有机碳的固存。然而，这一结果只是从理论上表明了土壤有机碳存在的环境态势，实际上微生物群落组成可能与这一结果并不一致。总的来说，水力侵蚀导致土壤有机碳从侵蚀区迁移至沉积区，改变了土壤有机碳的含量和活性组分比例，但与沉积相比，其并不能增加土壤有机碳稳定存在的环境。本书的研究中没有涉及微生物及土壤团聚结构可能是影响这一结果的主要因素的内容。

　　除了分析不同区域土壤有机碳含量的差异外，本书的研究还探讨了土壤有机碳的化学组成分异特征。根据土壤 ^{13}C 核磁共振波谱，将本书的研究中土壤有机质化学结构划分为五个官能区，分别为烷基碳（脂肪族化合物）、甲氧基碳（木质素取代基）、双氧烷基碳（碳水化合物、纤维素和半纤维素等）、烷氧碳（碳水化合物、纤维素和半纤维素等）、羧基碳（脂肪酸、氨基酸、酰胺、酯、酮醛类物质）。值得关注的是，该土壤中芳香碳含量低，没有被检测出来。其可能原因有两点：①侵蚀区、沉积区和对照区没有乔灌木，木质素含量低，没有足够的直接来源；②水力侵蚀迁移过程中，木质素易于在景观中实现再分布，而不易沉积。本书研究中，比例最高的组分为烷氧碳，达到44%以上，其他组分大小相似，顺序为烷基碳、甲氧基碳、羧基碳和双氧烷基碳。烷氧碳比例远高于其他几种类型碳，这与众多研究结果相似（Zhou et al.，2014；Pisani et al.，2013；He et al.，2018），原因是森林土壤中凋落物含量较高。总体上看，不同区域土壤有机质的化学结构基团间的差异并不大，这可能与较为单一的有机质来源有关，也间接表明了流域没有外来有机物来源。但是，不同区域土壤有机质化学基团差异值得关注。其中，烷氧碳、甲氧基碳等代表容易被微生物分解利用的碳水化合物，属于易分解碳，而烷基碳和芳香碳等则属于微生物难以代谢利用的难分解碳，包括木质素和单宁等（Preston et al.，2000）。本书研究中，沉积区易分解的碳水化合物比例（约 72%）明显高于侵蚀区（约 71%）和对照区（约 70%）。相反，难分解碳则是对照区和侵蚀区高于沉积区，说明对照区土壤碳的腐殖化更高，并促进了有机碳的稳定，而易分解的碳也更容易发生迁移和沉积。烷基碳与烷氧碳的比值是表征土壤有机质腐殖化程度的有效指标（李娜等，2019）。本书研究中，表层土壤在对照区的这一比值显著高于侵蚀区和沉积区（图 5.22），表明对照区微生物分解与高分子形成程度均高于侵蚀区和沉积区。而在 10～30 cm 深层土壤中，沉积区有机质腐殖化程度明显高于侵蚀区和对照区。而更好的土壤团聚结构和微生物生长环境是腐殖化的必要条件，这从一定程度上说明有机碳含量并不是维持土壤良好质量的唯一因素，且沉积埋藏作用是土壤固存的有效机制。疏水基团/亲水基团与烷基碳/烷氧碳具有相似的分布规律，说明水力侵蚀/沉积对土壤质量均有不利影响。

5.4.6　土壤有机碳化学组成及其与有机碳稳定性的关系

土壤因子与土壤有机质化学结构组成的关系如图 5.29 所示。通过相关性分析发现，所选土壤因子与土壤有机质化学结构组成的关系并不十分紧密。而李

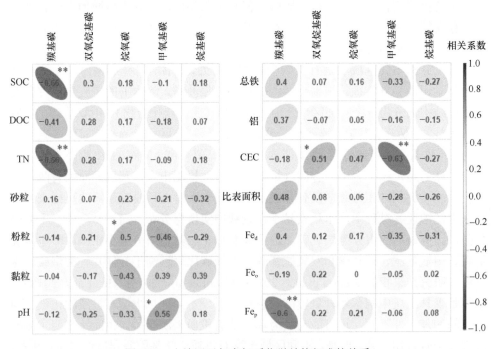

图 5.29　土壤因子与有机质化学结构组成的关系

娜等（2019）的研究结果表明，土壤有机碳和黏粒含量与土壤有机质化学结构组成存在显著相关性。这一差异存在的原因可能是：①土壤有机碳含量偏低；②侵蚀/沉积的扰动。当然也存在样本量相对较少的问题，但这一结果也表明土壤因子与有机质化学结构组成的相对独立性。总的来说，土壤有机质化学结构组成主要受到气候条件、土壤类型和土地利用方式等条件的影响（Soucemarianadin et al.，2017）。

结果表明，SOC、TN 和 Fe_p 与羧基碳呈显著负相关关系（$P<0.01$），CEC 与双氧烷基碳呈显著正相关（$P<0.05$）、粉粒与烷氧碳呈显著正相关（$P<0.05$）、pH 和 CEC 与甲氧基碳分别呈显著正相关（$P<0.05$）和显著负相关关系（$P<0.01$）。除此之外，其他土壤因子与有机质化学结构组成并不存在显著的相关关系。整体来看，土壤因子与有机质化学结构组成并不存在十分明显的关系。

为探讨有机质不同化学结构组分对有机碳稳定性的影响，本节深入分析了不同化学基团与 TG-T_{50} 的关系。研究结果表明，羧基碳与 TG-T_{50} 呈显著正相关关系（$P<0.05$）（图 5.30），但烷氧碳、双氧烷基碳、烷基碳和甲氧基碳等都与 TG-T_{50} 没有显著相关性（$P>0.05$）。

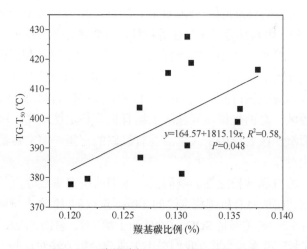

图 5.30　羧基碳与 TG-T_{50} 的相关性关系

基于前面的研究结果，本书的研究采用热分析方法探讨土壤有机碳的稳定性。研究发现，不同区域土壤的 DTG 曲线在 0～700℃呈现三个流失峰（图 5.23）。一般认为，这三个流失峰分别为吸湿水及毛管水、活性有机碳和惰性有机碳的流失峰（Nie et al.，2018）。为此，我们采用质谱分析仪测定了热重分析的产物，获得了 CH_4（m/z 为 16）、CO（m/z 为 28）和 CO_2（m/z 为 44）的相对流失强度。其中，CH_4 流失强度曲线也存在三个流失峰，且出峰温度分别为 150℃、300℃和 500℃左右，它们与

DTG 曲线高度吻合。这是由于 TG 试验是缺氧环境，在不完全氧化条件下易于产生 CH_4，这也代表了活性较高的有机碳的流失特征。而 CO 流失在整个过程中相对平缓，只在 300℃出现一个流失峰，CO_2 流失峰则出现在 400℃或 600℃，说明更稳定的有机碳流失存在滞后性。从流失强度来看，碳的流失以 CO 为主；从 CH_4、CO 和 CO_2 流失特征来看，沉积区相对于侵蚀区和对照区土壤有机碳流失强度更大、不稳定性更高。综上信息可以得出，在热分析过程中，以 200～400℃为活性有机碳流失温度区间和以 400～700℃为惰性有机碳流失温度区间的观点是基本可靠的。

沉积区表层土壤（0～5 cm 和 5～10 cm）质量流失比例明显高于深层土壤（10～20 cm 和 20～30 cm），而侵蚀区不同深度土壤之间差异较小，对照区由表层及深层逐渐降低。这一规律基本反映了不同区域土壤有机碳在不同深度的分布特征。侵蚀区作为土壤净输出区域，表层土壤有机碳几乎流失殆尽，且深层土壤有机碳得不到有效补充，从而导致各层间的有机碳含量和活性差异较小。而沉积区表层和次表层土壤具有源源不断的活性较高的有机碳的富集，导致有机碳矿化量相对较高，而深层土壤则由于矿化流失量高于输入量，有机碳流失比例将逐渐降低。对照区则符合未扰动土壤中有机碳分布的特征，土壤流失量由表层及深层逐渐下降。$TG\text{-}T_{50}$ 被认为是反映土壤有机碳的有效指标（Nie et al.，2018，2019b；Gregorich et al.，2015；Gao et al.，2015），因其具有快速简便等特性，受到越来越多研究者的关注。研究表明，对照区不同深度土壤 $TG\text{-}T_{50}$ 没有显著差异，而侵蚀区和沉积区表层与深层土壤之间呈现显著性差异（图 5.24）。对于不同区域，0～5 cm 土壤中，侵蚀区 $TG\text{-}T_{50}$ 显著高于沉积区和对照区；而在 5～30 cm 土壤中，侵蚀区和沉积区没有显著差异，但显著高于对照区。总的来说，侵蚀区土壤有机碳稳定性最高，对照区土壤有机碳最不稳定，而沉积区表层由于大量活性有机碳的富集而非常容易矿化，但深层土壤有机碳则相对稳定。

为了分析土壤有机碳稳定性影响因素，本书的研究重点分析了土壤因子和土壤有机碳化学结构组成对有机碳稳定性的影响。选取的 12 个土壤因子大部分具有显著相关性（图 5.26），尤其是 SOC、DOC 和土壤 TN、总铁、Fe_d、Fe_o 和 Fe_p 等与其他因子均存在紧密联系。为此，我们采用主成分分析方法对这些土壤因子开展了进一步处理。根据主成分分析方法，提取了三个主成分，其中第一主成分 PC1 的方差贡献率为 58%，其综合的土壤因子包括砂粒、总铁、Fe_d、Fe_p、比表面积、SOC、TN、Fe_o、铝、黏粒、DOC 和 pH。第一主成分综合了绝大多数土壤因子，其中砂粒、总铁、Fe_d、铝对第一主成分的贡献为负，其他为正。第二主成分 PC2 的方差贡献率为 22.3%，其主要贡献因子为 CEC，第三主成分的方差贡献率为 15.5%，主要贡献因子为粉粒。进一步分析表明，三个主成分与 $TG\text{-}T_{50}$ 呈显著相关性（图 5.28）。其中，SOC、DOC、TN 等含量越高，土壤有机碳越不稳定；而粉粒、CEC、砂粒等含量越高，土壤有机碳越稳定，这也与前期研究结果一致（Nie et al.，2018，2019a）。这些结果表明，土壤因子是影响有机碳稳定性的重要因素。

土壤有机质化学结构组成被认为是影响有机碳稳定性的另一关键因素（Sjögersten et al.，2016）。相关分析结果表明（图 5.29），大部分土壤因子与有机质化学结构组成不存在显著相关性。这一结果表明，土壤因子与有机质化学结构组分不存在共线性。因此，我们进一步分析了不同有机质化学结构组分与 TG-T$_{50}$ 的关系。研究发现，仅有羧基碳与 TG-T$_{50}$ 存在显著相关性（P=0.048）（图 5.30），有机质中比例最大的烷氧碳和烷基碳、甲氧基碳均与 TG-T$_{50}$ 不存在显著相关性。这一结果证实了 Han 等（2016）的观点，即土壤有机质的化学结构不能用来评估有机碳的稳定性。这是因为除了受到有机质本身化学结构组成的影响外，有机碳还受到环境因素的影响。其中，土壤微生物被认为是关键因素之一（Sanderman et al.，2016），微生物活性和种群差异直接影响可利用碳的类型。然而，本书的研究中没有涉及微生物的变化特征，这是今后研究需要加强的内容之一。本书的研究更多涉及的是热稳定性，而其也受到较多环境因素的影响：①土壤团聚体是有机碳保持稳定的重要机制，土壤团聚结构直接影响有机碳的矿化或分解（Nie et al.，2018；Mastrolonardo et al.，2015）；②土壤有机无机物相互黏结形成稳定的络合或螯合物，其也是有机碳稳定的重要机制。尤其是本书的研究中涉及的红壤为铁铝系土壤，其中铁铝氧化物与有机质的相互作用是影响碳稳定性的重要机制之一，但是相关作用机理需要进一步理清。

总的来说，土壤有机碳稳定性受到水力侵蚀的强烈影响，尤其是扰动较大的表层土壤。但是，土壤有机碳的稳定性不能通过有机质的化学结构组分进行预测，这是因为其受到土壤环境因素的影响。本书的研究结果支持这样的观点：水力侵蚀作用下的土壤有机碳稳定性不能简单地通过碳本身的性质去分析，而需要从生态系统的角度去分析和探讨。

5.5　结　　论

本章针对水力侵蚀作用后土壤有机碳稳定性存在较大不确定性问题，选择南方红壤作为研究对象，通过对典型侵蚀区域土壤样品的采集和分析，结合室内光谱分析技术、热重–差示量热扫描技术、稳定性同位素技术、热重–质谱分析技术、固态 ^{13}C 核磁共振技术等手段，探讨了水力侵蚀对土壤有机碳及其稳定性的影响，并从短期的有机碳矿化和长期的有机碳稳定角度探讨了水力侵蚀作用下有机碳稳定性机理，主要研究结论如下。

（1）水力侵蚀导致侵蚀区有机碳急剧下降，而沉积区有机碳大量富集；侵蚀区有机碳较沉积区更加稳定，但这种差异仅表现在表层土壤中；土壤有机碳和溶解性有机碳含量是影响有机碳稳定性的最重要的因素。

（2）由于侵蚀过程中的选择性迁移，溶解性有机碳在侵蚀区和沉积区的差异愈加显著；沉积区土壤溶解性有机碳中富集大量分子量小、活性强的物质，而侵蚀区则富集分子量大、芳香化程度更高的惰性物质；溶解性有机碳化学分子组分或属性指数均与有机碳矿化量显著相关；溶解性有机碳能够用来表征土壤有机碳短期矿化特征。

（3）长期水力侵蚀作用下，不同区域土壤有机质化学结构组分存在一定差异，但没有显著规律；有机碳化学结构组成与 TG-T$_{50}$ 没有显著相关性；土壤因子是影响 TG-T$_{50}$ 的重要因素。

综上，水力侵蚀仅显著改变了表层土壤的有机碳稳定性，侵蚀区有机碳更加稳定，而沉积区有机碳活性更高。短期有机碳稳定性特征可以由溶解性有机碳表征，但长期深层有机碳的稳定性需要从土壤生态系统角度加以考虑。

参 考 文 献

金平华, 濮励杰, 王金磊, 等. 2004. [137]Cs 法用于典型流域土壤侵蚀的初步研究——以太湖流域上游西苕溪流域为例. 自然资源学报, 1: 47-54.

李娜, 盛明, 尤孟阳, 等. 2019. 应用 [13]C 核磁共振技术研究土壤有机质化学结构进展. 土壤学报, 56(4): 1-15.

濮励杰, 赵姚阳, 金平华, 等. 2004. [137]Cs 示踪红壤丘陵区坡地土壤侵蚀的研究——以江西丰城市为例. 长江流域资源与环境, 6: 562-567.

Ahn M Y, Zimmerman A R, Comerford N B, et al. 2009. Carbon mineralization and labile organic carbon pools in the sandy soils of a North Florida Watershed. Ecosystems, 12(4): 672-685.

Bailey V L, Smith J L, Bolton H. 2002. Fungal-to-bacterial ratios in soils investigated for enhanced C sequestration. Soil Biology and Biochemistry, 34(7): 997-1007.

Baumann K, Marschner P, Smernik R J, et al. 2009. Residue chemistry and microbial community structure during decomposition of eucalypt, wheat and vetch residues. Soil Biology and Biochemistry, 41(9): 1966-1975.

Birge H E, Conant R T, Follett R F, et al. 2015. Soil respiration is not limited by reductions in microbial biomass during long-term soil incubations. Soil Biology and Biochemistry, 81: 304-310.

Chaopricha N T, Marín-Spiotta E. 2014. Soil burial contributes to deep soil organic carbon storage. Soil Biology and Biochemistry, 69: 251-264.

Chen L, Huang Z, Gong J, et al. 2007. The effect of land cover/vegetation on soil water dynamic in the hilly area of the loess plateau, China. Catena, 70(2): 200-208.

Cory R M, Miller M P, McKnight D M, et al. 2010. Effect of instrument-specific response on the analysis of fulvic acid fluorescence spectra. Limnology and Oceanography-Methods, 8: 67-78.

de Marco A, Spaccini R, Vittozzi P, et al. 2012. Decomposition of black locust and black pine leaf litter in two coeval forest stands on Mount Vesuvius and dynamics of organic components assessed through proximate analysis and NMR spectroscopy. Soil Biology and Biochemistry, 51: 1-15.

Elliott E T. 1986. Aggregate structure and carbon, nitrogen, and phosphorus in native and cultivated soils. Soil Science Society of America Journal, 50(3): 627-633.

Gao J K, Liang C L, Shen G Z, et al. 2017. Spectral characteristics of dissolved organic matter in various agricultural soils throughout China. Chemosphere, 176: 108-116.

Gao W D, Zhou T Z, Ren T S. 2015. Conversion from conventional to no tillage alters thermal stability of organic matter in soil aggregates. Soil Science Society of America Journal, 79(2): 585-594.

Gregorich E G, Gillespie A W, Beare M H, et al. 2015. Evaluating biodegradability of soil organic matter by its thermal stability and chemical composition. Soil Biology and Biochemistry, 91: 182-191.

Guo X J, He X S, Zhang H, et al. 2012. Characterization of dissolved organic matter extracted from fermentation effluent of swine manure slurry using spectroscopic techniques and parallel factor analysis(PARAFAC). Microchemical Journal, 102: 115-122.

Han L, Sun K, Jin J, et al. 2016. Some concepts of soil organic carbon characteristics and mineral interaction from a review of literature. Soil Biology and Biochemistry, 94: 107-121.

He Y T, He X H, Xu M G, et al. 2018. Long-term fertilization increases soil organic carbon and alters its chemical composition in three wheat-maize cropping sites across central and south China. Soil and Tillage Research, 177: 79-87.

Huguet A, Vacher L, Relexans S, et al. 2009. Properties of fluorescent dissolved organic matter in the Gironde Estuary. Organic Geochemistry, 40(6): 706-719.

Kögel-Knabner I J G. 1997. ^{13}C and ^{15}N NMR spectroscopy as a tool in soil organic matter studies. Geoderma, 80(3-4): 243-270.

Li Z, Nie X, Chen X, et al. 2015. The effects of land use and landscape position on labile organic carbon and carbon management index in red soil hilly region, Southern China. Journal of Mountain Science, 12(3): 626-636.

Ma W, Li Z, Ding K, et al. 2016. Soil erosion, organic carbon and nitrogen dynamics in planted forests: a case study in a hilly catchment of Hunan Province, China. Soil and Tillage Research, 155(Supplement C): 69-77.

Martinez-Mena M, Lopez J, Almagro M, et al. 2012. Organic carbon enrichment in sediments: Effects of rainfall characteristics under different land uses in a Mediterranean area. Catena, 94: 36-42.

Mastrolonardo G, Rumpel C, Forte C, et al. 2015. Abundance and composition of free and aggregate-occluded carbohydrates and lignin in two forest soils as affected by wildfires of different severity. Geoderma, 245: 40-51.

McKnight D M, Boyer E W, Westerhoff P K, et al. 2001. Spectrofluorometric characterization of dissolved organic matter for indication of precursor organic material and aromaticity. Limnology and Oceanography, 46(1): 38-48.

Mikutta R, Mikutta C, Kalbitz K, et al. 2007. Biodegradation of forest floor organic matter bound to minerals via different binding mechanisms. Geochimica Et Cosmochimica Acta, 71(10): 2569-2590.

Mu C C, Zhang T J, Zhao Q, et al. 2016. Soil organic carbon stabilization by iron in permafrost regions of the Qinghai-Tibet Plateau. Geophysical Research Letters, 43(19): 10286-10294.

Nie X D, Guo W, Huang B, et al. 2019a. Effects of soil properties, topography and landform on the understory biomass of a pine forest in a subtropical hilly region. Catena, 176: 104-111.

Nie X D, Li Z W, He J, et al. 2015. Enrichment of organic carbon in sediment under field simulated rainfall experiments. Environmental Earth Sciences, 74(6): 5417-5425.

Nie X D, Li Z W, Huang J Q, et al. 2018. Thermal stability of organic carbon in soil aggregates as affected by soil erosion and deposition. Soil and Tillage Research, 175: 82-90.

Nie X D, Li Z W, Huang J Q, et al. 2017. Soil organic carbon fractions and stocks respond to restoration measures in degraded lands by water erosion. Environmental Management, 59(5): 816-825.

Nie X D, Li Z W, Huang J Q, et al. 2014. Soil organic carbon loss and selective transportation under field simulated rainfall events. PloS One, 9(8): e105927.

Nie X D, Yuan Z J, Huang B, et al. 2019b. Effects of water erosion on soil organic carbon stability in the subtropical China. Journal of Soils and Sediments, 19(10): 3564-3575.

Novara A, Keesstra S, Cerdà A, et al. 2016. Understanding the role of soil erosion on co 2-c loss using 13 c isotopic signatures in abandoned Mediterranean agricultural land. Science of the Total Environment, 550: 330-336.

Opara C C. 2009. Soil microaggregates stability under different land use types in southeastern Nigeria. Catena, 79(2): 103-112.

Peltre C, Fernandez J M, Craine J M, et al. 2013. Relationships between biological and thermal indices of soil organic matter stability differ with soil organic carbon level. Soil Science Society of America Journal, 77(6): 2020-2028.

Pisani O, Hills K M, Courtier-Murias D, et al. 2013. Molecular level analysis of long term vegetative shifts and relationships to soil organic matter composition. Organic Geochemistry, 62: 7-16.

Plante A F, Conant R T, Stewart C E, et al. 2006. Impact of soil texture on the distribution of soil organic matter in physical and chemical fractions. Soil Science Society of America Journal, 70(1): 287-296.

Plante A F, Fernandez J M, Haddix M L, et al. 2011. Biological, chemical and thermal indices of soil organic matter stability in four grassland soils. Soil Biology and Biochemistry, 43(5): 1051-1058.

Preston C M, Trofymow J A, Working Group, the Canadian Intersite Decomposition. 2000. Variability in litter quality and its relationship to litter decay in Canadian forests. Canadian Journal of Botany-Revue Canadienne De Botanique, 78(10): 1269-1287.

Rovira P, Kurz-Besson C, Couteaux M M, et al. 2008. Changes in litter properties during decomposition: a study by differential thermogravimetry and scanning calorimetry. Soil Biology and Biochemistry, 40(1): 172-185.

Sanderman J, Baisden W T, Fallon S. 2016. Redefining the inert organic carbon pool. Soil Biology and Biochemistry, 92: 149-152.

Schiettecatte W, Gabriels D, Cornelis W M, et al. 2008a. Enrichment of organic carbon in sediment transport by interrill and rill erosion processes. Soil Science Society of America Journal, 72(1): 50-55.

Schiettecatte W, Gabriels D, Cornelis W M, et al. 2008b. Impact of deposition on the enrichment of organic carbon in eroded sediment. Catena, 72(3): 340-347.

Schmidt M, Knicker H, Hatcher P G, et al. 1997. Improvement of 13C and 15N CPMAS NMR spectra of bulk soils, particle size fractions and organic material by treatment with 10% hydrofluoric acid. European Journal of Soil Science, 48(2): 319-328.

Scott E E, Rothstein D E. 2014. The dynamic exchange of dissolved organic matter percolating through six diverse soils. Soil Biology and Biochemistry, 69: 83-92.

Six J, Bossuyt H, Degryze S, et al. 2004. A history of research on the link between(micro)aggregates, soil biota, and soil organic matter dynamics. Soil and Tillage Research, 79(1): 7-31.

Six J, Conant R T, Paul E A, et al. 2002. Stabilization mechanisms of soil organic matter: implications for C-saturation of soils. Plant and Soil, 241(2): 155-176.

Six J, Frey S D, Thiet R K, et al. 2006. Bacterial and fungal contributions to carbon sequestration in agroecosystems. Soil Science Society of America Journal, 70(2): 555-569.

Six J, Paustian K, Elliott E T, et al. 2000. Soil structure and organic matter: I. distribution of aggregate-size classes and aggregate-associated carbon. Soil Science Society of America Journal, 64(2): 681-689.

Sjögersten S, Caul S, Daniell T, et al. 2016. Organic matter chemistry controls greenhouse gas emissions from permafrost peatlands. Soil Biology and Biochemistry, 98: 42-53.

Soucemarianadin L N, Erhagen B, Nilsson M B, et al. 2017. Two dimensional NMR spectroscopy for molecular characterization of soil organic matter: application to boreal soils and litter. Organic Geochemistry, 113: 184-195.

Stamati F E, Nikolaidis N P, Venieri D, et al. 2011. Dissolved organic nitrogen as an indicator of livestock impacts on soil biochemical quality. Applied Geochemistry, 26: S340-S343.

Sylvia D M, Fuhrmann J J, Hartel P G, et al. 2005. Principles and Applications of Soil Microbiology. 2nd ed. Upper Saddle River, NJ: Pearson Education Inc.

Tian J, McCormack L, Wang J, et al. 2015. Linkages between the soil organic matter fractions and the microbial metabolic functional diversity within a broad-leaved Korean pine forest. European Journal of Soil Biology, 66(Supplement C): 57-64.

Urbanek E, Hallett P, Feeney D, et al. 2007. Water repellency and distribution of hydrophilic and hydrophobic compounds in soil aggregates from different tillage systems. Geoderma, 140(1-2): 147-155.

von Lutzow M, Kogel-Knabner I, Ekschmitt K, et al. 2006. Stabilization of organic matter in temperate soils: mechanisms and their relevance under different soil conditions-a review. European Journal of Soil Science, 57(4): 426-445.

Wang W J, Baldocka J A, Dalala R C, et al. 2004. Decomposition dynamics of plant materials in relation to nitrogen availability and biochemistry determined by NMR and wet-chemical analysis. Soil Biology and Biochemistry, 36(12): 2045-2058.

Wang X, Cammeraat L H, Wang Z, et al. 2013. Stability of organic matter in soils of the Belgian Loess Belt upon erosion and deposition. European Journal of Soil Science, 64(2): 219-228.

Wiaux F, Vanclooster M, Cornelis J T, et al. 2014. Factors controlling soil organic carbon persistence along an eroding hillslope on the loess belt. Soil Biology and Biochemistry, 77(0): 187-196.

Xiao H B, Li Z W, Dong Y T, et al. 2017. Changes in microbial communities and respiration following the revegetation of eroded soil. Agriculture Ecosystems and Environment, 246: 30-37.

Zhao G J, Kondolf G M, Mu X M, et al. 2017. Sediment yield reduction associated with land use changes and check dams in a catchment of the Loess Plateau, China. Catena, 148: 126-137.

Zhou Z G, Cao X Y, Schmidt-Rohr K, et al. 2014. Similarities in chemical composition of soil organic matter across a millennia-old paddy soil chronosequence as revealed by advanced solid-state NMR spectroscopy. Biology and Fertility of Soils, 50(4): 571-581.

第6章　侵蚀区土壤微生物学特征及有机碳的转化机制

6.1　侵蚀区土壤微生物多样性与有机碳转化过程

　　本章研究对象为广东省梅州市五华县华城镇源坑河小流域的一个土壤剖面（24°05′51.9″N，115°37′01.0″E），该小流域地处南亚热带北缘的低山丘陵区，土壤主要为花岗岩风化发育的亚热带性红壤，含沙量较高，pH 为 4.5～6.0，详见第 2 章。通过现场采样和实验室分析，研究了土壤团聚体、土壤有机碳、土壤呼吸速率及土壤微生物群落结构特征及其相关性。

　　土壤样品采集深度为 0～200 cm，每 20 cm 采集一层（0～50 cm 表层土壤每 10 cm 采集一层）（图 6.1）。土壤样品采回后，一部分土壤经自然风干过 100 μm 筛，测定其理化性质和粒径分布；一部分土壤在湿润状态下过 8 mm 筛，自然风干，用于测定土壤团聚体；剩余土壤放于 4℃环境下保存（不可超过 30 天），用于测定土壤呼吸速率。利用 TOC 分析仪（日本岛津 TOC-V CSH）测定可溶性有机碳

图 6.1　源坑河小流域典型土壤剖面采样点的设置示意图

含量；土壤总有机碳采用重铬酸钾氧化外加热法测定；采用 16S rRNA 高通量测序技术检测土壤微生物群落结构组成及多样性。通过 SPSS11.0 统计软件进行方差分析和显著性检验，用皮尔森（Pearson）相关性系数评价土层深度、团聚体含量、土壤呼吸速率和土壤有机碳与溶解性有机碳之间的关系。

6.1.1　剖面不同深度土壤有机碳分布规律

土壤有机碳是大气中 CO_2 重要的潜在碳源或碳汇，其储量多于大气圈和生物圈碳储量之和，其微小变化都可显著引起大气中温室气体浓度的改变（Grace，2004）。关于土壤有机碳的研究主要考虑 30 cm 以上的表层土壤，极少包含更深层土壤有机碳的分布规律（Meersmans et al.，2009）。然而，大量的土壤有机碳可能储存在 30 cm 以下的深层土壤中，20 cm 以内的土层有机碳储量只占 1 m 深总储量的 40%；1 m 深以下的土层有固定 760~1520 Pg 碳的潜力（Baisden and Parfitt，2007）。深层土壤有机碳的化学组成与土壤类型密切相关，受成土过程的影响，与土壤矿物相互作用可使其变得更为稳定，而且由于氧气、养分和能量供应的限制，微生物量与活性随土层深度的增加而降低，深层土壤有机碳更加不易被分解（Fontaine et al.，2007）。

溶解态有机碳（DOC）是含有小分子（如氨基酸、简单有机酸和小分子碳水化合物）和大分子（如各种腐殖物质有机物）的混合物（Kaiser and Kalbitz，2012），其因高度的流动性被认为是生物地球化学循环的关键组成部分，在生态系统内部或生态系统之间的碳循环和分配方面发挥着非常重要的作用，对微生物数量与活性的影响也更为明显（Scott and Rothstein，2014）。影响土壤 DOC 的因素较多，包括凋落物数量、微生物数量、土壤金属离子含量和 pH、耕作管理以及土地利用方式。

图 6.2 为 0~50cm 土层的 DOC 和总有机碳（TOC）含量分布状况，DOC 和 TOC 分布规律相似，其含量都随着土层深度的增加呈现逐渐递减的规律，其中 DOC 从 0~10 cm 的 0.18 g/kg 逐渐降低至 40~50 cm 的 0.10 g/kg。从图 6.3 可以看出，土层深度与 DOC 和 TOC 呈显著负相关关系，这一结果与多数研究得出的规律一致。植物根系的分布直接影响土壤有机质的垂直分布，这是因为大量死根的腐解归还，为土壤提供了丰富的碳源。另外，大量枯枝落叶也是表层土壤有机碳高于深层土壤的重要原因（Jobbagy and Jackson，2002）。因此，表层土壤的有机碳含量比较丰富，过渡层以下植物根系分布明显减少，地表腐殖物质的渗入越来越少，致使深层土壤有机碳含量明显降低。土壤 TOC 含量的多少可以反映土壤中潜在活性养分含量和周转速率，其与土壤养分循环和供应状况密切相关。植物残留物和土壤腐殖物质是土壤 DOC 的主要来源，其含量一般为土壤 TOC 含量的

1%（李忠佩等，2004），这与本章研究的结果一致。尽管 DOC 占土壤有机质的比例很小，但它们提供了微生物可利用碳，提高微生物活性和促进新陈代谢，是土壤 CO_2 产生的重要来源。

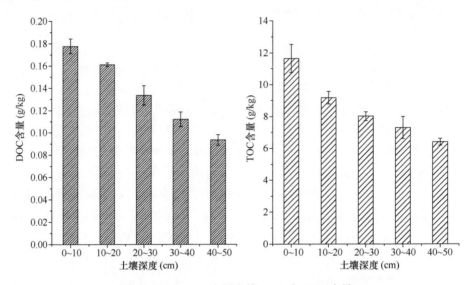

图 6.2　0～50 cm 土层土壤 DOC 和 TOC 含量

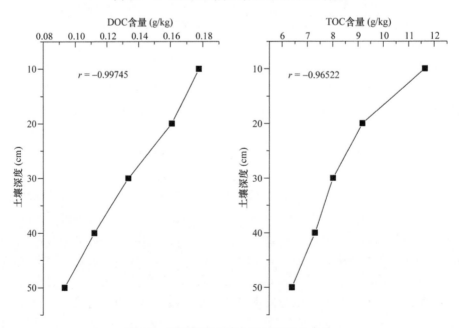

图 6.3　不同深度土壤 DOC 和 TOC 含量

以 20 cm 为一层的土壤剖面 DOC 和 TOC 含量的分布规律如图 6.4 所示。总体来说,其分布规律与表层 0～50 cm 土壤的分布规律类似,都是随着土层深度的增加而呈现显著或轻微的下降趋势。如图 6.5 所示,土壤深度与 DOC 和 TOC 呈显著负相关关系。其中,0～20 cm 土层的 DOC 和 TOC 含量最高,分别为 0.175 g/kg和 10 g/kg,随后的 20～40 cm 土层的 DOC 和 TOC 含量急剧下降,分别为 0.13 g/kg和 7.8 g/kg。值得关注的是,从 100 cm 土层开始,土壤 DOC 和 TOC 含量并不呈现明显下降的趋势,而是渐趋稳定,这一结果与多数研究结果类似。中国科学院地理科学与资源研究所在研究农田、草地、裸地和林地四种土地利用方式对黑土剖面有机碳分布及碳储量的影响时发现(郝翔翔等,2015),不论何种土地利用

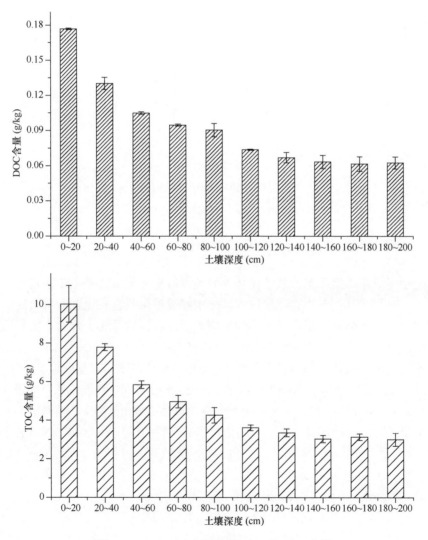

图 6.4 0～200 cm 土层土壤 DOC 和 TOC 含量

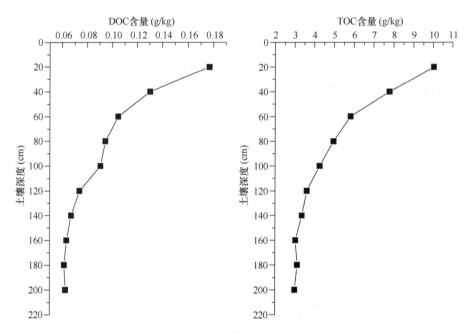

图 6.5　不同深度土壤 DOC 和 TOC 含量

方式，同样以 20 cm 为一层，100～200 cm 土层间的土壤有机碳含量均无明显差异，他们将 100～120 cm 这一层称为 SOC 变异临界层。

6.1.2　剖面不同深度土壤基础呼吸速率特征

　　土壤呼吸是陆地生态系统碳循环中的关键过程，土壤呼吸主要是在微生物的参与下，有机质分解的生物化学过程。土壤呼吸速率能反映土壤有机碳的分解程度、土壤养分的供应状况以及土壤微生物的活性，因此可用于判断土壤有机残体的分解速度和强度，是评价土壤生物活性的总指标。

　　土壤基础呼吸速率的测试方法如下：称取新鲜土样 20 g，然后装于培养瓶中，用去离子水将土壤调节至 60%田间持水量，25℃培养 17d。培养瓶密封后用气密性注射器分别于培养 0 h 和 24 h 时抽取培养瓶内气体 200 μL，两者之差即培养 1 天的气体通量。气体通过带有氢离子火焰检测器的气相色谱仪器（GC7900）进行分析（进样口温度 120℃，柱温 80℃，FID 检测器 350℃）。培养瓶每密封培养 24 h 后，充气泵充气 1 min，用新鲜空气替换培养瓶中产生的气体，再密封培养。CO_2 通量 $[F, \mu mol/(g \cdot h)]$ 的计算（Rolston，1986）见式（6.1）：

$$F = (\Delta c/\Delta t) \times (V/V_m) \times [273/(273+T)]/m \tag{6.1}$$

式中，Δc 为 $t_1 = 0$、$t_2 = 24$ h 时的气体浓度之差；Δt 为 $t_2 - t_1$（24 h）；V 为培养瓶中土面以上体积；V_m 为 25℃下标准气体摩尔体积（22.4 L/mol）；T 为采样时的温度

（25℃）；m 为每个处理的土壤干重。

如图 6.6 所示，总体来说，表层土壤（0～50 cm）的基础呼吸速率随着土层深度的增加而显著降低。随着土壤深度的增加，最大土壤基础呼吸速率从 0.065 μmol/(g·h)（0～10 cm）降低至 0.05 μmol/(g·h)（40～50 cm）。5 个土层的土壤基础呼吸速率最高值出现在培养的第 2～第 3 天。其中，0～10 cm 土层的土壤基础呼吸速率在培养期内一直最高，10～20 cm 与 20～30 cm 土层的土壤基础呼吸速率最为接近，显著低于 0～10 cm 土层。40～50 cm 土层的土壤基础呼吸速率的最大值与 30～40 cm 土层比较接近，但总体仍低于 30～40 cm 土层。这些结果说明土壤基础呼吸速率受土壤深度影响较大，且二者相关性极为密切。随着培养时间的增加，土壤中易降解有机质逐渐消耗，导致培养末期（培养第 11～第 12 天）所有土层的土壤基础呼吸速率都低于 0.01 μmol/(g·h)。

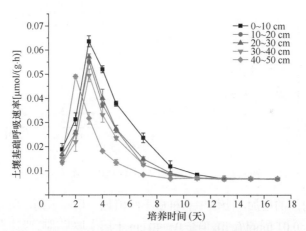

图 6.6　0～50 cm 不同土层土壤基础呼吸速率

图 6.7 是以 20 cm 分层的不同深度土壤的基础呼吸速率。与图 6.6 结果类似，在 0～60 cm，土壤基础呼吸速率随土层深度的增加而降低［图 6.7（a）］。最大土壤基础呼吸速率出现在 0～20 cm，约 0.062 μmol/(g·h)。这说明土壤表层的可利用有机碳较多，微生物活性高于深层土壤，因此表层土壤基础呼吸速率高于深层土壤基础呼吸速率。但与图 6.6 所示规律不同的是，从深度 60 cm 开始，土壤基础呼吸速率随土壤深度的增加并不呈现显著下降趋势，其变化范围为 0.038～0.042 μmol/(g·h)［图 6.7（b）］。该结果与多数研究结果一致，即随着土壤深度的增加，土壤基础呼吸速率降低，但达到一定深度时，土壤基础呼吸速率并不会随着土壤深度的增加而继续呈现下降趋势，原因在于深层土壤的有机质一般都具有较高的生化稳定性，而且深层土壤的微生物数量相对于表层土壤来说也急剧减少、活性降低（Fontaine et al.，2007；Lorenz and Lal，2005），因此土壤基础呼吸速率

在土壤深度达到 60 cm 后并不会随着土壤深度的增加而呈现显著降低的趋势。

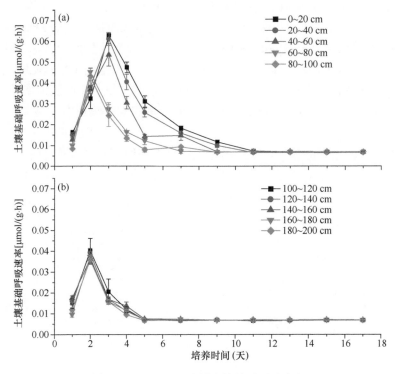

图 6.7   0～200 cm 土层土壤基础呼吸速率

随着培养时间的增加，土壤中有机质不断消耗。培养末期，所有土层土壤基础呼吸速率都低于 0.01 μmol/(g·h)。但是 0～40 cm 土层土壤基础呼吸速率在培养第 11～第 12 天才降至最低，而 40～100 cm 土层土壤基础呼吸速率在培养第 8～第 9 天降至最低值，100～200 cm 土层土壤基础呼吸速率则在培养第 5～第 6 天就已经趋于平稳。这一现象也从侧面说明了表层土壤可供微生物呼吸利用的有机质比深层土壤丰富，因此表层土壤的基础呼吸速率下降至最低值需要的时间比深层土壤长。

6.1.3   剖面不同深度土壤团聚体分布规律

土壤团聚体是土壤的重要组成部分，土壤团聚体影响着土壤的孔隙性、持水性、通透性和抗蚀性。土壤团聚体的水稳定性与土壤可蚀性密切相关，研究人员认为土壤团聚体结构的破坏是土壤侵蚀的第一阶段，因此土壤水稳定性团聚体含量被认为是评价土壤可蚀性的最佳指标，提高土壤团聚体的水稳定性以及水稳定性团聚体的数量和质量也被认为是提高土壤抗侵蚀能力的有效方法。土壤水稳定性团聚体的含量与土壤可蚀性呈显著负相关关系。土壤水稳定性团聚体含量特别是>0.25 mm 团聚体含量是反映土壤抗蚀性的最佳指标之一。

　　土壤团聚体的分离使用快速湿筛法。土样过 8 mm 筛后，自然风干。4 种不同粒径的分析筛用于团聚体分离：①>2 mm（超大团聚体）；②0.25～2 mm（大团聚体）；③0.053～0.25 mm（微团聚体）；④<0.053 mm（土壤基本颗粒）。上述 4 个分析筛按照孔径由大到小依次叠放，称取 50 g 土样置于最上层分析筛，然后将它们浸泡于水中 5min 后，2min 内上下震荡分析筛 50 次，每次振荡高度差为 2～3 cm，且土样不得超出水面。团聚体分离完成后，滞留于每层分析筛上的土样置于 105℃烘箱中直至烘干，然后称重。因为有机黏结剂对土壤砂粒的作用非常小，所以土壤砂粒不参与土壤团聚体的形成与稳定。因此，分离出来并烘干后的土壤团聚体（>0.053 mm）经六偏磷酸钠分散后，过 0.053 mm 分析筛除去砂粒，烘干后减去砂粒质量。土壤各粒径团聚体含量 A_{S_i} 的计算公式为

$$A_{S_i} = (A_i - S_i) / \left\{ [M/(1+w)] - \sum_{i=1}^{3} S_i \right\} \quad i = 1, 2, 3 \qquad (6.2)$$

式中，i 为第 i 级粒径，$i = 1, 2, 3$ 分别代表超大团聚体、大团聚体和微团聚体三种粒径团聚体；A_i 为第 i 级粒径烘干后的团聚体质量（g）；S_i 为第 i 级粒径烘干后的砂粒质量（g）；M 为所用土样的干重；w 为重量含水率。

　　良好的土壤结构往往依赖于直径大于 0.25 mm 甚至是大于 2 mm 的水稳定性团聚体（Jastrow et al.，1996）。如图 6.8 所示，土壤深度对不同粒径土壤团聚体的分布产生较大的影响。总体来说，土壤中超大团聚体（粒径>2 mm）含量都较少，0～10 cm 土层的超大团聚体含量最大，约为 100 g/kg。与土壤基础呼吸速率规律相似，随着土壤深度的增加，土壤中大于 2 mm 的超大团聚体和 0.25～2 mm 的

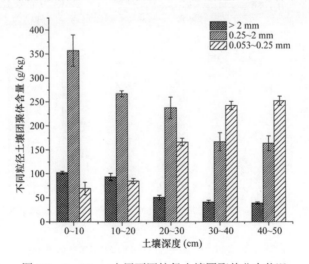

图 6.8　0～50 cm 土层不同粒径土壤团聚体分布状况

大团聚体含量显著减少，特别是 0.25～2 mm 的大团聚体受土壤深度的影响更大。其中，0～10 cm 和 10～20 cm 土层的超大团聚体含量接近，但 0～10 cm 土层的大团聚体含量（350 g/kg）明显高于 10～20 cm 土层的大团聚体含量（约 270 g/kg）。30～40 cm 和 40～50 cm 的超大团聚体含量与大团聚体含量都十分接近，这一规律与土壤基础呼吸速率类似，即 30～40 cm 和 40～50 cm 两层土壤基础呼吸速率规律和大团聚体的分布规律都接近。

图 6.9 为 0～200 cm 不同土壤深度的各粒径团聚体含量。与图 6.8 所示规律相似的是，超大团聚体只出现在表层土壤，深层土壤并没有形成超大团聚体。其中，0～20 cm 土层的超大团聚体含量最多，约为 150 g/kg，20～40 cm 与 40～60 cm 土层的超大团聚体含量略低，约为 50 g/kg 和 45 g/kg，从 60 cm 开始的深层土壤则没有分离出超大团聚体。但与图 6.8 不同的是，从 100 cm 往深层土壤，大团聚体含量并没有随着土壤深度的增加呈现递减趋势，含量在 100±20 g/kg 浮动。这一规律与 0～200 cm 不同土层的土壤基础呼吸速率极为相似。

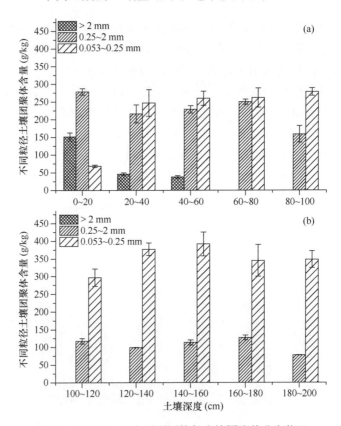

图 6.9　0～200 cm 土层不同粒径土壤团聚体分布状况

6.1.4　土壤有机碳、土壤呼吸速率和土壤团聚体之间的相关性分析

根据以上实验数据，我们对典型侵蚀区土壤剖面的土壤有机碳、土壤呼吸速率和土壤团聚体进行相关性分析。表 6.1 是土壤剖面 0～50 cm 土壤有机碳、土壤呼吸速率和土壤团聚体之间的相关性分析结果，表 6.2 是土壤剖面 0～200 cm 土壤有机碳、土壤呼吸速率和土壤团聚体之间的相关性分析结果，两者具有相同的规律，具体分析如下。

表 6.1　0～50 cm 土层土壤有机碳、土壤呼吸速率和土壤团聚体之间的相关性分析

	土层深度	TOC	大团聚体含量	呼吸速率	DOC
土层深度	1	−0.96**	−0.97**	−0.91*	−0.99**
TOC	−0.96**	1	0.98**	0.94*	0.95*
大团聚体含量	−0.97**	0.98**	1	0.91*	0.97**
呼吸速率	−0.91*	0.94*	0.91*	1	0.88*
DOC	−0.99**	0.95*	0.97**	0.88*	1

*表示在 $P=0.05$ 水平显著相关；**表示在 $P=0.01$ 水平显著相关

表 6.2　0～200 cm 土层土壤有机碳、土壤呼吸速率和土壤团聚体之间的相关性分析

	土层深度	TOC	大团聚体含量	呼吸速率	DOC
土层深度	1	−0.89**	−0.89**	−0.89**	−0.89**
TOC	−0.89**	1	0.95**	0.97**	0.99**
大团聚体含量	−0.89**	0.95**	1	0.91**	0.95**
呼吸速率	−0.89**	0.97**	0.91**	1	0.95**
DOC	−0.89**	0.99**	0.95**	0.95**	1

*表示在 $P=0.05$ 水平显著相关；**表示在 $P=0.01$ 水平显著相关

（1）DOC 和 TOC 含量与土壤基础呼吸速率呈显著正相关：0～50 cm 土层的土壤呼吸速率与 TOC 的相关性达到 0.94，与 DOC 的相关性达到 0.88；0～200 cm 土层的土壤呼吸速率与 TOC 的相关性达到 0.97，与 DOC 的相关性达到 0.95，都具有显著相关性。早期研究表明，影响土壤基础呼吸速率的关键因子在于有机碳可分解的难易程度和微生物的活性（Six et al.，2004）。而土壤有机碳的稳定性对微生物活动也有着决定性的作用，一般来说，土壤中可利用有机碳含量越高，则微生物活性越高，反之亦然（Fontaine et al.，2007）。因此，土壤呼吸速率最终归结于土壤有机碳降解的难易程度。土壤有机碳的稳定性主要包括生化稳定性、物理化学稳定性和物理稳定性（Six et al.，2004）。生化稳定性指的是有机质降解后形成的木质素等难降解的大分子物质，活跃的土壤表层有机碳的生化稳定性一般比深层土壤有机碳的生化稳定性低（Fontaine et al.，2007），这就使土壤表层的微生物活性高于土壤深层，从

而导致表层土壤呼吸速率大于深层土壤呼吸速率。这一点与本章的研究结果一致。

（2）DOC 和 TOC 含量与土壤大团聚体含量呈显著正相关：0～50 cm 土层的大团聚体含量与 TOC 的相关性达到 0.98，与 DOC 的相关性达到 0.97；0～200 cm 土层的大团聚体含量与 TOC 的相关性达到 0.95，与 DOC 的相关性达到 0.95，都呈极显著相关。土壤团聚体的形成和稳定大多受到土壤有机碳种类与数量的影响（Six et al.，2004），本章的研究结果说明侵蚀区土壤有机碳是影响土壤团聚体形成和稳定的主要胶结物质，增加有机质有利于土壤水稳定性团聚体含量的增加。

（3）土壤呼吸速率与大团聚体含量呈显著正相关：0～50 cm 土层的土壤基础呼吸速率与大团聚体的相关性达到 0.91；0～200 cm 土层的土壤基础呼吸速率与大团聚体的相关性也达到 0.91，呈极显著相关。土壤团聚体的形成和稳定受到多种因素的共同影响，如土壤粒径组成、有机质种类和数量、微生物活性等（Lynch and Bragg，1985）。以往研究表明，在土壤团聚体形成过程中，微生物在其中起着极为关键的作用，是影响团聚体形成的重要因素之一（Fontaine et al.，2007）。土壤基础呼吸速率能反映土壤微生物数量与活性，土壤基础呼吸速率越高说明微生物数量与活性越高，可能产生更多的微生物黏结剂影响土壤团聚体的形成与稳定，因此土壤基础呼吸速率与土壤团聚体的分布呈显著正相关。

6.1.5　剖面不同深度土壤微生物群落结构特征

近年来，很多学者研究了微生物黏结剂（如真菌菌丝和微生物胞外多糖等）在土壤团聚体形成过程中的作用。在不同的研究中，微生物黏结剂在团聚体化过程中起到不同作用。Abiven 等（2007）研究发现，微生物胞外多糖的变化与团聚体的稳定性具有较好的相关性，而 Bossuyt 等（2001）在研究中却发现，真菌在土壤大团聚体形成过程中起到至关重要的作用。哪种微生物黏结剂在团聚体形成过程中起到更重要的作用，取决于土壤的性质、物理结构、外界环境对土壤的刺激等，而这些因素势必会影响土壤微生物的新陈代谢活动及其群落组成。

为考察土壤剖面微生物群落结构变化，采用 Mobio 试剂盒提取土壤 DNA 后，扩增 16S rRNA V4 区，通过 Illumina Miseq 高通量测序平台对扩增子建库测序，测序所得原始数据通过自制脚本进行质量控制，用 Mothur 软件进行序列拼接，得到完整的 16S rRNA V4 区序列。将完整序列按 97%相似性挑选 OTU，一个 OTU 代表一个物种，并对每个 OTU 的代表序列进行比对和物种分类。根据 OTU 和系统发育树计算样品微生物群落结构两两距离矩阵，然后进行主坐标分析（PCoA）。从图 6.10 可以看出，0～20 cm 和 20～40 cm 两个土层的微生物群落与其他深层土壤的没有聚集在一起，而是明显分散在 PC1 和 PC2 轴两端，即 0～20cm 和 20～40 cm 的微生物群落结构相近，深层土壤的微生物群落结构组成类似，但 0～20

和 20～40 cm 与深层土壤的微生物群落结构差异较大。这说明土层深度对微生物群落结构构成的影响较明显。

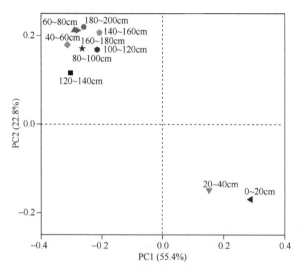

图 6.10　土壤剖面不同深度微生物群落主坐标分析

图 6.11 为土壤剖面不同深度微生物群落在门水平上的相对丰度。从图 6.11 中可以看出，构成土壤剖面的主要微生物群落分别是变形菌门（Proteobacteria，22%～73%）、绿弯菌门（Chloroflexi，5%～27%）、酸杆菌门（Acidobacteria，3%～12%）、放线菌门（Actinobacteria，3%～10%）、厚壁菌门（Firmicutes，1%～7%）和浮霉菌门（Planctomycetes，1%～7%）。这一结果与大部分考察土壤剖面微生物群落变化的研究结果一致。袁超磊等（2013）通过焦磷酸测序法研究红壤剖面微生物群

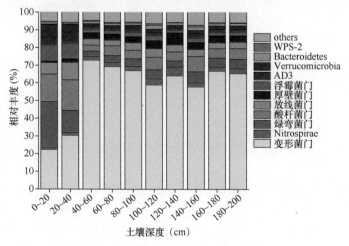

图 6.11　土壤剖面不同深度微生物群落在门水平上的相对丰度

落组成时发现，变形菌门、酸杆菌门、绿弯菌门、厚壁菌门和放线菌门是构成土壤微生物群落的重要成员。通过比较不同土层深度的微生物群落结构，我们发现随着土壤剖面深度的增加，厚壁菌门的相对丰度增加，变形菌门的相对丰度增加更为明显，成为深层（60～200 cm）土壤的绝对优势类群。其他研究也发现，厚壁菌门与变形菌门在深层土壤中的相对丰度明显高于表层土壤（李晨华等，2014；Hansel et al.，2008；Douterelo et al.，2010）。随着土壤剖面深度的增加，相对丰度逐渐减少的微生物群落主要有酸杆菌门、绿弯菌门和浮霉菌门。

已有研究表明，在微生物分类学门的水平上，pH、有机质组成与土壤类型等都显著影响着土壤微生物的主要类群（Six et al.，2004）。本章的研究中，由于土壤表层与深层环境的不同，不同深度土壤的微生物群落也有显著差异。在整个土壤剖面中，TOC/DOC 含量与较高丰度的 γ-变形菌门的微生物类群具有较高的相关性（相关系数达到–0.66）。大量研究表明，土壤碳氮的生物有效性对微生物群落多样性尤为重要（Fierer et al.，2003；Fierer and Jackson，2006）。李晨华等（2014）的研究结果也表明，土壤有机质含量是表层与深层土壤微生物群落结构组成重要的影响因子。

香农（Shannon）指数是研究群落物种数及其个体数和分布均匀程度的综合指标，是目前应用最为广泛的群落多样性指数之一（Bronwyn et al.，1997）。我们采用该指数来研究土壤微生物群落功能多样性，其结果见表 6.3，表层土壤（0～20 cm 和 20～40 cm）的微生物群落的 Shannon 指数最高。

表 6.3   侵蚀土壤微生物群落功能多样性

样本 ID	Chao1	PD_whole_tree	Shannon	Simpson
X20	2477	90	7.92	0.99
X40	2159	94	8.26	0.99
X60	1616	80	6.47	0.93
X80	1886	85	7.19	0.97
X100	1614	83	6.90	0.95
X120	2029	92	7.63	0.97
X140	1846	83	7.09	0.97
X160	2071	86	7.50	0.97
X180	1831	80	6.98	0.95
X200	1945	87	7.20	0.96

6.2   小流域尺度植被恢复条件下土壤有机碳和生物化学特征

该试验的研究对象为广东省梅州市五华县华城镇源坑河小流域内的土壤表层土样，采样点的分布如图 6.12 所示，具体描述见表 6.4。该小流域地处南亚热带北缘的低山丘陵区，土壤主要为花岗岩风化发育的亚热带性红壤，含沙量较高，pH 为 4.5～6.0。通过现场采样和实验室分析，研究了土壤基本理化性质（土壤碳、氮、磷、铁、镁、钙）、土壤团聚体、土壤基础呼吸速率以及土壤微生物群落结构，并进行了相关性分析。

样品处理及分析方法与 6.1 节相同。

图 6.12　采样点分布图

表 6.4　源坑河小流域土壤样品的具体说明

样品	经度（°E）	纬度（°N）	采样地点	说明	采样时间	天气
1 号	115.618	24.098	示范区出口旁支流集水区右岸距集水区出口 50 m	松树+芒箕	2017.04.20	中雨过后
2 号			示范区围墙外干流出口右岸	松树+芒箕	2017.04.20	中雨
3 号			采石场集水区支流（拦沙坝支流）	弃耕地现为草地	2017.04.20	中雨过后
4 号	115.625	24.089	径流小区往上第一个集水区出口约 30 m 右岸	松树+芒箕	2017.04.20	中雨
5 号	115.624	24.091	径流小区往上第二个集水区出口约 50 m 左岸	松树+芒箕沙土多	2017.04.20	中雨
6 号	115.624	24.084	废弃水库大坝内部	沉积样品	2017.04.20	中雨
7 号	115.625	24.082	居民点附近水稻田	稻田刚插秧	2017.04.20	中雨过后

表 6.5 总结了土壤样品的基本理化性质，总的来说，土壤总有机碳含量在流域内没有明显的规律，这可能与采集土壤的植被有关。其中，7 号土壤为水稻土，在人为施肥活动影响下，其总有机碳含量达到 2.1%，是 7 份土样的最高值。同样地，7 号水稻土的全氮也是土样中含量最高的。

表 6.5   源坑河小流域土壤的基本理化性质

样品	pH	总有机碳（%）	全氮（%）	全磷（%）	铁（%）	钙（%）	镁（%）	NO₃⁻（mg/kg）	SO₄²⁻（mg/kg）
1 号	5.16	0.67	0.032	0.01	1.72	0.12	0.0354	0.571	3.99
2 号	4.71	1.87	0.11	0.012	1.68	0.0911	0.0377	5.13	60.7
3 号	4.81	0.662	0.045	0.0066	1.72	0.144	0.0454	—	13.6
4 号	4.4	1.51	0.069	0.012	1.54	0.0488	0.0821	1.41	21.7
5 号	4.38	0.781	0.029	0.0063	1.3	0.0912	0.0478	1.3	9.83
6 号	5.25	0.365	0.011	0.0087	1.69	0.0432	0.0507	13.2	1.47
7 号	5.24	2.1	0.16	0.068	1.71	0.25	0.0729	1.48	101

为更全面地评价植被恢复后土壤养分演变状况，该试验称取新鲜土样 20 g 装于培养瓶中，用去离子水将土壤调节至 60%田间持水量，25℃培养 18 天，测定土壤基础呼吸速率，测定方法同 6.1.2 节。

如图 6.13 所示，7 份土样的基础呼吸速率都出现在培养第 2 或第 3 天，但不同土壤样品的基础呼吸速率不同。其中，总有机碳含量最高的 7 号水稻土的基础呼吸速率最大，在培养第 2 天达到最高值，为 0.19 μmol/(g·h)。基础呼吸速率较小的 3 份土样分别为 1 号、5 号和 6 号。2 号和 4 号土样的基础呼吸速率约为 0.12 μmol/(g·h)；3 号土样的基础呼吸速率约为 0.10 μmol/(g·h)。随着培养时间的增加，土壤中可利用有机碳成分降低，土壤呼吸速率减缓，培养 18 天后，大部

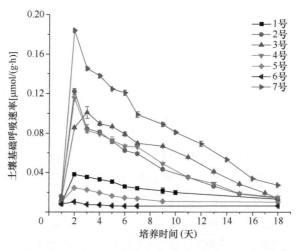

图 6.13   源坑河小流域不同土壤样品的基础呼吸速率

分土壤的基础呼吸速率都低于 0.02 μmol/(g·h)。

为进一步解释土壤呼吸速率的变化规律,对土壤呼吸速率和其他土壤理化性质进行相关分析。由表 6.6 可知,不同土壤样品的呼吸速率与土壤总有机碳和全氮呈显著正相关,相关系数分别为 0.89 和 0.93;而与土壤 C∶N 呈显著负相关,相关系数为–0.85。微生物活性是土壤 CO_2 产生的最重要的动力,而影响微生物活性的关键因素是土壤总有机碳的可利用程度。决定土壤总有机碳可利用程度的因素有很多,其中土壤总有机碳含量是基础。研究表明,土壤总有机碳含量与土壤可利用有机碳往往呈正相关性。因此,当土壤中总有机碳含量较高时,可被微生物利用分解的有机碳含量必然不低。此外,土壤总有机碳的可利用程度受土壤氮含量的影响。当土壤氮含量较低时,氮元素成为微生物活性的制约因子,影响微生物对土壤总有机碳的利用效率。因此,土壤中氮含量较高时,有利于微生物对土壤总有机碳的利用。综上所述,与前人研究相似,源坑河小流域内不同土壤样品的呼吸速率受土壤总有机碳和全氮含量的影响显著。

表 6.6 源坑河小流域不同土壤样品理化性质间的相关性

	总有机碳	C∶N	呼吸速率	全氮
总有机碳	1.00	–0.65	0.89[*]	0.95[**]
C∶N	–0.65	1.00	–0.85[*]	–0.74
呼吸速率	0.89[*]	–0.85[*]	1.00	0.93[**]
全氮	0.95[**]	–0.74	0.93[**]	1.00

[*]表示在 P=0.05 水平显著相关;[**]表示在 P=0.01 水平显著相关。

利用快速湿筛法分析该流域内不同土壤样品的水稳性团聚体分布状况,分析方法与 6.1.3 节相同。如图 6.14 所示,不同采样地点的土壤水稳性团聚体分布状况显著不同。其中,4 号土样的水稳性大团聚体(包括超大团聚体和大团聚体,下同)含量最高,约为 28%,其后依次为 2 号(17%),5 号(15%),7 号、1 号和 3 号(10%)。

为进一步解释土壤水稳性团聚体分布状况,对水稳性团聚体和其他土壤理化性质进行相关性分析。当相关性分析包含了 7 号水稻土时,水稳性团聚体这一变量与其他土壤理化性质的相关性并不显著(数据未显示)。然而,在相关性分析中剔除 7 号水稻土之后,我们发现水稳性团聚体与土壤总有机碳、呼吸速率和全氮含量都呈现出显著正相关性(表 6.7),相关系数分别为 0.92、0.73 和 0.91。上述结果表明:①水稻土特殊的淹水环境极有可能不利于土壤水稳性大团聚体的形成,因此水稻土的水稳性大团聚体分布较少且与总有机碳和呼吸速率等并不呈现相关性;②土壤水稳性团聚体受土壤总有机碳和呼吸速率及全氮的影响较大,土壤总有机碳和微生物活性是影响土壤水稳性团聚体形成过程的重要因素。此外,该

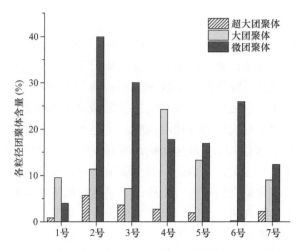

图 6.14　源坑河小流域不同土壤水稳性团聚体分布

研究区域内的全氮含量与土壤水稳性团聚体的相关性也很显著。已有研究表明，土壤氮含量影响微生物对土壤有机碳的利用，进而影响微生物活性。微生物活性较高时，细菌分泌的多糖和真菌产生的菌丝都对土壤水稳性团聚体的形成有积极影响。因此，土壤全氮影响微生物活性，进而促进土壤水稳性团聚体的形成。

表 6.7　源坑河小流域不同土壤样品（7号除外）生物化学性质间的相关性

	团聚体	总有机碳	C∶N	呼吸速率	全氮
团聚体	1.00	0.92*	−0.62	0.73*	0.91*
总有机碳	0.92*	1.00	−0.5	0.8*	0.87*
C∶N	−0.62	−0.50	1.00	−0.8*	−0.66
呼吸速率	0.73*	0.8*	−0.8*	1.00	0.87*
全氮	0.91*	0.95**	−0.66	0.87*	1.00

*表示在 P=0.05 水平显著相关；**表示在 P=0.01 水平显著相关。

　　由图 6.15 可知，不同粒径团聚体有机碳含量随着团聚体粒径的减小而降低，这一规律适用于整个流域内 7 份不同的土壤样品。土壤呼吸速率与超大团聚体和大团聚体有机碳含量呈显著正相关，相关系数分别达到 0.83 和 0.85（P<0.05），说明土壤大团聚体含有更多的能被微生物分解利用的有机碳。Six 等（2004）在研究团聚体形成过程中指出，微生物或植物根系利用自身分泌的黏结剂，以新鲜小颗粒有机物为中心，黏结成缠绕土壤颗粒，形成大团聚体，继而微生物在大团聚体内部继续分解有机质，并形成微团聚体。这一过程的描述印证了上述研究结果，即大团聚体有机碳含量高于微团聚体，且大团聚体内的有机碳比微团聚体更易氧化利用。

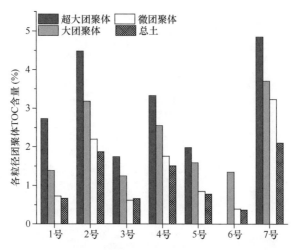

图 6.15　源坑河小流域不同土壤样品各粒径团聚体有机碳含量

利用 Illumina Miseq 高通量测序技术分析了源坑河小流域内不同土壤的微生物群落结构和物种组成。结果表明，土壤样品中的优势菌门为变形菌门（Proteobacteria）、酸杆菌门（Acidobacteria）、放线菌门（Actinobacteria）、拟杆菌门（Bacteroidetes）、绿弯菌门（Chloroflexi）、浮霉菌门（Planctomycetes）和疣微菌门（Verrucomicrobia）（图 6.16），主要的优势菌纲为酸杆菌纲（Acidobacteria）、α-变形菌纲（α-Proteobacteria）、β-变形菌纲（β-Proteobacteria）、δ-变形菌纲（δ-Proteobacteria）、γ-变形菌纲（γ-Proteobacteria）和浮霉菌纲（Planctomycetacia）（图 6.17）。

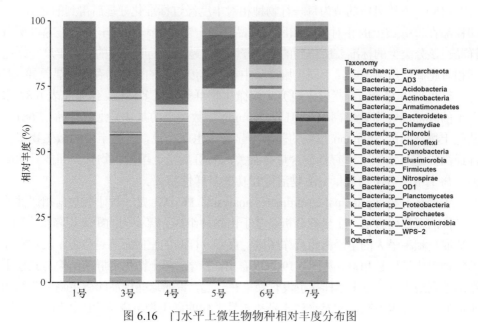

图 6.16　门水平上微生物物种相对丰度分布图

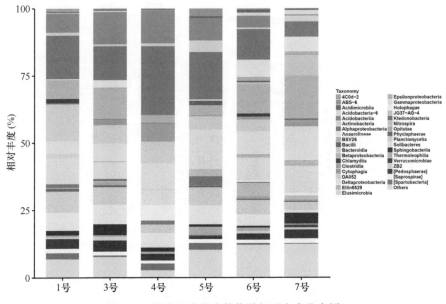

图 6.17　纲水平上微生物物种相对丰度分布图

Heatmap 用于表示一个或多个组的样品在某一分类水平（门、纲、目、科、属、种、OTU）上的群落组成和相对丰度。相对丰度用颜色深浅来表征，并可根据相对丰度和组成进行聚类。根据所有样品在属水平的物种注释及相对丰度信息，我们选取了相对丰度较高的 30 个物种及其在每个样品中的相对丰度信息绘制热图（图 6.18）。方块对应的值为每一行物种相对丰度经过标准化处理后得到的 Z 分数，即样品在该分类上的相对丰度和所有样品在该分类的平均相对丰度的差除以所有样品在该分类上的标准差所得到的值；方块颜色越红，说明该属的相对丰度在样品间相对越高。结果表明，不同土壤样品中相对丰度最高的微生物存在明显差异。

这里采用 Shannon 指数来研究土壤微生物群落功能多样性，结果见表 6.8，水稻土的 Shannon 指数最高（10.101），Shannon 指数最小的是 4 号土壤样品（7.681），其他土壤样品的 Shannon 指数的差异不显著。也就是说，水稻土中的微生物多样性最高，这与水稻土中有机质含量高有关，有机质是土壤微生物营养和能量的来源，与土壤中微生物数量、生物活性和功能多样性相关。

主坐标分析（principal co-ordinates analysis，PCoA）是一种研究数据相似性或差异性的可视化方法，主坐标分析是基于由物种组成计算得到的距离矩阵得出的，并选取贡献率最大的主坐标组合作图进行展示。样品的空间距离越接近，表示样品的物种组成结构越相似。从图 6.19 可以看出，7 号水稻土微生物群落结构与其他土壤的差别最大，其他土壤样品也没有聚集在一起，说明这些样品的微生物群落结构组成的相似度也不高，相对来说 4 号和 5 号土样的微生物组成结构比较相似。

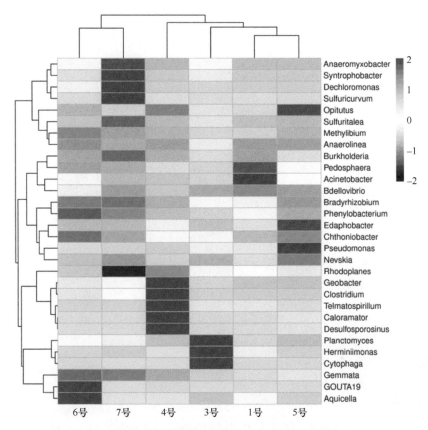

图 6.18　属水平微生物物种相对丰度聚类热图

表 6.8　微生物多样性指数统计

样品	PD_whole_tree	Chao1	dominance	Observed_species	Shannon	Simpson
1 号	161	2940.403	0.005	2625	9.317	0.995
3 号	184	3590.699	0.007	3102	9.215	0.993
4 号	121	2469.701	0.018	1943	7.681	0.982
5 号	83	1616.287	0.007	1057	8.396	0.993
6 号	136	2133.06	0.003	1743	9.608	0.997
7 号	269	4424.4990	0.003	4093	10.101	0.997

通过计算环境因子与微生物物种间的 Spearman 相关系数，可以得到两两之间的相关性和显著性 P 值，我们采用热图的方式展示结果（图 6.20），图中红色代表负相关，蓝色代表正相关，颜色越深代表相关性越高，P 值为相关性检验结果，图中的*表示 $P<0.05$，**表示 $P<0.01$。该分析可以挑选出与某种环境因子显著相关的物种，结果显示，土壤中常见的铁还原菌和硫酸还原菌与土壤总有机碳、

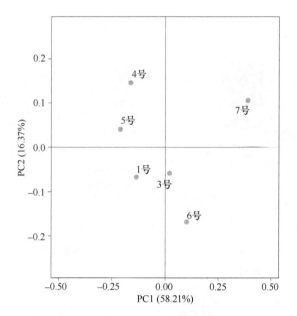

图 6.19　源坑河小流域土壤样品微生物群落主坐标分析

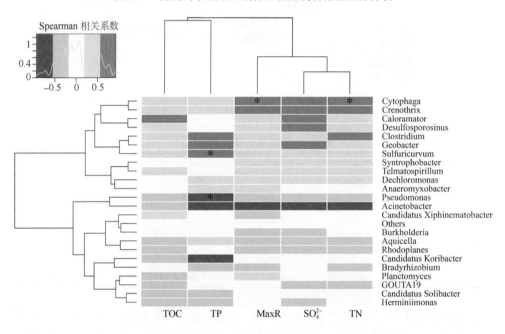

图 6.20　微生物物种与土壤性质之间的相关性热图

TOC：土壤总有机碳；TP：土壤总磷；MaxR：土壤最大呼吸速率；SO_4^{2-}：硫酸根离子；TN：土壤总氮

总磷、总氮呈现正相关关系，而土壤中常见的假单胞菌和不动杆菌则和土壤总有机碳、总磷、总氮呈现负相关关系。

6.3 坡面尺度植被恢复条件下土壤有机碳和生物化学特征

将基于植被重建的生态恢复作为治理侵蚀红壤的主要技术途径在南方地区广泛推行。在植被恢复过程中，土壤结构和功能的改变可以通过团聚体的水稳性反映，土壤团聚体的水稳性可作为评价土壤可侵蚀性的重要指标，通过提高土壤团聚体的水稳性以及水稳性团聚体的数量和质量来提高土壤抗侵蚀能力。本节内容是通过对南方典型侵蚀红壤不同植被恢复下土壤水稳性团聚体分布特征以及土壤有机碳的分析，进一步认识土壤侵蚀对土壤有机碳稳定性的影响，以期为南方红壤侵蚀区植被恢复和防止土壤侵蚀提供理论依据。

研究区域位于广东省梅州市五华县，研究对象为裸地及种植木荷、桉树、松树的土壤，选取三个不同坡度的表层土壤采集，以上、中、下标记（坡上、坡中和坡下）。土样采回后，一部分土壤经自然风干过 100 μm 筛，然后测定其理化性质；一部分土壤在自然湿润状态下过 8 mm 筛，风干，用于测定土壤水稳性团聚体；剩余土壤在 4℃环境下保存（不可超过 30 天），用于测定土壤基础呼吸速率。运用 SPSS11.0 统计软件进行方差分析和显著性检验（$P<0.05$），用 Pearson 相关性系数评价水稳性团聚体含量、土壤呼吸速率和土壤有机碳/氮等理化性质间的关系。

表 6.9 为不同植被恢复模式下土壤样品的基本理化性质。总的来说，经过植被恢复的土壤总有机碳含量基本都高于裸地总有机碳含量，说明经过植被恢复后，土壤有机碳出现一定程度的增长。侵蚀土壤在植被恢复模式下土壤有机碳的积累较快，且能持续累积，这对于土壤大气 CO_2 的汇作用具有显著影响。对比 3 种经过植被恢复的土壤，发现侵蚀土壤种植桉树后，土壤总有机碳含量最高，说明在木荷、

表 6.9　不同植被恢复模式下土壤样品的基本理化性质

	pH	总有机碳(%)	全氮(%)	全磷(%)	铁（%）	钙（%）	镁（%）	NO_3^- (mg/kg)	SO_4^{2-} (mg/kg)
裸地上	4.6	0.404	0.017	0.008	1.95	0.225	0.0311	1.98	21
裸地中	4.45	1.53	0.089	0.027	1.99	0.0941	0.0367	2.24	17.1
裸地下	4.58	0.901	0.052	0.016	2.21	0.193	0.058	1.1	20.6
木荷上	4.63	0.624	0.029	0.059	2.37	0.0854	0.033	2.04	20.8
木荷中	4.96	0.806	0.044	0.011	2.28	0.0953	0.0345	1.54	18.8
木荷下	4.4	1.18	0.06	0.012	2.28	0.14	0.0468	1.99	22.5
桉树上	4.66	0.558	0.029	0.027	2.26	0.102	0.0193	2.77	28.1
桉树中	4.43	1.64	0.098	0.026	2.03	0.0882	0.0255	1.47	25.4
桉树下	4.5	1.34	0.081	0.014	2.03	0.0958	0.0244	2.14	28.1
松树上	4.63	1.21	0.066	0.022	2.03	0.0767	0.0229	1.78	21.4
松树中	4.62	0.678	0.04	0.02	2.21	0.21	0.0202	2.12	29.4
松树下	4.76	0.871	0.04	0.035	2.21	0.25	0.0239	3.38	27.4

松树和桉树三种植被恢复措施中，桉树对侵蚀土壤碳汇的恢复能力最好。此外，全氮含量与土壤总有机碳的变化规律一致，同样说明桉树恢复土壤养分能力最好。

为更全面地评价植被恢复后土壤养分演变状况，我们测定了土壤基础呼吸速率。由图 6.21 可知，植被恢复措施对土壤基础呼吸速率影响较大。裸地和经过 3 种植被恢复的土壤基础呼吸速率都出现在培养第 2 天。其中，裸地上中下三个坡位的土壤基础呼吸速率分别为 0.026 μmol/(h·g)、0.038 μmol/(h·g)、0.052 μmol/(h·g)；木荷上中下三个坡位土壤基础呼吸速率分别为 0.045 μmol/(h·g)、0.040 μmol/(h·g)、0.027 μmol/(h·g)；桉树上中下坡位的土壤最大呼吸速率分别为 0.028 μmol/(h·g)、0.065 μmol/(h·g)、0.045 μmol/(h·g)；松树上中下三个坡位的土壤基础呼吸速率分别为 0.049 μmol/(h·g)、0.032 μmol/(h·g)、0.043 μmol/(h·g)。由此可见，经过植被恢复后的土壤呼吸速率总体高于裸地，种植桉树的土壤呼吸速率高于种植木荷和松树的土壤。植被恢复有利于土壤碳的累积，从而可能加强土壤微生物活性，而土壤 CO_2 产生的主要来源就是土壤微生物的活动。因此，经过植被恢复的土壤呼吸速率高于裸地，而且桉树在三种植被中对土壤呼吸速率的影响最大。随着培养时间的

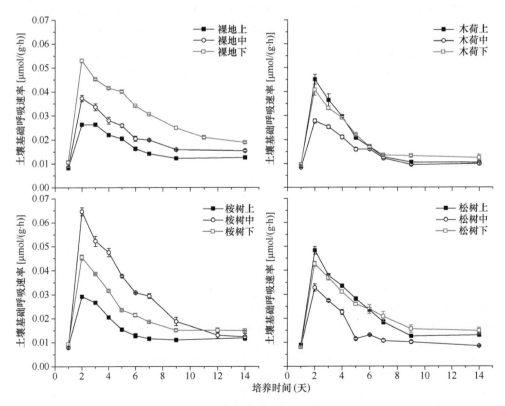

图 6.21   不同植被恢复条件下土壤基础呼吸速率

增加，土壤中易降解的有机质逐渐消耗，各土壤的基础呼吸速率在达到最大值后逐渐降低，基本都在培养期后期第 9 天左右维持较平稳的速率。

对土壤呼吸速率与其他基本理化性质进行相关性分析后发现（表 6.10），土壤呼吸速率与土壤总有机碳呈显著正相关，相关系数达到 0.66。这说明土壤有机碳是影响土壤呼吸速率的关键因子。绝大多数研究表明，土壤有机碳含量与土壤呼吸速率成正比。此外，土壤呼吸速率与土壤 C∶N 呈显著负相关，相关系数为–0.40；而与全氮则呈显著正相关，相关系数为 0.65。环境中氮的输入对微生物生长活动具有显著影响，合理范围内的氮含量越高时，微生物生长活动越明显。而且，微生物活性是土壤 CO_2 释放的主要来源之一。综上所述，植被恢复下土壤氮含量的增加有利于微生物的生长活动，从而能够提高土壤呼吸速率。

表 6.10　不同植被恢复下土壤理化性质间的相关性

	团聚体	总有机碳	C∶N	呼吸速率	全氮
团聚体	1.00	0.73[*]	–0.68[*]	0.53[*]	0.76[*]
总有机碳	0.73[*]	1.00	–0.65[*]	0.66[*]	0.99[**]
C∶N	–0.68[*]	–0.65[*]	1.00	–0.40	–0.73[*]
呼吸速率	0.53[*]	0.66[*]	–0.40	1.00	0.65[*]
全氮	0.76[*]	0.99[**]	–0.73[*]	0.65[*]	1.00

*表示在 P=0.05 水平显著相关；**表示在 P=0.01 水平显著相关。

不同植被对土壤性质会产生不同影响，植被对土壤的影响主要表现在植物根系对土壤的挤压、穿插和分割作用，死亡根系和枯枝落叶产生的有机质及根际分泌物对土壤性质的影响等方面。在同一成土母质基础上发育的土壤，因植被类型不同，团聚体的组成和数量都可发生很大的变化，说明植被类型对土壤团聚体的形成具有较大的影响（An et al.，2008，2010）。其中，最直接的影响就是植被演替形成的有机质有利于土壤团聚，有机碳含量越高，土壤团聚体水稳性程度也越好。为进一步考察植被恢复下土壤结构的稳定性，我们利用快速湿筛法确定土壤水稳性团聚体的分布状况。如图 6.22 所示，植被恢复措施对土壤水稳性团聚体的分布产生较大影响。植被恢复的土壤水稳性大团聚体含量基本高于裸地土壤，种植桉树的土壤水稳性团聚体含量高于木荷与松树。桉树中下两个坡位的土壤水稳性大团聚体含量超过了23%；木荷三个坡位的土壤水稳性大团聚体含量为 7%～18%；松树三个坡位的水稳性大团聚体含量为 16%～29%；裸地三个坡位的水稳性大团聚体含量为 10%～18%。研究表明，植物根系对于维持土壤孔隙度以及水稳性团聚体的形成都起着十分重要的作用。侵蚀土壤经植被恢复后，根系的稳定缠绕、根系分泌物对土壤颗粒的胶结，以及根部分泌有机质促进微生物活动，都会对土壤团聚体产生积极影响。从研究结果可知，植被恢复有利于土壤水稳性大团聚体的形成，使土壤结构状况趋于稳定。多数研究表明，经过植被恢复措施后，侵蚀土壤的有机质得到累积，从而有利于土壤水稳性大团聚体的形成，这一结论与上述现象契合。

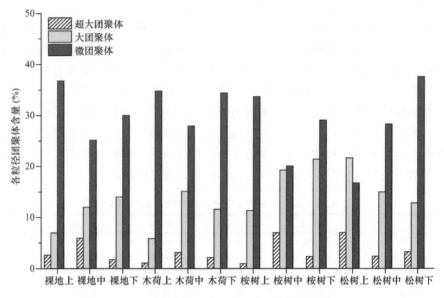

图 6.22　不同植被恢复条件下土壤水稳性团聚体分布

土壤水稳性团聚体的形成和稳定受到多种因素的共同影响，如土壤有机质含量、微生物活性、植物根系和含水量等。多数研究表明，土壤有机质含量是决定土壤水稳性团聚体形成的关键因子，微生物活性则是水稳性团聚体形成的重要驱动力。由表 6.10 可知，土壤水稳性团聚体与土壤总有机碳和呼吸速率呈显著正相关，相关系数分别为 0.73 和 0.53。土壤呼吸速率是反映土壤微生物活性的重要指标。这一结果正说明微生物活性和土壤有机质含量是决定土壤水稳性团聚体形成过程的关键因素。研究结果表明，桉树土壤总有机碳和呼吸速率高于裸地和木荷及松树土壤，因此桉树的土壤水稳性团聚体含量最大，对土壤结构的恢复作用最为显著。

土壤各粒径团聚体中的有机碳含量是土壤有机质平衡和矿化速率的微观表征，其在土壤肥力和土壤碳汇中具有双重意义。各粒径团聚体土壤有机质采用重铬酸钾氧化-分光光度法（HJ615—2011）测定，结果如图 6.23 所示。在>0.05 mm 的团聚体中，有机碳的含量由高到低依次为>2 mm、0.25～2 mm 和 0.05～0.25 mm 团聚体，即有机碳含量随团聚体粒径的增大而增加，且不同植被恢复下土壤的各粒径团聚体有机碳含量均呈现这种规律。具体来说，>2 mm 的土壤团聚体有机碳含量为 0.25～2 mm 团聚体有机碳含量的 1.2～1.7 倍，0.25～2 mm 团聚体有机碳含量是 0.05～0.25 mm 团聚体有机碳含量的 1.4～1.9 倍。土壤大团聚体含量与 0.25 mm 以上团聚体的有机质含量呈显著正相关性（相关系数为 0.7，$P<0.01$）。土壤团聚体对土壤碳截存和碳汇作用具有重要意义。研究表明，土壤表层约有 90% 的有机碳储存在团聚

体中。土壤有机质和土壤团聚体存在相互作用的关系，土壤有机质与原生矿物颗粒结合成稳定的土壤团聚体，稳定的土壤团聚体为土壤有机质提供物理保护。有机质作为团聚体重要的黏结剂，可提高土壤大团聚体的数量，促进团聚体的形成和稳定。Six 等（2004）团队的研究提出了以"大团聚体周转"为核心的团聚体形成模型，认为新鲜有机质的投入将促进土壤大团聚体的形成，大团聚体内部，微生物以颗粒有机物为核心继续分解利用有机碳，并分解黏结剂或缠绕植物根系形成微团聚体。因此，土壤大团聚体中有机碳含量一般高于微团聚体有机碳含量。

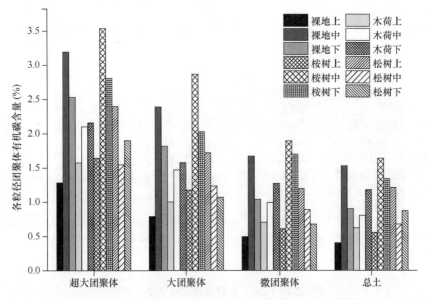

图 6.23　不同植被恢复下土壤各粒径团聚体有机碳分布

此外，不同植被恢复下土壤的呼吸速率与超大团聚体和大团聚体的有机碳含量都呈显著正相关，相关系数分别为 0.69 和 0.67（$P<0.05$）。土壤团聚体能够保护其内在有机碳，但不同粒径团聚体中的有机碳的稳定性并不一致。研究表明，在>0.25mm 的团聚体中有机碳的平均驻留时间为 1 年，而在 0.05～0.25 mm 粒径团聚体中有机碳的保留时间为 6 年，即大团聚体中有机碳的生物可利用性较高，微团聚体中有机碳更新周期更长、更稳定。

对比不同植被恢复下土壤各粒径团聚体有机碳含量可知，种植桉树的土壤各粒径团聚体有机质含量最高，后续依次为裸地、松树和木荷。尽管裸地没有乔木植被保护，但由于有野草生长，其对土壤有机碳的恢复也具有一定作用。而且多数研究表明，草地有利于土壤有机碳和结构的恢复，且效果优于多数乔本植物。由此可知，植被恢复措施有利于侵蚀土壤有机碳的增长，增长的有机碳主要以大团聚体的建成为储存形式。上述结果说明，桉树种植对土壤有机碳累积和团聚体恢复具有更显著的作用。

为进一步分析不同植被恢复下土壤微生物群落结构组成以及差异，我们利用 Illumina Miseq 高通量测序技术对不同植被恢复下的土壤样品进行了高通量测序。结果表明，土壤样品中的优势菌门为变形菌门（Proteobacteria）、酸杆菌门（Acidobacteria）、放线菌门（Actinobacteria）、拟杆菌门（Bacteroidetes）、绿弯菌门（Chloroflexi）、浮霉菌门（Planctomycetes）和疣微菌门（Verrucomicrobia）（图 6.24），主要的优势菌纲为酸杆菌纲（Acidobacteria）、放线菌纲（Actinobacteria）、α-变形菌纲（α-Proteobacteria）、β-变形菌纲（β-Proteobacteria）、δ-变形菌纲（δ-Proteobacteria）、γ-变形菌纲（γ-Proteobacteria）、浮霉菌纲（Planctomycetacia）和 Solibacteres（图 6.25）。

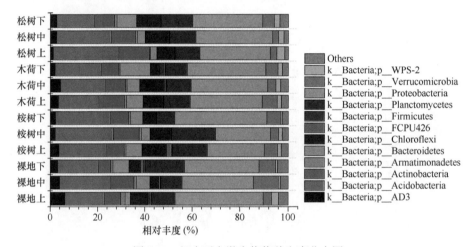

图 6.24　门水平上微生物物种丰度分布图

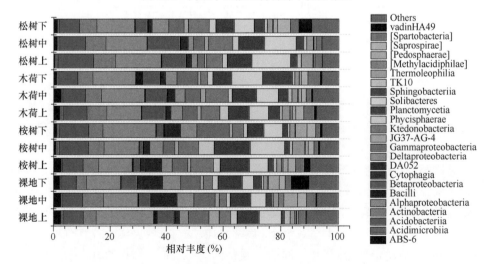

图 6.25　纲水平微生物物种相对丰度分布图

　　从 Shannon 指数来看（表 6.11），每种植被恢复下坡上、坡中、坡下土壤微生物群落多样性有一定的差别，但规律性不强，总的来说，每种植被恢复下的土壤微生物群落多样性差异不显著。

表 6.11　Shannon 指数统计表

桉树上	桉树中	桉树下	裸地上	裸地中	裸地下	木荷上	木荷中	木荷下	松树上	松树中	松树下
AS-1	AS-2	AS-3	LD-1	LD-2	LD-3	MH-1	MH-2	MH-3	SH-1	SH-2	SH-3
Shannon9.099	8.837	8.924	8.451	8.709	9.156	8.946	9.107	7.952	8.100	8.280	9.160

　　在 PCoA 图中，样品的空间距离越接近，表示样品的物种组成结构越相似。从图 6.26 可以看出，裸地坡中和坡下土壤的微生物群落结构相似，但与坡上土壤微生物群落结构差别大；木荷和松树的坡上和坡中土壤的微生物群落结构相似，但与坡下土壤微生物群落结构差别大；相对而言，桉树坡上、坡中、坡下土壤的微生物群落结构之间的相似程度不高，在 PCoA 图中的分布较为松散。但是总的来说，从植被的种类来看，不同植被恢复下土壤微生物群落结构组成的差异性不大，这与 Shannon 指数的分析是比较一致的（表 6.11）。

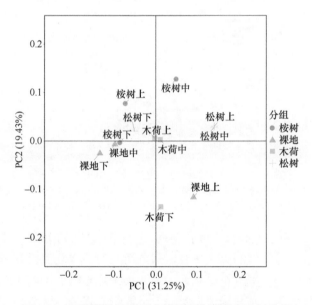

图 6.26　不同植被恢复下土壤微生物群落主坐标分析

　　本章对环境因子与微生物物种间进行了 Spearman 相关系数的计算，并采用热图的方式展示结果（图 6.27），利用该分析可以挑选出与某种环境因子显著相关的微生物物种。图 6.27 中红色代表负相关，蓝色代表正相关，颜色越深代表相关性越高，P 值为相关性检验结果，图中的*表示 $P<0.05$，**表示 $P<0.01$。结果表

明，*Candidatus Xiphinematobacter* 与大团聚体呈现明显的正相关关系，这是一种植物寄生线虫共生菌，可能对植物的生长和矿物元素的吸收具有促进作用，能够诱导植物的抗性和耐性，根外菌丝及分泌的次级代谢产物能促进土壤团聚体的形成，尤其是能促进土壤大团聚体的形成。另外，总有机碳和总氮与微生物之间的相关性非常相似；与总铁相关的微生物种类较少，与团聚体相关的微生物种类较多，这说明微生物是影响土壤团聚体的一种重要因素，这与我们前面的研究结果是一致的。

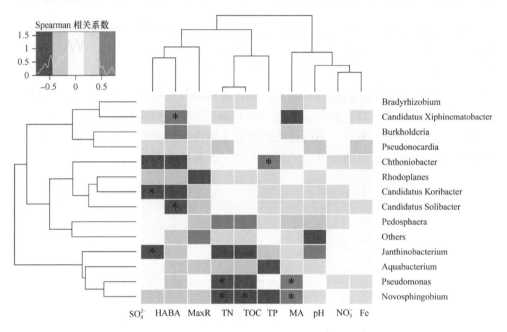

图 6.27　微生物物种与土壤性质之间的相关性热图

TOC：土壤总有机碳，TP：土壤总磷；TN：土壤总氮；MaxR：土壤最大呼吸速率；
SO_4^{2-}：硫酸根离子浓度；NO_3^-：硝酸根离子浓度；Fe：土壤总铁；MA：微团聚体；HABA：大团聚体

　　RDA 分析可用于反映微生物群落与环境因子之间的关系，可以检测环境因子、样品、群落三者之间的关系或者两两之间的关系，从而得到影响样品分布的重要的环境驱动因子。如图 6.28 所示，箭头表示环境因子，箭头连线的长度代表某个环境因子与群落分布间相关程度的大小，箭头越长，说明相关性越大，反之越小。箭头连线和排序轴的夹角代表某个环境因子与排序轴的相关性大小，夹角越小，相关性越高；反之越低。环境因子之间的夹角为锐角时表示两个环境因子之间呈正相关关系，为钝角时表示呈负相关关系。表 6.12 总结了与不同植被恢复下土壤样品微生物群落结构呈正相关或负相关最显著的两个理化性质。总的来说，总有机碳、总氮、电子受体浓度（总铁、硝酸根离子、硫酸根离子）是影响微生物群落结构的主要环境因素。

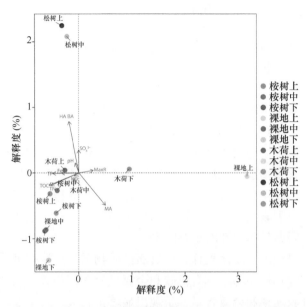

图 6.28　不同植被恢复条件下土壤微生物群落与环境因子的相关性分析（RDA 分析）

TOC：土壤总有机碳，TP：土壤总磷；TN：土壤总氮；MaxR：土壤基础呼吸速率；SO_4^{2-}：硫酸根离子浓度；NO_3^-：硝酸根离子浓度；Fe：土壤总铁；MA：微团聚体；HABA：大团聚体

表 6.12　影响土壤微生物群落结构的理化性质

土壤样品	正相关		负相关	
	理化性质 1	理化性质 2	理化性质 1	理化性质 2
裸地上	MaxR	MA	TOC	TN
裸地中	TOC	TN	MaxR	SO_4^{2-}
裸地下	TOC	TN	MaxR	SO_4^{2-}
木荷上	TP	Fe	MaxR	MA
木荷中	NO_3^-	TN	SO_4^{2-}	MaxR
木荷下	MaxR	MA	TOC	TN
桉树上	NO_3^-	TN	MaxR	SO_4^{2-}
桉树中	NO_3^-	TN	MaxR	SO_4^{2-}
桉树下	TOC	TN	MaxR	SO_4^{2-}
松树上	HABA	SO_4^{2-}	MA	TOC
松树中	HABA	SO_4^{2-}	MA	TOC
松树下	TOC	TN	MaxR	SO_4^{2-}

6.4　结　　论

本章以南方红壤典型侵蚀区土壤为研究对象,深入研究影响侵蚀区土壤有机碳的物理、化学、生物过程,揭示了土壤有机碳动态变化的控制因素,主要研究结果如下。

(1)侵蚀区典型土壤 DOC 和 TOC 含量与土壤基础呼吸速率呈显著正相关关系,土壤 DOC 和 TOC 含量与土壤大团聚体含量呈显著正相关关系,说明侵蚀区土壤有机质是影响土壤团聚体形成和稳定的主要胶结物质,增加有机质有利于土壤水稳性团聚体含量增加;土层的基础呼吸速率与大团聚体含量呈显著正相关关系,这说明在土壤团聚体化过程中,微生物在其中起着极为关键的作用,是影响团聚体形成的重要因素之一。这些研究结果表明,土壤有机质和土壤微生物活性是影响侵蚀土壤团聚体稳定性的重要因素。

(2)通过对侵蚀区土壤团聚体、土壤活性矿物质与土壤有机碳进行相关性分析,土壤的基础呼吸速率与土壤有机碳和全氮呈显著正相关,水稳性团聚体与土壤总有机碳、呼吸速率和全氮含量都呈现出显著正相关,且土壤呼吸速率与超大团聚体和大团聚体有机碳含量呈显著正相关,这说明土壤大团聚体含有更多的能被微生物分解利用的有机碳,另外我们发现土壤团聚体与土壤无机黏结剂的含量(Ca、Fe、Mg)没有直接的相关性。土壤结构性的优劣很大程度上取决于土壤中大团聚体所占的比例,这些研究结果表明侵蚀区影响土壤的超大团聚体和大团聚体分布的主要因素是有机碳含量和土壤微生物。

(3)南方典型侵蚀红壤不同植被恢复下土壤水稳性团聚体分布特征以及土壤有机碳的分析结果表明,植被类型直接影响土壤特性,对土壤团聚体的形成和稳定性有重要影响。总的来说,经过植被恢复后,侵蚀区红壤有机碳出现一定程度的增多。相对于木荷、松树,桉树对侵蚀土壤的养分和碳汇的恢复能力最好。植被恢复措施对土壤水稳性团聚体的分布产生较大影响。植被恢复下的土壤水稳性大团聚体含量基本高于裸地土壤,种植桉树的土壤水稳性团聚体含量高于木荷与松树,相关性分析表明,土壤水稳性团聚体与土壤总有机碳和呼吸速率呈显著正相关,但不同植被恢复下土壤的超大团聚体和铁含量呈显著负相关。这些研究结果表明,微生物活性和土壤有机质含量是决定土壤水稳性团聚体形成过程的关键因素。

参 考 文 献

郝翔翔, 韩晓增, 李禄军, 等.2015.土地利用方式对黑土剖面有机碳分布及碳储量的影响. 应用生态学报, 26(4): 965-972.

李晨华, 张彩霞, 唐立松, 等. 2014. 长期施肥土壤微生物群落的剖面变化及其与土壤性质的关系. 微生物学报, 54(3): 319-329.

李阳兵, 魏朝富, 谢德体, 等. 2005. 岩溶山区植被破坏前后土壤团聚体稳定性研究. 中国农学通报, 21(10): 232-234.

李忠佩, 张桃林, 陈碧云. 2004. 可溶性有机碳的含量动态及其与土壤有机碳矿化的关系. 土壤学报, 41(4): 543-552.

谢锦升, 杨玉盛, 陈光水, 等. 2008. 植被恢复对退化红壤团聚体稳定性及碳分布的影响. 生态学报, 28(2): 702-709.

袁超磊, 贺纪正, 沈菊培, 等. 2013. 一个红壤剖面微生物群落的焦磷酸测序发研究. 土壤学报, 50(1): 138-149.

周正朝, 上官周平. 2006. 子午岭次生林植被演替过程的土壤抗冲性. 生态学报, 26(10): 3270-3275.

Abiven, S, Menasseri S, Angers D A, et al. 2007. Dynamics of aggregate stability and biological binding agents during decomposition of organic materials. European Journal of Soil Science, 58(1): 239-247.

An S S, Mentler A, Mayer H, et al. 2010. Soil aggregation, aggregate stability, organic carbon and nitrogen in different soil aggregate fractions under forest and shrub vegetation on the Loess Plateau, China. Catena, 81(3): 226-233.

An S S, Zheng F L, Zhang F, et al. 2008. Soil quality degradation processes along a deforestation chronosequence in the Ziwuling area, China. Catena, 75(3): 248-256.

Baisden W T, Parfitt R L. 2007. Bomb 14C enrichment indicates decadal C pool in deep soil? Biochemistry, 85(1): 59-68.

Bossuyt H, Denef K, Six J, et al. 2001. Influence of microbial populations and residue quality on aggregate stability. Applied Soil Ecology, 16(3): 195-208.

Bronwyn D H, Raymond L C. 1997. Using the Gini coefficient with BIOLOG substrate utilization data to provide an alternativequantitative measure for comparing bacterial soil communities. Journal of Microbiological Methods, 30: 91-101.

Chu H, Fierer N, Lauber C L, et al. 2010. Soil bacterial diversity in the Arctic is not fundamentally different from that found in other biomes. Environmental Microbiology, 12(11): 2998-3006.

Douterelo I, Goulder R, Lillie M. 2010.Soil microbial community response to land-management and depth, related to the degradation of organic matter in English wetlands: implications for the in situ preservation of archaeological remains. Applied Soil Ecology, 44(3): 219-227.

Elliott E T.1986. Aggregate structure and carbon, nitrogen, and phosphorus in native and cultivated soils. Soil Science Society of America Journal, 50(3): 627-633.

Fierer N, Jackson R B. 2006. The diversity and biogeography of soil bacterial communities. Proceedings of the National Academy of Sciences, 103(3): 626-631.

Fierer N, Schimel J P, Holden P A. 2003. Variations in microbial community composition through two soil depth profiles. Soil Biology and Biochemistry, 35(1): 167-176.

Fontaine S, Barot S, Barré P, et al. 2007. Stability of organic carbon in deep soil layers controlled by fresh carbon supply. Nature, 450(7167): 277-280.

Grace J. 2004. Understanding and managing the global carbon cycle. Journal of Ecology, 92(2): 189-202.

Hansel C M, Fendorf S, Jardine P M, et al. 2008. Changes in bacterial and archaeal community structure and functional diversity along a geochemically variable soil profile. Applied and Environmental Microbiology, 74(5): 1620-1633.

Jastrow J, Boutton T, Miller R. 1996. Carbon dynamics of aggregate associated organic matter estimated by carbon-13 natural abundance. Soil Science Society of America Journal, 60: 801-807.

Jobbagy E G, Jackson R B. 2002. The vertical distribution of soil organiccarbon and its relation to climateand vegetation.Ecological Applications, 10(2): 423-436.

Kaiser K, Kalbitz K. 2012. Cycling downwards-dissolved organic matter in soils. Soil Biology and Biochemistry, 52: 29-32.

Lorenz K, Lal R. 2005. The depth distribution of soil organic carbon in relation to land use and management and the potential of carbon sequestration in subsoil horizons. Advances in Agronomy, 8: 35-66.

Lynch J M, Bragg E. 1985. Microorganisms and soil aggregate stability. Advances in Soil Science, 2: 134-170.

Meersmans J, van Wesemael B, de Ridder F, et al. 2009. Changes in organic carbon distribution with depth in agricultural soils in northern Belgium, 1960-2006. Global Change Biology, 15(11): 2739-2750.

Rolston D E. 1986. Gas flux//Klute A. Methods of Soil Analysis, part 1, 2nd(ed). Agron. Monogr. 9. Madison, WI: American Society of Agronomy and Soil Science Society of America: 1103-1119.

Scott E E, Rothstein D E. 2014. The dynamic exchange of dissolved organic matter percolating through six diverse soils. Soil Biology and Biochemistry, 69: 83-92.

Six J, Bossuyt H, Degryze S, et al. 2004. A history of research on the link between(micro)aggregates, soil biota, and soil organic matter dynamics. Soil Tillage and Research, 79: 7-31.

第7章　土壤碳流失负荷估算及定量模型

土壤侵蚀对全球碳循环具有重要影响（Lal，2003）。在降雨地表水蚀过程中，土壤有机碳随径流及泥沙运移，是土壤有机碳损失的主要形式（Daniel and Langham，1936），其中高达 95%的有机碳随泥沙而流失（贾松伟等，2004）。定量估算区域土壤碳流失负荷量，是研究土壤侵蚀"碳源"和"碳汇"问题的关键环节。当前较为常用的土壤侵蚀估算模型包括，通用土壤流失方程（USLE）及其修正版本、水土评价模型（SWAT）、水蚀预报模型（WEPP）等，其中 USLE 及其修正版本由于参数简单、易于获得，并具有一定的模拟精度，而被广泛采用。鉴于土壤有机碳主要随泥沙流失，当前研究多关注于泥沙流失与有机碳输出的关系（Starr et al.，2000），而对随降雨地表径流流失的土壤有机碳关注相对较少。

随着"生态环境保护优先"理念的渐入人心，近 40 年来，南方红壤区实施了生态自然恢复及人工林种植措施（图 7.1），通过植物改变下垫面微观格局，增加了土壤中水稳性大团聚体含量，提高了土壤的抗蚀和抗冲能力，同时也降低了地面水的流量和流速，有效减少了土壤侵蚀量，并改善了生态环境。此外，流域通过实施谷坊和小型水库等水土保持工程及水利工程措施，也极大地改变了流域的下垫面条件，还能够削减洪峰、蓄水拦沙，对减少流域水土流失具有重要作用。流域水土流失伴随着有机碳的迁移流失，侵蚀条件下的有机碳迁移流失已成为当前研究的热点。本章以侵蚀区流失的土壤有机碳为研究对象，通过分析流域水土流失现状、流域治理过程中水土及其碳流失的变化情况，确定土壤碳的流失形态、

图 7.1　源坑河小流域水保措施治理前后对比（由五华县水土保持试验推广站提供）

特点及负荷估算方法，建立水土流失与碳流失的定量关系，进而构建适合于南方典型红壤侵蚀区的土壤碳流失负荷估算的定量模型。

7.1　红壤坡面植被减流减沙特征

通过实地采集典型地物的经纬度坐标，对 QuickBird 遥感影像进行精校正，并辅以 1∶1 万地形图，进行实地访问、调查，确定流域边界及小流域水土保持措施（图 7.2），制作源坑河小流域土地利用现状图（图 7.3）。小流域共划分为有林地、疏林地、荒草地、耕地、弃耕地、居民地、道路区、工矿区（废弃打石场）、活跃崩岗区、潜在崩岗区、稳定崩岗区、干流沉积区、支流沉积区以及水域 14 个地类，其面积分别为 2.84 km²、0.48 km²、0.15 km²、0.13 km²、0.06 km²、0.12 km²、0.02 km²、0.02 km²、0.30 km²、0.13 km²、0.23 km²、0.17 km²、0.14 km²、0.02 km²。当前流域有林地面积占流域面积的 59.04%，其中有林地以马尾松为主，其次为木荷，已实施林草措施的区域占流域面积的 72.14%。地表灌草植物主要有岗松、桃金娘、芒萁、蔗鸪草等。

采用径流小区监测降雨时段的水沙数据，是当前分析、评价不同下垫面水土流失强度的有效手段。径流小区为五华县水土保持试验推广站所建，布设于 2009 年 6 月，位于五华县华城镇源坑河小流域，包括 25°、30° 两种坡度小区。其中，25° 小区为植物措施、耕作措施小区，30° 小区包括裸土小区和植物措施小区（表 7.1），本书仅选取 30° 小区进行植物减水、减沙分析。小区建设之初，桉树、

图 7.2　水土保持治理措施调查

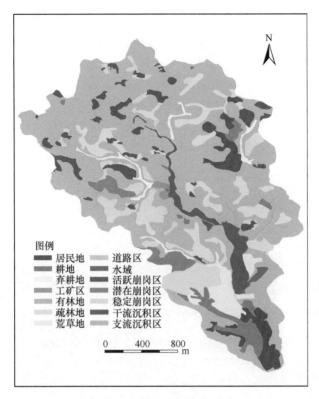

图 7.3　源坑河小流域地类图

表 7.1　径流小区概况

小区名称	坡长（m）×宽度（m）	坡度（°）	坡向	植被类型
裸土小区	20×5	30	西南	无
桉树小区	20×5	30	西南	桉树
松树小区	20×5	30	西南	松树
糖蜜草小区	20×5	30	西南	糖蜜草、木荷

注：桉树小区建设时布设植物为桉树和松树，后由于物种竞争，在该监测时段基本仅剩下桉树

松树、木荷植株高分别为 15 cm、35 cm、20 cm，其减水减沙效益十分有限。当前经测定裸土坡面仅有零星杂草生长，植被覆盖度在 10%以下；桉树、松树的植被覆盖度均为 40%左右；糖蜜草（*Melinis minutiflora* Beauv.）、木荷的植被覆盖度为 60%（由于该小区植被覆盖以糖蜜草为主，以下均简称糖蜜草小区）。在次降雨事件中，各径流小区的地形、土壤及降雨条件近似一致，其产沙差异可认为主要受植被影响。

采用水泥浇筑的固定径流桶（集流桶、分流桶）收集小区降雨径流及泥沙（图 7.4）。每次降雨过后读取径流桶中的水沙体积，将水沙充分搅匀，再分别用容积为 1 L 的采样瓶采集搅匀的泥沙水样。将采集水样带回实验室称重后静置，去除上层清液，将沉淀泥沙移至铝盒，并放至烘箱，在 105℃ 条件下将泥沙烘干 6～8 h 后，称量获得 1 L 泥沙水样中所含泥沙重量及水的体积，再通过径流桶中的水沙体积，换算出每个径流小区单次降雨的产流、产沙总量。具体径流小区构建及日常监测、采样规程详见参考文献（中华人民共和国水利部，2002）。对部分典型降雨事件加测其有机碳的含量，其中径流有机碳含量采用碳自动分析仪测定，泥沙的有机碳含量采用重铬酸钾氧化外加热法测定。

图 7.4 径流小区照片

南方红壤区降水量大且集中（秦伟等，2015），该区域低山和丘陵交错，地形破碎，坡度大，母岩抗蚀力弱，发育的红壤可蚀性高，水土流失范围在全国最广，水土流失严重程度仅次于黄土高原（唐克丽等，2004）。近几十年来，南方红壤区进行了大规模的生态自然恢复及人工林种植（李桂静等，2014），通过植物改变下垫面微观格局（肖培青等，2011a，2011b），增加了土壤中水稳性大团聚体含量（黄茹等，2013），提高了土壤的抗蚀和抗冲能力（朱冰冰等，2009），同时也降低了地面水的流量和流速（潘欣等，2015），有效减少了土壤侵蚀量（Wang et al.，2005；Schönbrodt et al.，2010），并改善了生态环境（Zhou and Shangguan，2007）。但也有研究发现，桉树（*Eucalyptus*）等速生人工林的林下水土流失依然较大（Morris et al.，2004），某些桉树林地多年平均水土流失量甚至可以达到混交林的 100 倍左右（任海等，1998）。究其原因，可能与桉树林植被种群单一，林下植被匮乏（于福科等，2009），加之较高的树冠使得林冠穿透水的侵蚀力大于林外降水的侵蚀力有关（Chapman，1948；Calder，2001；Geißler et al.，2012）。但当前桉树对坡面产流、产沙的影响机制尚不明确，相对于混合林植物，桉树林下侵蚀量较大，是由于其减水效益有限，还是由于水沙关系的改变暂未明确（郑明国等，2007），本书利用 2011 年 1 月～2014 年 12 月的野外径流小区水沙观测数据，对南方红壤坡面桉树、松树（*Pinusmassoniana* Lamb.）、木荷（*Schimasuperba* Gardn. et Champ.）等常见人工林植物的减水、减沙效益进行分析，以期为相关植物水土保持效益综合评价提供参考。

现有研究表明，植物对坡面水蚀具有重要影响，其不仅能对雨滴及降雨径流进行消能（余新晓等，2006），而且能改变土壤理化性质，提高其抗蚀、抗冲能力（朱冰冰等，2009），并增加入渗。下面将在同等降雨条件下分析各径流小区不同时间尺度及降雨区间的水蚀差异，并探讨其原因。

1）次降雨坡面水蚀差异

不同次降雨事件涵盖了植被不同生长阶段及季节性覆盖变化，可综合反映不同植被小区间的水蚀差异。2011 年 1 月～2014 年 12 月共发生降雨 552 次，其中发生坡面产流的降雨次数及其次降水量分别为 166 次、29.67 mm，径流小区监测指标包括降水量、产流量及产沙量。由表 7.2 可知，在同等降雨条件下，4 个径流小区的平均次降雨产沙模数、径流量及径流系数均呈现：裸土小区>桉树小区>松树小区>糖蜜草小区。裸土小区、桉树小区、松树小区和糖蜜草小区的次降雨产沙区间分别为：0.19～125.89 kg、0.15～116.99 kg、0.10～107.14 kg 和 0.08～105.87 kg。而平均次降雨径流含沙量呈现为：裸土小区>桉树小区>糖蜜草小区>松树小区，除径流系数外，4 个小区间的产沙模数、径流量、含沙量无显著差异。3 种植物中松树改变水沙关系作用最强，而糖蜜草减水、减沙作用最优。不同小区减水的差异主要源于地表入渗和植被截留等因素影响。据 2014 年的土壤测试结果，各小区土体入渗能力表现为裸土小区>糖蜜草小区>松树小区>桉树小区，其对应的土壤孔隙度分别为 52.32%、52.24%、50.51%、47.86%。此外，已有研究表明，地表覆被及表层枯枝落叶与地表径流截留率密切相关（William and Ian，2000），其径流小区的地表覆被及表层枯枝落叶的数量表现为糖蜜草小区>松树小区>桉树小区>裸土小区。各径流小区的产流量及径流系数的数值大小顺序恰与各小区的地表覆被及表层枯枝落叶数量的顺序相反，表明地表覆被及枯枝落叶对产流具有重要影响，且其影响大于土体入渗对产流的影响。2014 年的土壤可蚀性因子（K 因子）测试分析结果表明，K 因子数值呈现桉树小区>松树小区>糖蜜草小区>裸土小区，其数值分别为 0.2480、0.2404、0.2400、0.2308，而土壤侵蚀外部驱动力之一的降雨径流量数值顺序表现为裸土小区>桉树小区>松树小区>糖蜜草小区。可见，各径流小区产流和产沙顺序相一致，外部驱动力对产沙的

影响大于土体 K 因子的影响，因此通过减水来减沙的效果大于通过改变水沙关系来减沙的效果。

表 7.2　次降雨尺度坡面水蚀情况

小区	平均次降雨产沙模数 [t/（km²·d）]	平均次降雨径流量（m³）	平均次降雨径流系数（%）	平均次降雨径流含沙量（kg/m³）
裸土小区	88.51±169.00a	0.90±0.89a	28.94±9.29a	6.84±6.01a
桉树小区	77.72±158.95a	0.84±0.85a	26.79±8.58ab	6.14±5.44a
松树小区	71.45±150.31a	0.79±0.81a	24.73±7.69b	5.92±5.39a
糖蜜草小区	69.63±146.47a	0.76±0.78a	23.67±7.25c	5.96±5.49a

注：同列不同小写字母表示小区间差异显著（$P<0.05$）

　　植物小区均呈现不同程度的减水、减沙效益，相对于裸土小区，桉树小区、松树小区和糖蜜草小区的减水、减沙效益分别为 6.67%、12.19%，12.22%、19.27%，15.56%、21.33%，植物小区的减沙效益均优于其减水效益，表明这 3 种植物小区不仅可通过减水来减沙，也可通过改变水沙关系来减沙。其中，桉树小区、松树小区及糖蜜草小区平均次降雨径流含沙量分别为 6.14 kg/m³、5.92 kg/m³、5.96 kg/m³，3 种植物小区中桉树小区单位径流量对产沙的贡献率最大，也即桉树小区的减水效益对减沙效益的影响最大。可见，桉树小区产沙模数较大源于其减水效益有限。其减水效益较小的原因有二：①根据对表层土样的分析，桉树小区土体孔隙度最小，致使桉树小区入渗率降低；②桉树林的冠层雨水截留率小于针叶林等天然林（Almeida and Soares，2003），且桉树小区林下枯枝落叶对降雨的保蓄能力较其他植物小区要小，有研究表明，松树小区地被物及枯枝落叶的雨水截留量占总降水量的 25%～28%，桉树小区地被物及枯枝落叶的雨水截留率为 4%～10%（William and Ian，2000），使得其产流率在 3 个植物小区中最大。因而，降低桉树林的土壤侵蚀强度关键是提高其减水效益。恢复、保护好乔木林下草灌植被及其枯枝落叶，使之减水固土，是解决南方地区"远看绿油油，近看水土流"的关键所在。

2）各雨量区间坡面水蚀差异

　　在次降雨尺度，其降水量参差不齐，未能直观反映降水量对不同植被产流、产沙的影响，故将次降水量划分为 10～20 mm、20～30 mm、30～40 mm、40～50 mm、>50 mm 共 5 个降雨区间（小区产流的降水量下限为 10 mm）。由表 7.3 可知，虽然在不同降雨区间各径流小区的平均次降雨产沙模数、径流量、径流系数及径流含沙量数值大小顺序与次降雨尺度基本相同，但其差异性显现。由表 7.3 可知，相对于裸土小区，桉树小区、松树小区和糖蜜草小区分别在次降水量为 20～30 mm、30～40 mm、40～50 mm 的降雨区间具有较为显著的减沙效益，而在次降水量为 10～20 mm、>50 mm 的降雨区间减沙效益均不显著。相对于裸土小区，桉树小区在整个降雨区间的减水效益均不显著，松树小区和糖蜜草小区在次降水量为 10～50 mm 的降雨区间均具有显著的减水效益，在次降水量>50 mm 的降雨区间减水效益均不显著，且 3 个植物小区仅在次降水量为 20～30 mm 的降雨区间内，其径流含沙量均与裸土小区存在显著差异，表明植物在该降雨区间主要通过改变水沙关系减沙，在其他降雨区间，主要通过减水来减沙。在降水量较小的次降雨事件中，降雨的溅蚀及径流的冲刷作用有限，植物对雨滴及径流的消能作用不明显，植物的减沙效益不显著。而在降水量较大的次降雨事件中，植被小区的覆盖度均在 60%以下，加之雨量较大时林下雨的溅蚀作用较强，使得植物小区的减水、减沙效益未能发挥。特别就桉树小区而言，次降水量超过 30 mm 时，桉树小区已不具备显著的减水、减沙效益，使得 3 种植物小区只有在特定的降雨区间才呈现显著的减水、减沙效益。综上分析，裸土小区与植物小区的次降雨产沙模数能在某些降雨区间内

表 7.3　各雨量区间坡面水蚀情况

水蚀指标	降雨区间（mm）	裸土小区	桉树小区	松树小区	糖蜜草小区
平均次降雨产沙模数 [t/（km²·d）]	10～20	18.22±30.15a	13.93±23.18a	12.78±22.79a	12.49±24.31a
	20～30	34.92±12.47a	27.27±10.53b	23.82±9.36bc	22.32±9.78c
	30～40	73.55±32.61a	59.57±23.01ab	55.62±21.65b	55.42±22.12b
	40～50	134.36±68.85a	117.46±55.65ab	103.41±43.06ab	98.10±39.89b
	>50	433.66±334.88a	402.90±320.91a	376.56±309.51a	369.81±298.16a
平均次降雨径流量（m³）	10～20	0.43±0.15a	0.39±0.15ab	0.36±0.13bc	0.34±0.12c
	20～30	0.67±0.21a	0.63±0.19ab	0.58±0.15b	0.55±0.14b
	30～40	0.96±0.24a	0.89±0.22ab	0.84±0.14b	0.80±0.14b
	40～50	1.15±0.24a	1.08±0.23ab	1.00±0.20b	0.96±0.17b
	>50	2.79±1.58a	2.64±1.51a	2.52±1.44a	2.46±1.36a
平均次降雨径流系数（%）	10～20	28.81±9.29a	26.42±8.59ab	23.91±7.57bc	22.69±6.97c
	20～30	27.94±8.26a	25.85±7.15ab	24.01±5.54b	22.92±5.19b
	30～40	27.04±7.22a	25.17±6.78ab	23.63±4.53b	22.57±4.23b
	40～50	26.48±5.86a	24.79±5.79ab	22.86±4.71b	22.06±3.98b
	>50	36.67±13.04a	34.41±12.08a	32.74±12.43a	32.12±11.61a
平均次降雨径流含沙量（kg/m³）	10～20	3.97±6.40a	3.24±4.88a	3.18±5.01a	3.22±5.14a
	20～30	5.19±1.33a	4.48±1.55b	4.09±1.28b	4.03±1.42b
	30～40	7.72±2.70a	6.87±2.57a	6.76±2.64a	7.09±3.11a
	40～50	11.50±4.19a	10.83±3.68a	10.41±3.47a	10.22±3.33a
	>50	14.37±5.73a	14.01±5.85a	13.59±5.82a	13.69±5.91a

注：同行不同小写字母表示小区间差异显著（$P<0.05$）

存在显著差异，在次降水量>50 mm 的降雨区间差异不显著。而在各降雨区间中，次降水量>50 mm 的降雨事件产流、产沙量均为最大，其产流、产沙量分别占总降雨事件产流、产沙量的 34.38%、56.02%。次降水量>50 mm 的降雨事件对产流、产沙具有显著贡献，而在该降雨区间植物的减水、减沙效益不显著，使得在次降雨尺度各径流小区的产流、产沙量差异均不显著。

3）月坡面水蚀差异

植物在不同月份间进行着从萌芽、抽枝、展叶到叶落归根的自然演替，在月尺度上进行坡面产流、产沙分析，能较好地反映植物季节性覆盖变化对坡面水蚀的影响。各小区的不同月份平均次降雨产沙模数数值顺序有所差异（图 7.5），其中，1 月为裸土小区>松树小区>桉树小区>糖蜜草小区；2 月为裸土小区>糖蜜草小区>桉树小区>松树小区；3 月为裸土小区>松树小区>糖蜜草小区>桉树小区；4 月、6 月为裸土小区>桉树小区>糖蜜草小区>松树小区；5 月、7～12 月为裸土小区>桉树小区>松树小区>糖蜜草小区。1～3 月各小区平均次降雨产沙模数数值顺序均不相同，而 7～12 月其数值顺序均一致。在同等降雨条件下，各小区平均次降雨产沙模数数值顺序变化主要受到植物盖度月际不同步变化的影响。在亚热带，马尾松从 12 月至翌年 2 月均处于休眠期，地上部分增长基本停止（黄儒珠等，2009），但月际间植被覆盖变幅不大。而糖蜜草在 2～4 月处于从枯萎到萌芽的过程，其中 2 月植被盖度最小，而 2 月糖蜜草小区产沙模数要大于其他小区，也印证了各径流小区植物盖度月际不同步变化对坡面产沙差异具有一定影响。但对其进行统计分析发现，在月尺度上，除 1 月外，各径流小区的次降雨产沙模数均无显著差异。此外，在各月份间，各径流小区次降雨径流量均无显著差异，且其产流顺序均表现为裸土小区>桉树小区>松树小区>糖蜜草小区（图 7.6），可见相对于前面分析的降水量而言，植被覆盖度月际不同步变化对水蚀产流产沙的影响较小。这与研究区植被落叶或枯萎时间短、降水量分布和植物覆盖度变化一致有关。

虽然在月尺度，各径流小区的产沙、产流量基本无显著差异，但不同植物小区的减水、减沙效益还是有所不同。其中，各植物小区的减沙效益呈：1 月为糖蜜草小区>桉树小区>松树小区；2 月为松树小区>桉树小区>糖蜜草小区；3 月为桉树小区>糖蜜草小区>松树小区；4 月、6 月、10 月为松树小区>糖蜜草小区>桉树小区；5 月、7～9 月、11～12 月为糖蜜草小区>松树小区>桉树小区。各月份间，桉树小区、松树小区及糖蜜草小区的减沙效益区间分别为 7.00%～38.66%、7.74%～37.30% 和 8.35%～45.33%。3 个植物小区各月份的减水效益数值大小顺序较为一致，均表现为糖蜜草小区>松树小区>桉树小区。各月份间，桉树小区、松树小区及糖蜜草小区的减水效益区间分别为 2.56%～9.09%、7.30%～19.44% 和

10.95%~23.15%。植被减沙效益要大于减水效益，且减沙效益的变化幅度要大于减水效益，植物的减水效益要比减沙效益稳定。其原因主要为植被冠层和枯枝落叶层的减水量与减水效益呈线性关系，而与降雨侵蚀力呈指数关系（Richardson and Foster，1983），使得植物的减沙变幅大于减水变幅。

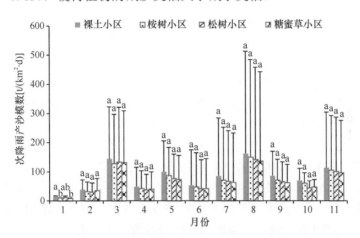

图 7.5　月尺度小区平均次降雨产沙模数

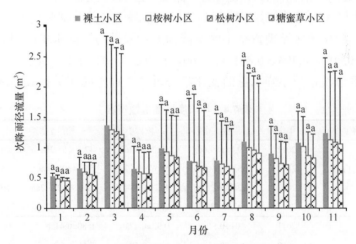

图 7.6　月尺度小区平均次降雨径流量

图中相同字母表示没有显著性差异（*P*>0.05）；不同字母表示存在显著性差异（*P*<0.05）

4）年坡面水蚀差异

乔灌植物在生长过程中其植被覆盖度及植株高度会相应的增长，在年尺度上，其能较好地反映不同植物年际变化对坡面水蚀的影响。在同等降雨条件下，4 年的年均次降雨径流、产沙模数顺序均呈现裸土小区>桉树小区>松树小区>糖蜜草小区（表 7.4），表明在较大的时间尺度内，与植被交互作用的径流、产沙影响因素此消彼长，一些诸如径流小区降雨不一致的偶然性影响因素被平滑掉，各小区间植被的本质差异显现，使得各径流小区产流、产沙模数顺序稳定。由表 7.2 可知，4 个径流小区间平均次降雨产沙模数、径流含沙量均无显著差异。由表 7.4 可知，平均次降雨径流量除 2011 年裸土小区与糖蜜草小区存在显著差异外，其余小区间均无显著差异。由以上分析可知，次降水量>50 mm 时，各径流小区产流、产沙量无显著差异，且在年尺度内产流、产沙量主要由降水量>50 mm 的降雨事件贡献，因而在年尺度上，各径流小区产流、产沙无显著差异。相较以上几个水蚀指标，各年份间径流系数变化有所差异，其中 2011 年各小区间均存在显著差异；2012 年仅裸土小区与松树小区、糖蜜草小区存在显著差异；2013 年、2014 年仅裸土小区与糖蜜草小区存在显著差异。随着植物生长年限的增加，各径流小区径流系数呈现减小趋势，且其数值大小趋于一致。其径流系数减小与土壤机械组成的变化有关，裸土小区、桉树小区、松树小区和糖蜜草小区的砂粒含量由 2013 年 1 月的 40.2%、36.6%、40.7%、41.3%，分别上升到 2014 年 11 月的 46.2%、47.3%、46.0%、43.7%。小区水土流失后表层砂粒及土体大孔隙数量增加，加之植物根系改善土壤孔隙状况，致使入渗增加，径流系数减小。从水沙关系上看，2011～2014 年平均次降雨径流含沙量呈现：裸土小区>桉树小区>糖蜜草小区>松树小区，但各小区间无显著差异。降雨为坡面产沙最主要的外部驱动力，裸土小区、桉树小区、松树小区及糖蜜草小区次降雨产沙模数与次降水量的相关系数分别为 0.802、0.803、0.794、0.801（n=166，$P<0.01$）。如图 7.7 所示，各小区年均次降雨径流含沙量与年降水量的变化趋势近似，而不随年际植被盖度及植株高

表 7.4　年尺度坡面水蚀情况

水蚀指标	年份	裸土小区	桉树小区	松树小区	糖蜜草小区
平均次降雨产沙模数 [t/（km²·d）]	2011	69.08±89.66a	52.00±71.62a	42.56±55.95a	40.77±57.10a
	2012	65.67±99.79a	57.67±94.75a	55.54±94.14a	55.47±90.28a
	2013	126.45±261.39a	112.85±245.56a	104.89±233.28a	102.20±226.38a
	2014	86.95±139.21a	83.27±137.90a	77.38±129.08a	74.50±128.26a
平均次降雨径流量 （m³）	2011	1.01±0.51a	0.92±0.47ab	0.80±0.44ab	0.76±0.44b
	2012	0.73±0.63a	0.68±0.58a	0.66±0.59a	0.64±0.56a
	2013	0.92±1.02a	0.86±0.94a	0.82±0.92a	0.79±0.88a
	2014	0.97±1.20a	0.94±1.24a	0.89±1.13a	0.86±1.11a
平均次降雨径流系数 （%）	2011	40.00±5.07a	36.37±4.56b	31.48±3.91c	29.44±3.69d
	2012	25.16±5.37a	23.06±4.90ab	22.19±5.16b	21.57±5.08b
	2013	26.26±9.63a	24.59±9.03ab	23.23±9.09ab	22.47±8.56b
	2014	25.47±6.88a	24.20±7.47ab	22.70±7.39ab	21.75±7.50b

注：同行不同小写字母表示小区间差异显著（$P<0.05$）

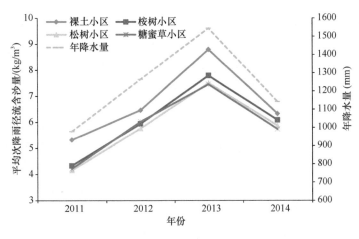

图 7.7　年降水量与次降雨径流含沙量关系

度而变化，表明降雨对坡面产沙的影响要强于植被的影响。此外，由于糖蜜草在年尺度内存在从枯萎到萌芽的往返演替，单从水沙关系上看，其水沙关系稳定性不如桉树和松树，其改变水沙关系的效能不及松树。

4 年间，相对于裸土小区而言，植物小区的减沙、减水效益也呈现减小的趋势。年尺度上，桉树小区、松树小区和糖蜜草小区的减沙效益区间分别为 4.23%～24.73%、11.00%～38.39%和 14.32%～40.98%。植物的减沙效益均呈现糖蜜草小区>松树小区>桉树小区，相较而言，糖蜜草小区具有较好的减沙效益。而植物减沙效益减小，究其原因有三：①随着土体表层细颗粒被优先侵蚀搬运，其表层砂粒含量增加，裸土小区、桉树小区、松树小区和糖蜜草小区的 K 值分别由 2013 年 1 月的 0.2494、0.2627、0.2618、0.2480 减小为 2014 年 11 月的 0.2308、0.2480、0.2404、0.2400。各径流小区的土壤可蚀性 K 因子的数值及差异性减小，致使植物的减沙效益有所下降。②2011～2014 年各径流小区降水量>50 mm 的降雨事件产沙量占全年总产沙量的比重分别为 30.04%、36.14%、70.60%、64.59%。而由前分析可知，在降水量>50 mm 的降雨事件中各径流小区的产沙量无显著差异，因而随着降水量>50 mm 降雨事件的产沙量所占比重加大，裸土小区与植物小区产沙量差异减小，植物小区的减沙效益减小。③桉树、松树林下杂草较少，地表多为裸露，致使林下地表对降雨及径流的消能作用较差。加之随着植物生长年限的增加，乔木植株不断增高，林下雨的溅蚀作用也随之增强。可见，在降雨作用下，坡面产沙除受植物覆盖度影响外，其植株高的影响也不容忽视。桉树小区、松树小区和糖蜜草小区的减水效益区间分别为 3.09%～8.91%、8.24%～20.79%和 11.34%～24.75%。相较于裸土小区而言，不同年份植物小区的减水效益均呈现糖蜜草小区>松树小区>桉树小区，各植物小区间的减沙效益与减水效益数值顺序一致，而植物小区间的减沙效益数值顺序与径流含沙量数值顺序不一致，表明植物通过减水来减沙是植物减沙的重要途径。例如，糖蜜草小区改变水沙关系的效能虽不及松树小区，但由于其优于松树小区的减水效能，糖蜜草小区的产沙强度仍小于松树小区。由表 7.4 可知，2011~2014 年各植物小区的减水效益也出现减小趋势。其植物减水效益减小的原因有二：①一方面随着植物的生长，植物根系生物量的增加更有利于降雨地表径流的入渗，且植物冠层对降雨的截蓄能力加强也使植物小区的径流系数减小，而另一方面裸土小区表土由于无植被保护，其红壤土层消失殆尽，砂土层的透水性优于红壤土层，致使裸土小区径流系数的减幅大于植物小区，植物小区减水效益相对下降；②由前文分析可知，当次降水量达到 50 mm 以上时，各径流小区产流量间无显著差异，而 2011~2014 年各径流小区降水量>50 mm 的降雨事件产流量占全年总产流量的比重分别为 17.27%、21.59%、45.24%、50.48%。随着降水量>50 mm 降雨事件产流量比重的增加，裸土小区与植物小区的产流差异性减小，植物小区的减水效益趋于减小。

综上所述，桉树小区、松树小区和糖蜜草小区均具有一定的减水、减沙效益。但由于区域降水量大，加之植被覆盖度不高，特别是在桉树、松树林下草本植物及枯枝落叶缺乏的情况下，植物小区的减水、减沙效益不甚显著。相对于其他区域，与研究区五华县毗邻的兴宁县的松树小区、糖蜜草小区的减水、减沙率分别为 0.71%、34.98%，8.06%、58.98%（罗作济，1987）；福建长汀县松树小区的减水、减沙率分别为 25%、90%（孙佳佳等，2010）；云南牟定县桉树小区的减沙率为 39.88%（王震洪，1992）。相对于该研究区，其他区域也出现植物减沙率大于减水率的情况，且其他区域的减水率略低于该研究区，而减沙率高于该研究区，其减水、减沙差异受不同区域的下垫面条件（地形、植被盖度）差异影响。

当前一些地区，桉树通常被认为是高耗水植物，会降低地下水位，被称为"抽水机"（Yirdaw and Luukkanen，2003）。也有研究表明，桉树人工林相对于天然草地，其基流量减少 27%（Sharda et al.，1998）；桉树造林 9 年后，河川径流从常年不断流变为季节性断流（Scott et al.，1998）；余作岳和皮永丰（1985）在广东电白调查发现，相对于阔叶混交林和光板地，桉树纯林的地下水位最低，为 9~11 m，据此认为桉树人工林导致地下水位下降。而本书表明，由于桉树小区的减水效益较差，大量降雨转化为降雨地表径流，桉树小区区降雨对土壤水及地下水的补给相对较小，是致使桉树种植区基流减小甚至季节性断流的原因之一。此外，有研究表明，桉树人工林年蒸发量为 614.4 mm，约为混交林的 60%（周国逸等，1995），桉树林的水分利用效率比天然林更高。依据桉树小区区河流径流减小而认为桉树是"抽水机"的结论还值得商榷。

综上所述，桉树小区、松树小区及糖蜜草小区均具有一定的减水、减沙效益，且减沙效益均优于其减水效益。植物小区不仅可以通过减水来减沙，也可以通过改变水沙关系来减沙。此外，各植物小区的减水效益与减沙效益相一致，相对于裸土通过改变水沙关系减沙而言，植物主要是通过减水来减沙。在不同时间尺度上，各径流小区产沙、产流基本无显著差异。但在不同降水量区间，裸土小区分别与桉树小区、松树小区、糖蜜草小区呈现显著的产沙差异，裸土小区分别与松树小区、糖蜜草小区呈现显著的产流差异。各小区间产流、产沙的差异主要受降雨的影响。总体而言，各植物小区次降雨径流、产沙数值顺序均呈现桉树小区＞松树小区＞糖蜜草小区。糖蜜草小区的减水、减沙效益最优，桉树小区最差，桉树小区减蚀的关键是提高其减水效益。此外，桉树小区减水效益差是致使桉树种植区基流减小甚至季节性断流的原因之一。

7.2　地表径流过程模拟

地表径流是坡面和流域土壤侵蚀的主要驱动力，并直接影响泥沙的输移数量及距离。曲线数值法（SCS）模型是美国农业部水土保持局研制的用于小流域工程规划、水土保持及防洪设计、城市水文及无资料流域的模型。由于下垫面因素是影响降雨–径流过程的重要因素，而 SCS 模型综合考虑了流域降雨、土壤类型、土地利用方式及管理水平、前期土壤湿润状况与径流间的关系，具有一定的物理意义，且对应用数据的要求不高。因此，SCS 模型被应用于对许多流域水文过程的模拟计算。

7.2.1　产流模型及参数校正

SCS 模型假设实际入渗量（F，mm）与实际径流量（Q，mm）之比等于潜在最大滞留量（S，mm）与潜在径流量（Q_m，mm）之比，如式（7.1）所示：

$$\frac{F}{S} = \frac{Q}{Q_m} \tag{7.1}$$

为了描述潜在径流的过程机制，SCS 模型引用"初损 I_a"的概念并将其定义为降雨发生以后，土壤各剖面及地表产流前消耗于植被截留、初渗和填洼的水量的总和。于是，潜在径流可以表示为降水量和初损的差，如式（7.2）所示：

$$Q_m = P - I_a \tag{7.2}$$

相对于 I_a，F 又称"后损"，是降雨过程中除去"初损"后，未能参与地表产流的水量。S 也称为"潜在下渗量"，这个量是实际入渗量 F 的上限。式（7.1）是基于大量实测资料分析、总结得到的经验关系，反映了实际下渗和产流与潜在下渗产流保持同样的比例关系，其本身代表着自然规律，大量的应用也证明了其合理性。根据水量平衡原理，忽略降雨过程中的蒸发量，实际入渗量 F 可以表示为落地雨量 P（mm）减去初损 I_a 和实际径流量 Q，如式（7.3）所示：

$$F = P - I_a - Q \qquad (7.3)$$

当降水量小于初损时，地表不产生径流，Q 等于 0。当降水量大于初损时，可综合式（7.1）～式（7.3）联解得出地表产流量，如式（7.4）所示：

$$\begin{cases} Q = 0 \, (P < I_a) \\ Q = \dfrac{(P - I_a)^2}{P + S - I_a} \, (P > I_a) \end{cases} \qquad (7.4)$$

由式（7.4）可知，求解地表产流量需要确定降水量 P、潜在最大滞蓄量 S 和初损 I_a。由于初损 I_a 受流域现行管理水平下的土地利用方式以及截留、填洼特别是前期土壤水分条件（antecedent moisture condition，AMC）等多个因素的影响，因此其值不易确定。美国农业部水土保持局通过大量的实验建立起初损 I_a 和潜在最大滞蓄量 S 的经验关系，如式（7.5）所示：

$$I_a = 0.2S \qquad (7.5)$$

根据式（7.4）和式（7.5）可以联解得出仅含有降水量与潜在最大滞蓄量 S 的地表产流量公式，如式（7.6）所示：

$$\begin{cases} Q = \dfrac{(P - 0.2S)^2}{P + 0.8S}, \ P \geqslant 0.2S \\ Q = 0, \ P < 0.2S \end{cases} \qquad (7.6)$$

在降水量已知的情况下，求解产流量，只有一个未知数 S。但影响 S 的因素众多，且 S 取值的变化幅度较大。为解决这一问题，基于其"潜在最大滞蓄量"的水文物理学意义，SCS 模型中引入一个无量纲参数径流曲线数（curve number，CN），S 与 CN 值的关系式如下：

$$S = 254 \left(\frac{100}{\mathrm{CN}} - 1 \right) \qquad (7.7)$$

由式（7.6）和式（7.7）可知，SCS 模型结构简单，产流计算只需确定 CN 参数。CN 值介于 0～100，是反映降雨前期流域水文特征的一个综合参量，CN 值越大，表明流域地表越湿润，地表越容易产流；反之亦然。极值情况为 CN 趋近于 0 时，S 趋近于无穷大，此时流域降水全部下渗，地表无产流；而 CN = 100，$S = 0$，表征着流域无渗透，降雨全部转化为地表产流，如水泥地面、屋顶等不透水区域，其对应的 CN 值为 100。CN 值是 SCS 模型产流计算的核心，确定其大小需综合考虑诸如 AMC、植被、坡度、土地利用等下垫面因素的空间分异特征。在 .NET 平台通过编程，并依据南方红壤区 CN 值已有研究成果，对各地类的 CN 进行校正，其校正过程如图 7.8 所示。经校正后有林地、疏林地、荒草地、耕地、居民地、道路、崩岗、沉积区及水域的 CN 值分别为 83、55、55、55、100、100、60、45、100。

图 7.8　CN 值校正过程

7.2.2　模型模拟及改进

运用校正后的 SCS 模型对源坑河小流域 2014～2016 年 55 场次降雨洪水事件进行模拟（图 7.9）。相对于五华县水土保持试验推广站的实测值，其次洪水事件的模拟误差为–61.1%～63.2%，其中最小误差为–5.7%，最大误差为 63.2%。模拟时段内实测洪水总量为 1978517 m³，模拟洪水总量为 2125221 m³，其模拟误差为 7.41%。不同地类的径流模数有所不同，其中有林草地、耕地、居民地、道路、崩岗及水域的年均径流模数分别为 396922.4 m³/km²、118411 m³/km²、1735067 m³/km²、1609223 m³/km²、7055 m³/km²、1609223 m³/km²。可见，相对于裸土道路面而言，植物措施具有较好的减水效果。而崩岗由于实施了谷坊措施，其径流模数远低于其他地类，表明谷坊等工程措施除具有较好的减沙效益外，也具有较好的减水效益。

如图 7.9 所示，模拟值较实测值存在一定误差，在模拟的持续 86 场洪水事件中（含校正 CN 值的 31 场洪水事件），模拟值较实测值偏大的降雨事件有 15 场，其次降水量的下限为 41.8 mm。而在模拟值小于实际值的 71 场次降雨事件中，仅 2 场次降水量大于 41.8 mm（分别为 47.6 mm 和 51.6 mm），因而可将次降水量 41.8 mm 视为模拟洪水量偏大或偏小的降水量阈值。对于降水量较小的洪水事件，其模拟值小于实测值，而对于降水量较大的洪水事件，其模拟值大于实测值。这源于在校正 CN 值时，已将拦沙坝、水库等工程措施（图 7.10）的影响视为不同下垫面对产流的影响。因而，在 SCS 模型模拟流域产流时，通过减小下垫面的 CN 数值，

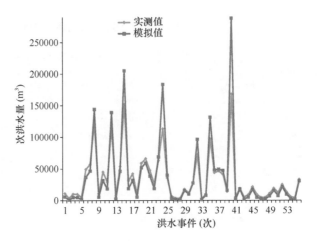

图 7.9 SCS 模拟持续洪水事件

图 7.10 崩岗群拦沙坝（五华县水土保持试验推广站提供）

模拟因水库蓄洪而消减的径流量。此外，单次降雨过程中，水库的蓄洪量也有所差异。其蓄洪量与降雨产流量有关，一般降水量较大时，其水库蓄洪量大于降水量较小时的水库蓄洪量。受降水量影响，其蓄洪量会较平均蓄洪量偏大或偏小。依据模拟值与实测值的差值，可求出径流量的平均偏大值为 27219.5 m^3，偏小值为 5709.4 m^3。

以次降水量 41.8 mm 为分界线，基于.NET 平台编程，依据降水量区间差异对 CN 值进行再次校正。经校正后，当次降水量小于 41.8 mm 时，有林地、疏林地、荒草地、耕地、居民地、道路、崩岗、沉积区及水域的 CN 值分别为 86、65、65、66、98、97、65、65、97。当次降水量大于 41.8 mm 时，有林地、疏林地、荒草地、耕地、居民地、道路、崩岗、沉积区及水域的 CN 值分别为 75、35、35、60、100、

99、35、25、99。由不同降雨区间的 CN 值可知，在降水量较大的条件下，有林地、疏林地、荒草地、耕地、崩岗、沉积区的植被及工程措施的减水蓄洪功能显现。其中，崩岗和沉积区尤为明显，表明崩岗的谷坊、沉积区的水库等工程措施对降雨径流具有较好的减水蓄洪效果。

运用二次校正后的 SCS 模型对源坑河小流域 2014～2016 年 55 场次降雨洪水事件进行再次模拟（图 7.11）。相对于 CN 值二次校正前的模拟结果，校正后的 SCS 模型对于模拟相对小降水量事件（降水量<45 mm）及相对大降水量事件（降水量>55 mm）的产流量，其模拟精度均有所提高。而对模拟相对中等降雨事件（45 mm<降水量<55 mm）的产流模拟精度有所减弱。CN 值二次校正后的模拟结果相对于实测值，其产流量模拟误差最小值为–1.98%，最大值为 46.53%。模拟时段内实测洪水总量为 1978517m³，模拟洪水总量为 1666962 m³，模拟误差为 15.75%，其径流总量模拟精度较二次校正前有所下降。其原因主要为洪水总量为单次模拟洪水量之和，其模拟径流量偏高值与模拟径流量偏低值相加，从而其误差相互抵消，虽然二次校正前的次降雨模拟精度较低，但其洪水总量模拟精度却反而较高。

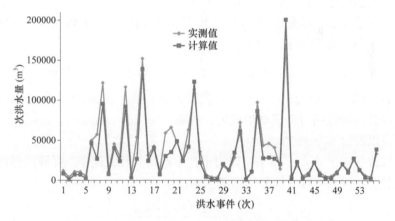

图 7.11　分雨量区间校正的 SCS 模拟持续洪水事件

基于 SCS 模型，依据不同地类单元的产流特点，调整 CN 参数，可有效模拟流域不同下垫面的产流量变化。此外，考虑不同降水量条件下，水土保持措施对流域的减水效益存在差异，以次降水量 41.8 mm 为分界线，依据不同降雨区间对 CN 值进行再次校正，其次降雨产流模拟精度有所提高。

7.3　侵蚀产沙过程模拟

USLE 是美国农业部于 20 世纪中叶研发的用于定量预报农田或草地坡面多

年平均土壤流失量的一个经验性土壤侵蚀预报模型。由于 USLE 模型结构简单，所需参数较少，且建立了较为可靠的模型参数获取方法，因此其模拟结果较为可靠（McCool et al.，1987；潘美慧等，2010；Sefano et al.，2017），从而使得 USLE 模型被广泛应用于土壤侵蚀强度定量评价、土地资源合理利用以及水土保持规划等方面。我国自 20 世纪 80 年代引用 USLE 模型之后，USLE 模型被国内学者所广泛应用，并验证了其模拟结果具有较好的精度（郑粉莉等，2001）。此外，USLE 模型的修正版本 MUSLE 模型是 Williams 在 USLE 模型的基础上发展而来的（Williams and Berndt，1977），该模型用降雨径流因子（径流量、洪峰流量）代替原来的 USLE、RUSLE 模型中的降雨侵蚀力因子，无须引入泥沙输移比参数就可直接获得流域次降雨产沙量，其更适合流域尺度的土壤侵蚀计算。

7.3.1　模型及参数获取

MUSLE 模型经过 Williams（1995）进一步改进后，如式（7.8）所示，模型参数主要包括：地表径流因子（R_s）、洪峰流量因子（q_p）、栅格大小（A_{pixel}）、土壤可蚀性因子（K）、地形因子（SL）、覆盖和管理因子（C）以及水土保持措施因子（P）、土壤粗糙度因子（CFGR）。

$$Y = 11.8 \times \left(R_s \times q_p \times A_{pixel} \right)^{0.56} \times K \times SL \times C \times P \times CFGR \tag{7.8}$$

地表径流因子（R_s）：当坡面降雨强度大于土壤入渗强度时，雨水就开始在地表汇集，并朝较低的方向流动形成地表径流，单位为 mm/hm^2。次降雨的地表径流因子可以通过 SCS 模型获取。

洪峰流量因子（q_p）：指某次降雨事件中的最大径流速率，受降雨强度、流域下垫面状况、降雨持续时间等因素的影响。

$$q_p = \frac{\alpha_{tc} \times R_s \times A_{pixel}}{3.6 \times t_{conc}} \tag{7.9}$$

式中，α_{tc} 为发生在径流汇流时段内的降水量占总降水量的比重（对于短时间暴雨，所有或大部分降雨发生在径流汇流时段时，则将其赋值为 1）；3.6 为单位换算系数；t_{conc} 为栅格汇流时间；A_{pixel} 为栅格大小，单位为 hm^2。

流域内每个栅格的汇流时间（t_{conc}）有两类，其一为 t_{ov}（坡面栅格汇流时长），如式（7.10）所示；其二为 t_{ch}（河道栅格汇流时长），如式（7.11）所示：

$$t_{ov} = \frac{L_{slp}{}^{0.6} \times n^{0.6}}{18 \times slp^{0.3}} \tag{7.10}$$

$$t_{ch} = \frac{0.62 \times L \times n^{0.75}}{\text{Area}^{0.125} \times \text{slp}_{ch}^{0.375}} \tag{7.11}$$

式中，L_{slp} 为坡面长度，单位为 m；n 为曼宁粗糙系数（表 7.5，表 7.6）；slp 为栅格坡面坡度，单位为 m/m；L 为河道栅格的汇入点到流出点的最大距离，单位为 m；Area 为栅格的面积，单位为 m^2。

表 7.5　坡面曼宁粗糙系数表（Engman and Asce，1986；杨海龙等，2005）

地表类型	中值	范围
休耕地无残茬	0.010	0.008～0.012
传统耕作无残茬	0.090	0.060～0.120
传统耕作有残茬	0.190	0.160～0.220
免耕，无残茬	0.070	0.040～0.100
免耕，0.5～1 t/ hm² 残茬	0.120	0.070～0.170
免耕，2～9 t/ hm² 残茬	0.300	0.170～0.470
牧场，覆盖度 20%	0.600	
矮草大草原	0.150	0.100～0.200
茂密的草地	0.240	0.170～0.300
裸地	0.02	0.012～0.033
马尾松、阔叶林、铁芒萁	0.101	
杉树、马尾松、阔叶林、蕨类	0.258	

表 7.6　河道曼宁粗糙系数表 （Engman and Asce，1986）

河道类型	河道状况	中值	范围
挖掘或疏浚河道	直的、规整的	0.025	0.016～0.033
	弯曲的	0.035	0.023～0.050
	无维护，长有杂草和灌木	0.075	0.040～0.140
自然河道	少量树木和石砾	0.050	0.025～0.065
	较多乔木和灌木	0.100	0.050～0.150

土壤可蚀性因子（K）：土壤可蚀性因子反映在雨滴溅蚀及径流冲刷作用下，土壤被分散、搬运的难易程度。我们分别于 2015 年 11 月 8 日和 2016 年 10 月 30 日对源坑河小流域内的有林地、耕地、荒草地、疏林地、灌木林地、干流沉积区、支流沉积区、弃耕地、活跃崩岗区和稳定崩岗区进行地表 20 cm 的土样采集。采样点分布及采样照片如图 7.12 所示，分析其机械组成、总氮及有机碳含量。采用 Williams（1995）在侵蚀力影响估算模型（erosion-productivity impact calculator，EPIC）中发展的土壤可蚀性因子 K 值估算方法，测算各径流小区的土壤 K 值 [式（7.12）]。其计算公式为

$$K = \left\{ \left[0.2 + 0.3 \mathrm{e}^{\left[-0.0256 S_a \left(1 - \frac{S_i}{100} \right) \right]} \right] \left(\frac{S_i}{C_l + S_i} \right)^{0.3} \left[1 - \frac{0.25C}{C + \mathrm{e}^{(3.72 - 2.95C)}} \right] \left[1 - \frac{0.7 S_n}{S_n + \mathrm{e}^{(-5.51 + 22.9 S_n)}} \right] \right\}$$

(7.12)

式中,K 为土壤可蚀性因子;S_a 为砂粒含量(0.05～2mm),%;S_i 为粉粒含量(0.002～0.005 mm),%;C_l 为黏粒含量(<0.002 mm),%;C 为有机碳含量,%;S_n=1–S_a/100,式中各参数均采取实测方法确定。

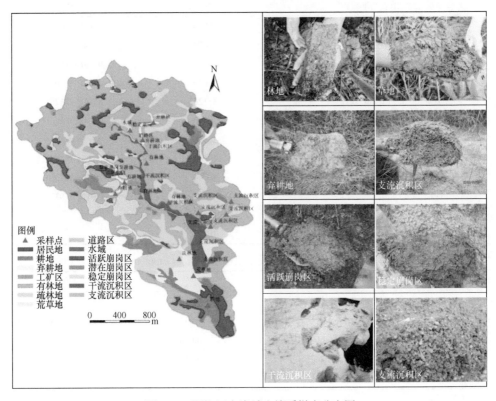

图 7.12   源坑河小流域土壤采样点分布图

地形因子(SL):坡度和坡长都显著影响着坡面水蚀速率(McCool et al.,1987)。SL 是在其他条件相同时,单位面积坡面上的土壤流失量与从坡长为22.13 m、坡度为9%的坡面上测得的土壤流失量的比值。研究区地形较为陡峭,需要对其参数进行校正,坡长、坡度因子采用的计算公式如下:

$$L = \left(\frac{l}{22.13} \right)^m$$

(7.13)

式中,L 为坡长因子;l 为像元坡长;m 为坡长指数。

由于径流存在横穿栅格及斜穿栅格两种形式，其像元坡长的计算公式如下：

$$l_i = \sum_1^i (D_i / \cos\theta_i) - \sum_1^{i-1}(D_i / \cos\theta_i) = D_i / \cos\theta_i \qquad (7.14)$$

式中，l_i 为像元坡长；D_i 为沿径流方向每像元坡长的水平投影距（在栅格图像中为两相邻像元中心距，其随方向而异）；θ_i 为每个像元的坡度（°）；i 为自山脊像元至待求像元个数。m 取值如式（7.15）所示：

$$m = \begin{cases} 0.5 & \beta \geqslant 5\% \\ 0.4 & 3\% \leqslant \beta < 5\% \\ 0.3 & 1\% \leqslant \beta < 3\% \\ 0.2 & \beta < 1\% \end{cases} \qquad (7.15)$$

式中，β 为像元坡度（%）。

坡度因子 S 分段计算：

$$S = \begin{cases} 10.8\sin\theta + 0.03 & \theta < 5° \\ 16.8\sin\theta - 0.5 & 5° \leqslant \theta < 10° \\ 21.91\sin\theta - 0.96 & \theta \geqslant 10° \end{cases} \qquad (7.16)$$

对源坑河小流域比例尺为 1∶5 万、等高距为 10 m 的地形图进行数字化，通过空间插值获取空间分辨率为 5 m 的栅格数字高程模型（DEM）。通过空间分析模块，计算出每个栅格的坡度，并结合式（7.13）～式（7.16）计算出模型的地形因子（图 7.13）。

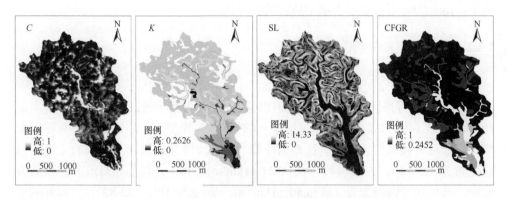

图 7.13　MUSLE 模型参数

覆盖和管理因子（C）：C 为一定条件下有植物覆盖或实施田间管理措施的坡面土壤流失总量与同等条件下实施清耕的连续休闲地土壤侵蚀总量的比值，可定量表达植物等对土壤侵蚀的影响，其值介于 0～1，其值越大则土壤侵蚀越严重。本书 C 的计算采用蔡崇法等（2000）通过植被覆盖度求取 C 的方法，其计算公式如下：

$$
\begin{cases}
C = 1 & c = 0 \\
C = 0.6508 - 0.3436\lg^{c} & 0 \leqslant c < 78.3\% \\
C = 0 & c \geqslant 78.3\%
\end{cases}
\tag{7.17}
$$

式中，C 为覆盖和管理因子；c 为作物或植物的覆盖度。

多光谱遥感影像可比较真实地反映植被的实际覆盖度及其空间分布（Durigon et al.，2014），因而可建立归一化植被指数（NDVI）和植被盖度间的关系式（马超飞等，2001）：

$$
c = 108.49 \times \text{NDVI} + 0.717
\tag{7.18}
$$

本书基于多光谱遥感影像的近红外波段、红色波段，计算出流域下垫面的 NDVI 值，再基于式（7.18）计算其植被覆盖度，然后通过式（7.17）计算出源坑河小流域的 C。如图 7.13 所示，源坑河流域内 C 的范围为 0～1，平均值为 0.531。

水土保持措施因子（P）：P 指的是某种水保措施支持下的土壤流失量与对应的顺坡耕作条件下的流失量的比值。其值反映了水保措施差异而引起的土壤流失量差别，其值范围为 0～1，其不发生侵蚀的区域取值为 0，而未采取任何措施的区域取值为 1。P 的计算方法参照蔡崇法等（2000）和潘美慧等（2010）。

土壤粗糙度因子（CFGR）：CFGR 指表层砾石含量对地表糙度的影响，其计算公式为

$$
\text{CFRG} = \exp(-0.053 \times \text{rock})
\tag{7.19}
$$

式中，rock 为砾石在表层土壤中所占的百分比（%）。

7.3.2 模型模拟及分析

在 ArcGIS 中分别建立 2015 年源坑河小流域地表径流因子（R_s）、洪峰流量因子（q_p）、土壤可蚀性因子（K）、地形因子（SL）、覆盖和管理因子（C）、水土保持措施因子（P）以及土壤粗糙度因子（CFGR）等模型因子的栅格图层，并用栅格计算器对各模型参数图层进行叠加计算，获取 2015 年源坑河小流域的土壤侵蚀总量为 33523.18 t，侵蚀模数为 6302.21 t/(km²·a)。其中，侵蚀模数最大的地类为崩岗，其平均侵蚀模数为 13476.50 t/(km²·a)，崩岗面积仅占 13.82 %，却贡献了 29.56 %的泥沙。即便如此，由于目前缺乏模拟重力侵蚀的模型，崩岗侵蚀量仍然被低估。源坑河小流域内林地植物以马尾松为主，2015 年模型计算侵蚀模数为 5996.92 t/(km²·a)。而 2015 年马尾松径流小区次降雨水土流失监测结果表明，其土壤侵蚀模数为 940 t/(km²·a)，马尾松径流小区的实测结果小于其流域模拟值，而其侵蚀模数差异主要是其植被覆盖度及上方来水来沙差异造成的。流域部分林地处于崩岗和山脊线附近，土质及土壤养分条件较差，植被覆盖有限且林下裸露，存

在较为严重的林下侵蚀。而径流小区中的松树存在定期的人为维护，植被覆盖度达到 40%以上，其地表已存在较为明显的枯枝落叶，有效地减缓了径流小区中的水土流失强度。此外，马尾松径流小区为封闭小区，无上坡来水来沙汇入，从而使其较流域林地水土流失强度要小。

基于流域侵蚀量，依据《土壤侵蚀分类分级标准》（SL190—2007）对流域水土流失风险进行分级评价。分别将年侵蚀模数<500 t/(km²·a)、500～2500 t/(km²·a)、2500～5000 t/(km²·a)、5000～8000 t/(km²·a)、8000～15000 t/(km²·a)、>15000 t/(km²·a) 的水土流失风险等级定为微度侵蚀风险、轻度侵蚀风险、中度侵蚀风险、强度侵蚀风险、极强侵蚀风险、剧烈侵蚀风险，其水土流失风险分级如图 7.14 所示，其面积比重顺次为 17.25%、7.18%、15.36%、29.92%、27.37%和 2.91%，各侵蚀模数区间对应的侵蚀模数分别为 45.84 t/(km²·a)、1376.18 t/(km²·a)、4021.31 t/(km²·a)、6465.42 t/(km²·a)、10348.80 t/(km²·a)、17356.60 t/(km²·a)。

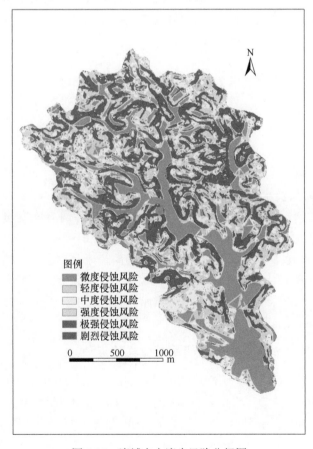

图 7.14　流域水土流失风险分级图

7.4　土壤有机碳流失过程模拟

土壤有机碳主要分布于土壤的表层，容易遭受土壤侵蚀的影响（Lowrance and Williams，1989）。当前研究认为，一方面土壤侵蚀可通过破坏土壤团聚体、挟带有机碳、加速有机碳矿化等致使区域有机碳损失，而另一方面土壤侵蚀又使得有机碳通过泥沙沉积而埋于地表之下，从而促进有机碳的积累。土壤有机碳随土壤侵蚀的流失形态一般有两种，其一是可溶性有机碳随径流流走，其二为颗粒态有机碳，包括与泥沙黏粒结合的吸附性有机碳，以及以有机残体碎屑形式存在的颗粒态有机碳。因而，可分别采用溶解态负荷模型及吸附态负荷模型对土壤有机碳的流失进行模拟。本书在室内人工模拟降雨土槽坡面，对土壤侵蚀过程中有机碳的流失量进行监测。径流量采用体积法量测，泥沙量采用烘干称重法测定，径流中有机碳含量采用碳自动分析仪测定，泥沙的有机碳含量采用 $K_2Cr_2O_7$-H_2SO_4 外加热氧化法测定。依据室内人工模拟降雨的数据建立有机碳流失模型，并依据野外径流小区的监测数据予以验证。

7.4.1　室内人工土槽实验

坡面有机碳流失模拟降雨试验在广东省生态环境技术研究所人工模拟降雨大厅进行。降雨大厅主要由降雨系统、控制系统及下垫面系统三部分构成，有效降雨面积为 288 m^2，有效降雨高度为 13.4 m，在加压泵的作用下其雨滴可达到自然降雨终点速度。另通过计算机上的人工模拟降雨控制系统，可调配 5 种不同雨滴规格的下喷式喷头及水压压强的组合，从而模拟降雨强度为 15～300 mm/h 的自然降雨，其降雨均匀度在 85%以上。下垫面系统为可调节坡度的土槽，土槽规格（长×宽×高）分别为 2 m×0.5 m×0.5 m、3 m×1 m×0.5 m，坡度调节范围为 0°～30°，土槽尾部设置 V 形汇流口，用于收集降雨径流及泥沙，土槽底部打孔，可保证水在土壤中的自由渗透（郭太龙等，2015）。土壤碳流失试验分为两组，其一是分析土地类型、降雨强度及坡度对土壤碳流失的影响，其二是分析坡面微地貌变化对土壤碳流失的影响。

1. 土地类型、降雨强度及坡度对土壤碳流失的影响

试验设计 3 个水平的模拟降雨强度（90 mm/h、180 mm/h、270 mm/h）、两个水平的坡度（10°、25°），采用两种供试土壤（林地、弃耕地土壤），共计实施模拟降雨试验 12 场，每场降雨持续时间为 60 min。在模拟降雨的 0～5 min，每 1 min 收集 1 个含沙径流样；在 6～20 min，每 5 min 收集一个含沙径流样；在 21～60 min，每 10 min 收集一个含沙径流样，每场降雨合计收集 13 个含沙径流样。测定的主

要指标包括：径流量、泥沙量、径流中可溶性有机碳、泥沙中有机碳等。

通过测试分析可知，林地土壤的平均有机碳含量为 5.47 g/kg，其黏粒、粉粒和砂粒所占比重分别为 25.4%、27.8% 和 46.8%。弃耕地土壤的平均有机碳含量为 4.95 g/kg，其黏粒、粉粒和砂粒所占比重分别为 27.4%、49.0% 和 23.6%。各采样时段内，林地土槽的产沙速率为 0.0148～0.3144 kg/min，其产沙的有机碳含量为 4.13～8.73 g/kg，共计产沙及有机碳的输出数量为 24.89 kg 和 141.58 g。弃耕地土槽的产沙速率为 0.0045～0.5469 kg/min，弃耕地土槽的输出泥沙的有机碳含量为 4.02～6.59 g/kg，产沙量及颗粒态有机碳的输出数量分别为 16.16 kg 和 82.63 g。不同地类土壤间，其土壤侵蚀量及其颗粒态有机碳输出量存在较大差异，其主要由不同地类土壤中有机碳及土壤机械组成存在差异造成的，表明地类差异对土壤侵蚀量及颗粒态有机碳的输出具有一定影响。通过分析发现，林地、弃耕地的土壤侵蚀量与其颗粒态有机碳流失量均呈现较好的正相关关系，其相关系数分别为 0.979、0.993（$n=72$，$P<0.01$）。如图 7.15 所示，土壤侵蚀量均与其颗粒态有机碳流失量呈现较好的线性关系，且将截距设为 0 时，其拟合度几近无变化。

通过测试分析可知，林地、弃耕地土壤的可溶性有机碳含量分别为 32.95 mg/kg、38.5 mg/kg。各采样时段内，林地土槽的径流速率为 0.692～3.834 L/min，其径流可溶态有机碳含量为 1.26～4.34 mg/L，径流量及可溶态有机碳的输出量共计分别为 914.07 L 和 1869.49 mg。弃耕地土槽的径流速率为 0.99～6.03 L/min，可溶态有机碳含量为 1.24～3.09 mg/L，径流量及可溶态有机碳的输出量分别为 1124.64 L 和 2637.94 mg。弃耕地的径流量及其可溶态有机碳输出量均大于林地。通过分析发现，林地、弃耕地土壤的径流量与其可溶态有机碳流失量均呈现较好的正相关关系，其相关系数分别为 0.947、0.986（$n=72$，$P<0.01$）。如图 7.16 所示，径流量均与其可溶态有机碳流失量呈现较好的线性关系，且将截距设为 0 时，其拟合度几近无变化。

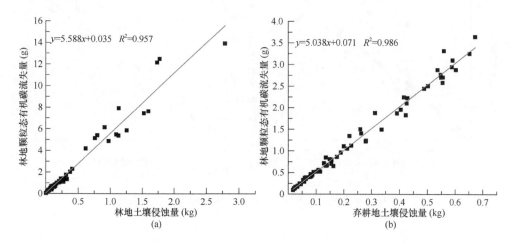

(a)　　　　　(b)

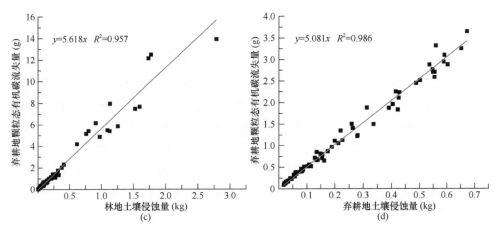

图 7.15　不同地类土壤侵蚀量与颗粒态有机碳流失量的相关关系

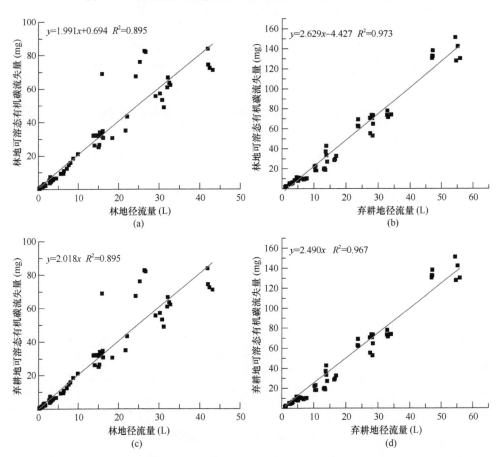

图 7.16　不同地类径流量与可溶态有机碳流失量的相关关系

2. 坡面微地貌变化对土壤碳流失的影响

崩岗是中国南方侵蚀强度最大的一种侵蚀地貌，也是研究区小流域内主要的泥沙来源。崩岗主要由崩壁、崩积体和冲积锥三部分组成，其中崩积体是由崩壁土体崩塌后堆积而成的，具有土质疏松、粗颗粒含量高、坡度大、易侵蚀等特点，是崩岗产沙的主要源地。目前已开展了降雨、径流、坡度等外部因素对整个崩积体坡面侵蚀影响的研究，但对崩积体降雨侵蚀过程中的坡面微地貌变化对坡面产沙及其土壤有机碳输出的影响还关注较少。

该试验依据野外调查及相关文献，将崩积体坡度及次降水量分别设置为 30°、200 mm/次，其降水量与五华县 30 年一遇的降雨标准（201 mm/d）相近。持续进行 20 场次降雨的崩积体坡面产沙试验，单次降雨时长为 60 min，相邻次降雨间隔时间大于 6 h。分别将容积为 25 L 的塑料集流桶置于土槽尾部 V 形汇流口处，以收集土槽不同时段内的含沙径流。在坡面产流后的时段内，按 10 min 间隔混合所采集的径流泥沙样，每场降雨合计采集 6 个含有机碳泥沙径流样。由于崩积体土壤及其降雨坡面径流中的有机碳含量较小，因此仅对前 8 场降雨的含沙径流样进行了颗粒态有机质含量测试分析。该试验不再考虑降雨因子的变化，仅设置了强降雨（200 mm/次）及陡坡（30°）的侵蚀条件，以剔除降雨、坡度对坡面产沙的影响，剥离出坡面粗化对强降雨的减蚀作用。

在初次降雨前及每场降雨之后采用徕卡 HDS3000 三维激光扫描仪（图 7.17），以 1 mm 间距扫描崩积体坡面形态变化。基于扫描的点云，生成坡面 DEM 及其坡面糙度图。如图 7.18 所示，坡面糙度值由第一场降雨前的 1.157 增大至第 8 场降雨后的 1.273，其坡面糙度随着雨场次呈现幂函数增加趋势。随着坡面糙度值的增大，其单位时间内的侵蚀量由第 1 个泥沙样的 0.502 kg/min 减小至第 48 个泥沙样的 0.102 kg/min，其侵蚀量呈现幂函数减小趋势。可见，在持续降雨作用下，坡面微地貌（糙度）变化对坡面产沙具有一定的抑制作用（Liao et al.，2019）。

通过测试分析可知，崩积体土壤的有机碳含量为 1.08 g/kg，其黏粒、粉粒和砂粒所占比重分别为 6.9%、44.2% 和 48.9%。各采样时段内，崩积体土槽的产沙速率为 0.047～0.763 kg/min，其产沙的有机碳含量为 0.798～1.378 g/kg，颗粒态有机碳含量随降雨场次无明显变化，表明坡面微地貌变化对坡面有机碳输出强度影响较小。坡面累计产沙量及颗粒态有机碳的输出数量共计 80.974 kg 和 92.093 g。其土壤侵蚀量与其颗粒态有机碳流失量均呈现较好的正相关关系，其相关系数分别为 0.987（$n=48$，$P<0.01$）。如图 7.19 所示，土壤侵蚀量均与其颗粒态有机碳流失量呈现较好的线性关系，且将截距设为 0 时，其拟合度几近无变化。可见，坡面微地貌（糙度）可通过抑制坡面产沙，进而减少颗粒态有机碳的流失。

图 7.17　人工模拟降雨试验

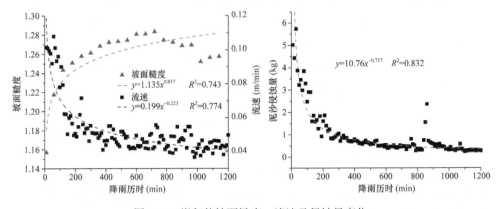

图 7.18　崩积体坡面糙度、流速及侵蚀量变化

　　降雨、坡度及地类在一定程度上影响颗粒态、可溶态有机碳的输出量,而在降雨、坡度及地类耦合影响下,其有机碳含量间的差异表现如下。

　　(1)在相同降雨、坡度及地类条件下,林地、弃耕地及崩岗崩积体输出泥沙的颗粒态有机碳含量变异系数分别为 7.48%～13.94%、6.72%～10.70%、14.29%,差异不大($CV<15\%$)。林地、弃耕地输出的可溶态有机碳含量变异系数分别为

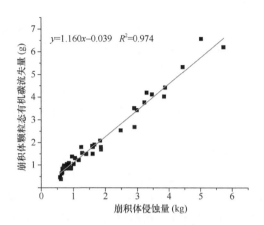

图 7.19　崩积体侵蚀量与土壤有机碳流失量的相关关系

12.52%～36.67%、10.48%～18.16%，其中林-10°-180 mm/h、林-10°-270 mm/h、弃耕-10°-90 mm/h、弃耕-10°-180 mm/h、弃耕-25°-270 mm/h 条件下，可溶态有机碳含量差异较小（$CV<15\%$），其余存在较大差异。

（2）在相同雨强、地类，不同坡度（10°、25°）条件下，林-90 mm/h、林-180 mm/h、林-270 mm/h、弃耕-90 mm/h、弃耕-180 mm/h、弃耕-270 mm/h 条件下的颗粒态有机碳输出差异系数分别为 13.37%、21.99%、22.56%、10.15%、9.32%、8.37%，仅林-180 mm/h、林-270 mm/h 条件下其颗粒态有机碳含量存在较大差异（$CV>15\%$）。林-90 mm/h、林-180 mm/h、林-270 mm/h、弃耕-90 mm/h、弃耕-180 mm/h、弃耕-270 mm/h 的可溶态有机碳输出差异系数分别为 17.87%、22.97%、32.49%、17.67%、17.93%、17.15%，在相同雨强、地类，不同坡度（10°、25°）条件下其可溶态有机碳含量均存在较大差异（$CV>15\%$）。

（3）在相同雨强、坡度，不同地类（林地、弃耕地、崩岗崩积体）条件下，10°-90 mm/h、10°-180 mm/h、10°-270 mm/h、25°-90 mm/h、25°-180 mm/h、25°-270 mm/h、30°-200 mm/h 条件下的颗粒态有机碳输出差异系数分别为13.93%、10.69%、18.28%、18.76%、15.56%、7.31%、14.29%，其中 10°-270 mm/h、25°-90 mm/h、25°-180 mm/h 条件下，其颗粒态有机碳含量存在较大差异（$CV>15\%$）。10°-90 mm/h、10°-180 mm/h、10°-270 mm/h、25°-90 mm/h、25°-180 mm/h、25°-270 mm/h 条件下的可溶态有机碳输出差异系数分别为 15.93%、13.00%、20.80%、22.84%、17.91%、26.45%，除 10°-180 mm/h 条件下，其余可溶态有机碳含量存在较大差异（$CV>15\%$）。

（4）在相同地类、坡度，不同雨强（90 mm/h、180 mm/h、270 mm/h）条件下，林-10°、林-25°、弃耕-10°、弃耕-25°条件下的颗粒态有机碳输出差异系数分别为 19.07%、20.12%、8.62%、11.39%，其中林地的颗粒态有机碳含量存在较大差异（$CV>15\%$）。林-10°、林-25°、弃耕-10°、弃耕-25°的颗粒态有机碳输出差异系数分别为 15.28%、26.59%、16.82%、26.97%，其中可溶态有机碳含量均存在较大差异（$CV>15\%$）。

综上分析可知，①在相同次降雨作用下，流域相同地形、地类区域输出泥沙的颗粒态有机碳含量差异不大，而可溶态有机碳含量仅在坡度较小的区域差异较大。②在相同次降雨作用下，流域相同地类，不同地形区域输出泥沙的颗粒态有机碳含量差异不大，而可溶态有机碳含量的差异均较大。③在雨强较小的次降雨作用下，流域地形较缓的不同地类区域输出泥沙的颗粒态有机碳含量差异不大，而可溶态有机碳含量的差异较大。④在不同次降雨条件下，流域相同地形、地类区域中，弃耕地输出泥沙的颗粒态有机碳含量差异不大，而可溶态有机碳含量差异均较大。可知，相对于可溶态有机碳而言，泥沙的颗粒态有机碳受外界影响变幅较小，特别是相同地形、地类区域输出的颗粒态有机碳含量较为一致。因而，可利用流域土壤侵蚀强度、径流模数及其土壤中的颗粒态、可溶态有机碳含量计算出流域颗粒态、可溶态有机碳的输出量。

由前文分析可知，林地、弃耕地和崩岗崩积体中土壤有机碳含量为 5.47 g/kg、4.95 g/kg 和 1.08 g/kg，而通过回归分析，林地、弃耕地和崩岗崩积体侵蚀量与颗粒态有机碳输出量拟合方程的系数分别为 5.618、5.081 和 1.146，其比值分别为 1.027、1.026、1.061，平均值为 1.038。而林地、弃耕地和崩岗崩积体产沙的有机碳富集系数分别为 1.089、1.051 和 1.053，平均值为 1.064。可见，侵蚀量与颗粒态有机碳输出量拟合方程的系数与土壤有机碳含量的比值（1.038）和有机碳富集系数的平均值 1.064 的数值差比值为 2.44%，二者十分接近。其拟合方程与 Starr 等（2000）提出的 SOC 流失理论线性关系模型十分吻合，其方程系数的物理意义为土壤有机碳含量。因而，可采用 Starr SOC 流失模型计算土壤侵蚀过程中的颗粒态有机碳的流失，如式（7.20）所示：

$$C_{loss}^l = S_{loss} \cdot C_{soil} \cdot Er \qquad (7.20)$$

式中，C_{loss}^l 为颗粒态有机碳的流失量（g）；S_{loss} 为土壤流失量（kg）；C_{soil} 为原土壤有机碳含量（g/kg）；Er 为侵蚀泥沙 SOC 富集度 1.038。

另由前文分析可知，林地、弃耕地径流中的可溶态有机碳含量分别为 1.26～4.34 mg/L、1.3～3.09 mg/L，林地、弃耕地泥沙中的颗粒态有机碳含量分别为其的 1152.07～6597.66 倍、1631.39～4298.39 倍。林地、弃耕地土壤可溶态有机碳含量与其在不同降雨及坡度条件下的可溶态有机碳输出浓度的比值分别为 18.81、18.99、20.73、17.39、14.21、17.04，19.57、17.15、16.11、22.81、14.40、12.83。可见，相对于土壤可溶态有机碳的含量而言，径流中的可溶态有机碳含量受水土流失影响，呈现一定稀释状态。林地、弃耕地的平均稀释数值分别为 17.86、17.15，二者平均值为 17.51。而如图 7.16 所示，林地、弃耕地可溶态拟合方程中的系数 2.018、2.490，林地、弃耕地土壤可溶态有机碳的含量分别是其方程系数的 16.328 倍、15.462 倍，二者平均值为 15.90。其值与有机碳稀释倍数的平均值 17.51 的数值差比值为 9.20%，二者较为接近，且可溶态有机碳的稀释系数与产流量无明显的相关性，其值较为稳定。因而，可利用图 7.16 中有机碳输出量与产流量的比值（径流可溶态有机碳含量）再除以土壤可溶态有机碳含量作为稀释系数，建立土壤可溶态有机碳流失方程，如式（7.21）所示：

$$C_{loss}^2 = \text{Runoff} \cdot C_{water} \cdot \text{DIL} \tag{7.21}$$

式中，C_{loss}^2 为可溶态有机碳的流失量（mg）；Runoff 为降雨时段地表径流的产生量（L）；C_{water} 为原土壤中可溶态有机碳含量（mg/L）；DIL 为径流中 DOC 的稀释系数 1/15.9。

综上，采用式（7.23）、式（7.24）可求取水土流失过程中颗粒态有机碳和可溶态有机碳的流失总量：

$$C_{loss} = C_{loss}^1 + C_{loss}^2 / 1000 \tag{7.22}$$

式中，C_{loss} 为水土流失过程中的有机碳总流失量（g）；C_{loss}^1 为颗粒态有机碳的流失量（g）；C_{loss}^2 为可溶态有机碳的流失量（mg）。

7.4.2　野外径流小区验证

本书对 2014 年 1 月～2016 年 12 月的五华县水土保持试验推广站所布设的径流小区监测数据进行分析，年降水量分别为 1415 mm、1685.2 mm、2460.2 mm，降水次数分别为 141 场、140 场、174 场，年次降雨的平均降水量分别为 10.04 mm、12.04 mm、14.14 mm。图 7.20 为径流小区的次降雨情况，其次降水量范围为 0.2～125.2 mm。其中，0.2～10 mm、10～20 mm、20～30 mm、30～40 mm、40～50 mm 和>50 mm 的降水量占总降水量、降雨次数占总降雨次数的比重分别为 17.18%、64.84%、19.06%、15.82%、16.74%、8.35%、11.69%、3.96%、12.06%、3.30%、23.27%、3.74%。可见，降雨次数以小雨强降雨（<10 mm）为主，而降水量主要集中于强降雨事件，其中虽然降水量>50 mm 的降雨场次仅占总降雨场次的 3.74%，但其降水量却占到了总降水量的 23.27%。

据实地监测，各径流小区仅在降水量大于 10 mm 才发生水土流失，2014 年 1 月～2016 年 12 月，共发生水土流失事件 110 场次，其中 2014 年、2015 年、2016 年的侵蚀性降雨事件分别为 35 次、37 次、38 次。2014 年、2015 年、2016 年裸土小区、桉树小区、松树小区和糖蜜草小区的侵蚀模数分别为 3060 t/(km²·a)、

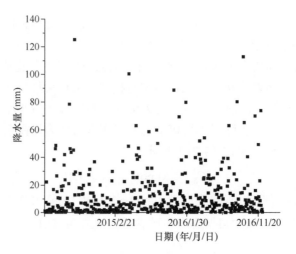

图 7.20   径流小区次降雨情况

1040 t/(km^2·a)、1033 t/(km^2·a)，2922 t/(km^2·a)、1007 t/(km^2·a)、952 t/(km^2·a)，2731 t/(km^2·a)、936 t/(km^2·a)、852 t/(km^2·a)和2618 t/(km^2·a)、885 t/(km^2·a)、745 t/(km^2·a)。其年平均侵蚀模数分别为1711 t/(km^2·a)、1627 t/(km^2·a)、1506 t/(km^2·a)、1417 t/(km^2·a)，表明在植物覆盖度、地表糙度及枯枝落叶的作用下，虽然 2016 年的降水量较 2014 年、2015 年分别增大了 42.48%、31.50%，但其侵蚀模数仍有所下降。此外，由图 7.21 可知，年内侵蚀降雨事件均较为集中，主要分布在雨季，且径流小区次降雨产沙量以<10 kg 的降雨事件为主。侵蚀强度从大到小依次为裸土小区、桉树小区、松树小区和糖蜜草小区。

选取 2015 年 5 月、7 月和 9 月的 3 次典型降雨事件进行模型模拟分析，其次降雨的径流、侵蚀量实测值见表 7.7。在次降雨后，分别对收集的泥沙和水样进行测试分析，通过量测产沙量、产流量及其颗粒态、可溶态有机碳含量，基于式（7.22）可计算出裸土小区、桉树小区、松树小区和糖蜜草小区（其编号顺次为 1，2，3，4）在 3 场次（其编号顺次为 1，2，3）降雨条件下的有机碳流失量。由图 7.22（横坐标中前面的数字为小区编号，后面的数字为降雨编号）可知，5 月、9 月的两场次降雨的平均绝对值误差分别为 8.67%、9.59%，而 7 月的平均绝对值误差为 30.15%。其主要原因为，7 月气温较高，其微生物对枯枝落叶的分解能力加强，致使颗粒态及溶解态的有机碳流失量增加，即相对于其他阶段的降雨，其颗粒态有机碳流失的实际富集系数较模型富集系数偏大，且可溶态有机碳流失的实际稀释系数较模型稀释系数偏小，使得在该降雨时段内模拟值普遍小于实测值。各径流小区不同场次降雨有机碳流失量实测值与模拟值的误差范围为−10.74%～37.94%，平均绝对值误差为 16.14%，即式（7.22）对 3 次降雨事件中有机碳的流失量模拟精度为 83.86%，说明其具有一定的模拟精度。

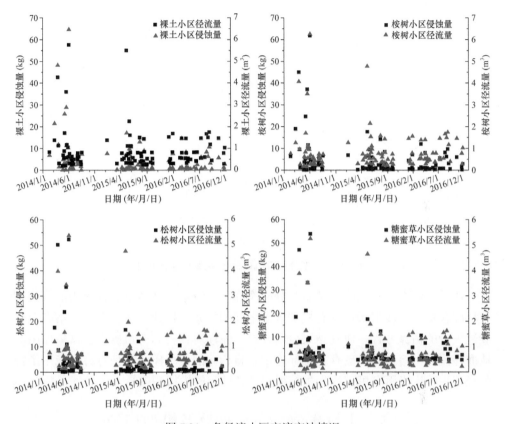

图 7.21　各径流小区产流产沙情况

表 7.7　径流小区典型降雨水土流失实测值

小区	降雨场次	侵蚀量（kg）	径流量（m³）	降水量（mm）
裸土小区	201505	1.80	0.75	29.0
	201507	13.00	1.52	88.0
	201509	0.69	0.53	21.0
桉树小区	201505	1.54	0.70	29.0
	201507	14.2	1.57	88.0
	201509	0.62	0.51	21.0
松树小区	201505	1.65	0.73	29.0
	201507	12.1	1.48	88.0
	201509	0.57	0.48	21.0
糖蜜草小区	201505	1.38	0.64	29.0
	201507	12.4	1.52	88.0
	201509	0.51	0.48	21.0

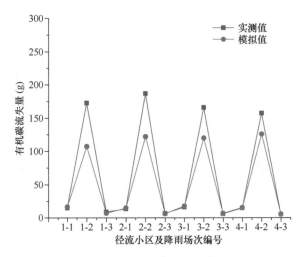

图 7.22   典型降雨有机碳流失实测值与模拟值

通过室内人工模拟降雨试验，分析次降雨产流量、产沙量、径流中的可溶态有机碳含量、泥沙中颗粒态有机碳含量之间的关系，构建了颗粒态、可溶态有机碳流失量的估算方程。研究结果表明，土壤泥沙对颗粒态有机碳存在富集作用，坡面径流对可溶性有机碳存在稀释作用。将构建的有机碳流失估算方程应用于野外径流小区次降雨有机碳流失量模拟，具备一定的模拟精度。

7.5   土壤碳流失负荷估算及模型模拟

在本书中，分别采用 SCS 和 MUSLE 模型可对流域的产流、产沙进行模拟分析。基于 SCS 和 MUSLE 模型的水沙模拟结果，结合式（7.22），可有效评估流域水土流失综合治理对流域水土及其碳流失的影响。分别于 2015 年 11 月和 2016 年 10 月对源坑河小流域内各地类的同一点位进行表土采集（20 cm），采样点分布如图 7.12 及表 7.8 所示。

表 7.8   流域采样点概况

编号	地类	备注
N 0	耕地	为水稻田，田间有水，水稻尚未收割
N 01	荒草地	山坡上的荒草地此前发生过山火
N 03	干流沉积区	废弃水库沉积区内，地表无植被，雨季存在蓄水
N 04	干流沉积区	废弃水库上部沉积区，其上长有杂草，雨季洪水不能漫及
N 06	支流沉积区	左侧第一条支流沟道出口处，其上无植被，为沉积泥沙
N 07	支流沉积区	左侧第一条支流中游沟道，其上无杂草，为沉积泥沙
N 09	干流沉积区	主河道上，其上无植被，为沉积泥沙

编号	地类	备注
N 10	干流沉积区	主河道上，其上无植被，为沉积泥沙
N 11	弃耕地	无沙压，其上长有较好的杂草
N 12	支流沉积区	左侧第二条支流，沟道之上，为沉积泥沙，无植被覆盖
N 13	弃耕地	右侧第一条支流下游，原为水田，已长满杂草
N 14	弃耕地	右侧第一条支流中游，原为水田，已长满杂草
N 16	活跃崩岗区	其上长有松树，松树林下裸露
N 19	有林地	山坡下部为松树林，林下有枯枝落叶
N 24	支流沉积区	左侧支流下游，其上长有杂草
N 25	支流沉积区	左侧支流中游沟道之上，临近溪水其上长有杂草

本书基于 2015 年 11 月不同地类的有机碳含量，以地类为颗粒态有机碳含量计算单元，耦合 MUSLE 模型，可计算出源坑河小流域 2015 年不同区域的颗粒态有机碳的流失量为 397626 kg，颗粒态有机碳流失模数为 74739 kg/(km²·a)。其中，颗粒态有机碳流失模数为 0～50000 kg/(km²·a)、50000～100000 kg/(km²·a)、100000～200000 kg/(km²·a)、200000～300000 kg/(km²·a)、>300000 kg/(km²·a) 的区域面积分别占流域面积的 37.15%、31.21%、28.36%、2.97% 和 0.31%（图 7.23）。

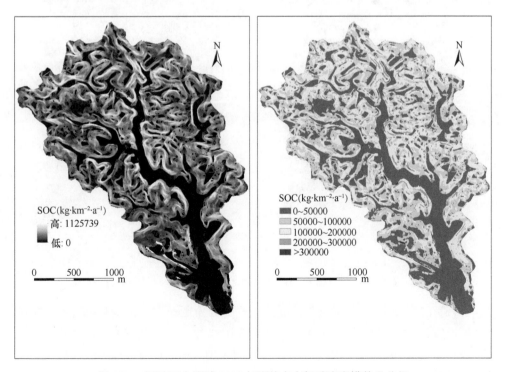

图 7.23　源坑河小流域 2015 年颗粒态有机碳流失模数及分级

将颗粒态有机碳流失模数图叠加至流域遥感影像图可知，颗粒态有机碳流失强度较大的区域一般为崩岗及其周边的林地，该区域土壤侵蚀强度较大，加之周边林地土壤有机碳含量也相对较高，使得其随泥沙迁移的颗粒态有机碳的流失量也较大。而河道、耕地等土壤侵蚀强度较小的区域，其颗粒态有机碳的流失量也较小。

由前文分析可知，土壤可溶性有机碳的流失和溶解性有机碳的含量及径流量关系密切，本书基于 2015 年 11 月不同地类的可溶态有机碳含量，以地类为可溶态有机碳含量计算单元，耦合 SCS 模型，可计算出源坑河小流域 2015 年不同区域的可溶态有机碳的流失量为 6381 kg，可溶态有机碳流失模数为 1200 kg/(km²·a)。其可溶态有机碳流失强度的空间分布如图 7.24 所示，可溶态有机碳主要流失区域为产流模数及可溶态有机碳含量均较大的林地和耕地，而崩岗区和沙质河道区可溶态有机碳的流失强度均较小。

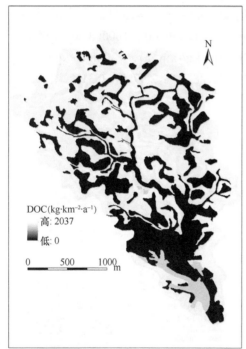
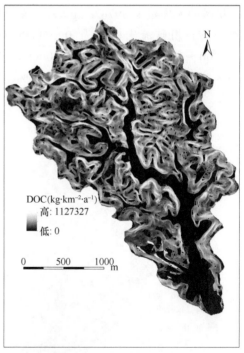

图 7.24　源坑河小流域 2015 年可溶态有机碳及总有机碳流失强度

由式（7.22）可知，流域总有机碳的流失量为颗粒态有机碳和可溶性有机碳流失量之和，故将颗粒态有机碳流失强度（图 7.23）与可溶态有机碳的流失强度之和，称为总有机碳流失强度（图 7.24）。由 2015 年流域有机碳流失模拟数据可知，流域内以颗粒态有机碳流失为主，颗粒态有机碳的流失量与可溶态有机碳流失量分别占有机碳流失总量的 98.39%、1.61%。而此前，贾松伟等（2004）得出的颗粒态有机碳占比为 95% 左右，可见研究区内（老头松）林下侵蚀、崩岗侵蚀加剧了流域内的土壤侵蚀强度，使得颗粒态有机碳的比重也随之加大。流域内有机碳流失的主要地类为耕地、林地、疏林地、荒草地和崩岗，其面积所占流域面积的比重分别为 2.74%、60.88%、10.34%、2.92% 和 13.82%，而其有机碳流失量占总有机碳流失量的比重分别为 1.59%、73.42%、8.79%、2.78% 和 12.20%，其有机碳流失模数分别为 43506 kg/(km²·a)、90137 kg/(km²·a)、63515 kg/(km²·a)、71110 kg/(km²·a) 和 65989 kg/(km²·a)。可见，流域内有机碳流失强度最大的地类为林地，其次为荒草地。这与林地和荒草地土壤侵蚀强度及有机碳含量较大有关。特别是部分林地分布在坡度较大的坡面及其山脊线位置，受水分及养分条件限制，出现"老头松"现象，林下侵蚀较为严重。

综上所述，植被差异对流域侵蚀产沙及有机碳流失具有重要影响，可通过不同成像时段的遥感影像分析不同时段间的植被差异。图 7.25 分别为源坑河小流域 2015 年初和 2016 年底的高空间分辨率、多光谱遥感影像。在人工造林及自然恢复条件下，源坑河小流域内 2016 年较 2015 年的植被覆盖度有所增加，特别是流域西南部光秃秃的荒山通过人工种植台湾相思等乔木，加之地表芒箕的自然恢

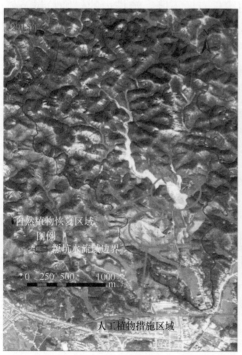
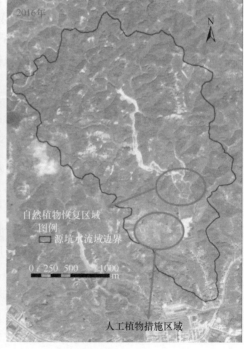

图 7.25　源坑河小流域不同时期遥感影像图

复，其原荒山已经具备 40%~70%的植被覆盖度。此外，中国南方雨量丰沛，有利于自然植被的恢复，2015~2016 年流域内植被得到了不同程度的自然恢复，其覆盖率普遍增加 10%以上。特别是对部分裸露崩岗区实施土质谷坊、拦沙坝措施后，其蓄积泥沙之上已有部分植物生长。整体而言，流域上游植被优于下游，左岸优于右岸。

基于不同时期的多光谱遥感影像，提取植物措施实施前后流域植 NDVI 值，并依据单个栅格的 NDVI 值，结合植被及裸土的 NDVI 值，求出每个栅格的植被覆盖度，并计算相应时段内的因子 C。基于 MUSLE 模型及流域不同时期的高分一号多光谱遥感影像，对流域实施植物措施后的减沙效果进行情景模拟分析。在该植被恢复情景下（地形、降雨均不改变），运用 ArcGIS 对模型各因子进行叠加计算，获得实施植物措施后源坑河小流域的土壤侵蚀量，并依据《土壤侵蚀分类分级标准》（SL190—2007）对流域水土流失风险进行分级评价，流域微度侵蚀、轻度侵蚀、中度侵蚀、强度侵蚀、极强侵蚀、剧烈侵蚀的比重分别从原植被覆盖度情景（2015 年）下的 24.56%、6.59%、14.53%、23.68%、22.35%和 8.29%（图 7.14），变为 2016 年植被覆盖度情景下的 24.63%、6.68%、15.85%、23.76%、21.22%和 7.85（图 7.26）。植被覆盖度提高后其微度、轻度、中度、强度侵蚀的比重均有所增加，而极强侵蚀和剧烈侵蚀的比重有所下降，流域内的侵蚀总量及侵蚀模数均有所下降。其侵蚀总量、侵蚀模数由原植被覆盖度情景（2015 年）下的 33523.18 t、6302.21 t/(km²·a)下降为 2016 年情景下的 32606 t、6129.79 t/(km²·a)。源坑河小流域卡口站的次降雨产沙量监测表明，2015 年源坑河小流域的总产沙量为 1021 t。而基于模型计算流域 2015 年土壤侵蚀总量为 33523.18 t，可求出其泥沙输移动比仅为 0.03，其值远远低于花岗岩侵蚀区泥沙输移比 0.42~0.44（李育林等，2009），可见流域水土保持措施，特别是谷坊、水库等工程措施具有较好的拦沙效果（图 7.27）。

图 7.28 为 2015 年 10 月、2016 年 10 月所采集土壤中的有机碳含量。由图 7.28 可知，在水土流失较小的区域，如农田、林地及部分杂草长势较好的沉积区、弃耕地，其有机碳的含量有所上升，其中部分河道沉积区，由于杂草的生长，其有机碳增长近 325.78%。而部分弃耕地及沉积区，特别是崩岗下部的弃耕地，由于上方泥沙的汇入，大量泥沙淤积于原有表土之上，其表土有机碳含量大幅下降，部分区域减幅达 59.29%。可见，水土流失的减弱或加剧可在一定程度上影响下垫面表土的有机碳含量，不同时段土壤有机碳含量会出现不同程度的变化。

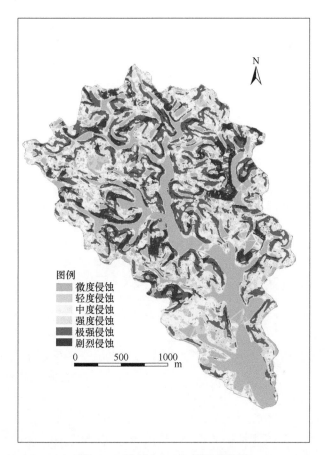

图 7.26 流域 2016 年侵蚀风险图

图 7.27 废弃水库淤积的泥沙

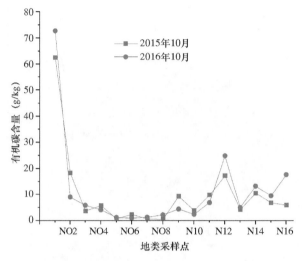

图 7.28　不同采样时段各地类的有机碳变化

　　为了评估流域水土保持措施，特别是植被措施对土壤侵蚀及有机碳流失的影响，本书在植被自然和人为恢复的情景下，假设不同时段的地形、降雨近似一致，将有机碳流失模型耦合 SCS、MUSLE 模型可计算出不同植被条件下的有机碳流失量（图 7.29）。2016 年源坑河小流域的可溶性有机碳的输出量为 9376 kg，可溶性有机碳输出模数为 0～3018 kg/(km²·a)，平均可溶性有机碳的输出模数为 1762 kg/(km²·a)，其可溶性有机碳的输出模数较 2015 年有所增加。2016 年源坑河小流域的颗粒态有机碳的输出量为 373323 kg，颗粒态有机碳平均输出模数为 70173 kg/(km²·a)，其颗粒态有机碳的输出模数较 2015 年有所减少，可溶性有机碳

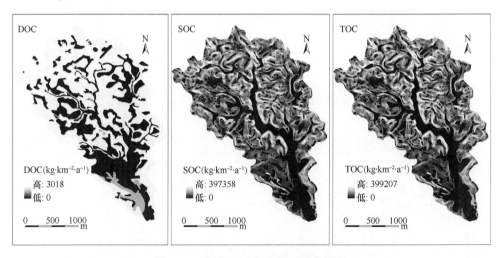

图 7.29　流域 2016 年有机碳输出情况

的流失量却增加了 46.94%。2016 年的产沙量较 2015 年减少了 2.74%，而 2016 年颗粒态有机碳的流失量较 2015 年减少了 6.11%。可见，2016 年的颗粒态和可溶态有机碳流失变化有所差异。随着流域内植物措施的实施，以林地为代表的大部分区域，其表层土壤有机碳含量有所增加，使得可溶性有机碳的输出浓度增大。由于颗粒态有机碳的流失量与土壤侵蚀量密切相关，植物措施可有效减少土壤侵蚀量，进而减少颗粒态有机碳的流失数量，此外，由于植物的减水率小于减沙率（廖义善等，2017），随着植被的恢复，表层土体中的可溶性有机碳的含量增加，植被区域可溶性有机碳的流失量将有所增加。但流域有机碳的流失形态以颗粒态为主，因而植被增加后，有机碳的流失量总体表现为下降。

7.6　结　　论

集成 SCS、MUSLE 和有机碳流失方程，构建了适合于南方典型侵蚀区的侵蚀泥沙及土壤有机碳流失负荷估算的定量模型。在剔除降雨差异影响的条件下，对 2015 年、2016 年源坑河小流域有机碳流失量进行模型模拟。模拟结果表现，随着流域内植被措施的实施，流域产流、产沙量均有所下降，但随着表层有机碳含量的增加，其可溶性有机碳的流失量有所增加，而有机碳的流失总量及颗粒态有机碳的流失量均有所下降。研究表明，水土保持措施能有效减小流域水土流失，进而减少流域内的有机碳流失量。本书通过室内人工模拟降雨试验，以及对野外径流小区、小流域水沙及有机碳流失监测、土样采集及下垫面的地形、遥感影像分析，对 SCS 和 MUSLE 模型进行校正，并构建了适于南方典型侵蚀区有机碳流失负荷估算的定量模型。研究表明：

（1）依据地类特点及水土保持措施对不同降水量的响应，对 SCS 模型的 CN 值参数进行校正，其次降雨产流量模拟误差最小值为–1.98%，最大值为 46.53%，其 55 场次降雨的径流总量模拟误差为 15.75%。

（2）通过野外土样采集及测试分析、遥感影像解读、地形图数字化及空间分析，获取 MUSLE 的模型参数并对源坑河小流域 2015 年的土壤侵蚀量进行模拟。其中，2015 年土壤侵蚀总量为 33523.18 t，侵蚀模数为 6302.21 kg/(km^2·a)，强度侵蚀风险及以上区域占到了流域面积的 60.2%，其中侵蚀模数最大的地类为崩岗。

（3）基于室内人工模拟降雨试验测试分析数据，构建了颗粒态、可溶态有机碳流失量估算方程。其估算方程以土壤侵蚀量和地表径流量为主要参数，考虑了土壤泥沙对颗粒态有机碳存在富集作用、坡面径流对可溶性有机碳存在稀释作用。将构建的有机碳流失估算方程应用于野外径流小区次降雨有机碳流失量模拟，其模拟结果表明，各径流小区不同场次降雨有机碳流失量实测值与模拟值的误差范围为–10.74%～37.94%，平均绝对值误差为 16.14%。

（4）集成 SCS、MUSLE 模型和有机碳流失方程，构建了适合于南方典型侵蚀区的侵蚀泥沙及土壤有机碳流失负荷估算的定量模型。通过情景模拟分析表明，水土保持措施能有效减少流域水土流失，进而减少流域内的有机碳流失量。其中，颗粒态有机碳的流失量均表现为下降，而可溶性有机碳的流失量有所增加，有机碳的流失总量表现为下降。

（5）流域植被措施及工程措施的实施，可以通过增加入渗、固持表土及拦蓄泥沙等形式，有效降低流域产流、产沙量，进而减少流域内的有机碳流失量，特别是颗粒态有机碳的流失量。同时，随着流域水土保持措施的实施，流域水土流失强度下降，坡面及沟道立地及植被条件得到有效改善，表层土壤有机碳含量随之增加。加之植物措施的减沙率大于减水率，故相对于颗粒态有机碳而言，流域可溶性有机碳的流失量存在增大的风险。因而，在实施小流域水土流失治理及增碳措施时，应优选减水效益好的植物，进一步降低流域可溶态有机碳的流失量，同时注重植物措施物种的多样性，考虑各种植物措施的时空格局，构建"乔灌草"结合的立体式水土流失防护体系。此外，植物措施对于次降水量大于 50 mm 的降雨事件，其减水、减少效益有所下降。鉴于南方红壤区降雨次数多、次降雨强度大等特点，在实施坡面植物措施的同时，建议配套坡面及沟道工程措施。

参 考 文 献

蔡崇法, 丁树文, 史志华, 等. 2000. 应用 USLE 模型与地理信息系统 IDRISI 预测小流域土壤侵蚀量的研究.水土保持学报, 14(2): 19-24.

郭太龙, 谢金波, 孔朝晖, 等. 2015. 华南典型侵蚀区土壤有机碳流失机制模拟研究. 生态环境学报, 24(8): 1266-1273.

黄茹, 黄林, 何丙辉, 等. 2013. 三峡库区不同林草措施土壤活性有机碳及抗蚀性研究. 环境科学, 34(7): 2800-2808.

黄儒珠, 李机密, 郑怀舟, 等. 2009. 福建长汀重建植被马尾松与木荷光合特性比较. 生态学报, 29(11): 6120-6130.

贾松伟, 贺秀斌, 陈云明, 等. 2004. 黄土丘陵区土壤侵蚀对土壤有机碳流失的影响研究. 水土保持研究, 11(4): 88-90.

李桂静, 崔明, 周金星, 等. 2014. 南方红壤区林下土壤侵蚀控制措施水土保持效益研究. 水土保持学报, 28(5): 1-5.

李育林, 焦菊英, 陈杨. 2009. 泥沙输移比的研究方法及成果分析.中国水土保持科学, 7(6): 113-122.

廖义善, 孔朝晖, 卓慕宁, 等. 2017. 华南红壤区坡面产流产沙对植被的响应. 水利学报, 48(5): 613-622.

罗作济. 1987. 糖蜜草水土保持效果的初步试验研究.中国水土保持, (4): 13-14.

马超飞, 马建文, 布和敖斯尔. 2001.USLE 模型中植被覆盖因子的遥感数据定量估算. 水土保持通报, 21(4): 6-9.

潘美慧, 伍永秋, 任斐鹏, 等. 2010. 基于 USLE 的东江流域土壤侵蚀量估算. 自然资源学报, 25(12): 2154-2163.

潘欣, 王玉杰, 张会兰, 等. 2015. 官厅水库上游典型植物措施特性及在侵蚀性降雨下的水沙效应分析. 北京林业大学学报, 37(7): 76-84.

秦伟, 左长清, 晏清洪, 等. 2015. 红壤裸露坡地次降雨土壤侵蚀规律. 农业工程学报, 31(2): 124-132.

任海, 彭少麟, 刘鸿先, 等. 1998. 小良热带人工混交林的凋落物及其生态效益研究. 应用生态学报, 9(5): 458-462.

孙佳佳, 于东升, 史学正, 等. 2010. 植被叶面积指数与覆盖度定量表征红壤区土壤侵蚀关系的对比研究. 土壤学报, 47(6): 1060-1066.

唐克丽, 史立人, 史明德. 2004. 中国水土保持. 北京: 科学出版社.

王震洪. 1992. 桉树作为云南省水土保持林主要树种的思考. 中国水土保持, 1: 31-34.

肖培青, 姚文艺, 申震洲, 等. 2011a. 苜蓿草地侵蚀产沙过程及其水动力学机理试验研究. 水利学报, 42(2): 232-237.

肖培青, 姚文艺, 申震洲, 等. 2011b. 植被影响下坡面侵蚀临界水流能量试验研究. 水科学进展, 22(2): 229-234.

杨海龙, 朱金兆, 齐实, 等. 2005. 三峡库区森林流域林地的地表糙率系数. 北京林业大学学报, 27(1): 38-41.

于福科, 黄新会, 王克勤, 等. 2009. 桉树人工林生态退化与恢复研究进展. 中国生态农业学报, 17(2): 393-398.

余新晓, 张学霞, 李建牢, 等. 2006. 黄土地区小流域植被覆盖和降水对侵蚀产沙过程的影响. 生态学报, 26(1): 1-8.

余作岳, 皮永丰. 1985. 广东热带沿海侵蚀地的植被恢复途径及其效应. 热带亚热带森林生态系研究, (3): 97-108.

张学俭. 2010. 南方崩岗的治理开发实践与前景. 中国水利, 4: 17-18.

郑粉莉, 刘峰, 杨勤科, 等. 2001. 土壤侵蚀预报模型研究进展. 水土保持通报, 21(6): 17-18.

郑明国, 蔡强国, 王彩峰, 等. 2007. 黄土丘陵沟壑区坡面水保措施及植物对流域尺度水沙关系的影响. 水利学报, 38(1): 47-53.

中华人民共和国水利部. 2002. SL277-2002 水土保持监测技术规程. 北京: 中国水利水电出版社.

周国逸, 余作岳, 彭少麟. 1995. 小良试验站 3 种生态系统中蒸发散的对比研究. 生态学报, 15(增刊 A 卷): 230-236.

朱冰冰, 李占斌, 李鹏, 等. 2009. 土地退化/恢复中土壤可蚀性动态变化. 农业工程学报, 25(2): 56-61.

Almeida A C, Soares J V. 2003. Comparison of water use in Eucalyptus grandis plantations and Atlantic Rainforest in eastern coast of Brazil. RevistaÁrvore, 27(2): 159-170.

Calder I R. 2001. Canopy processes: implications for transpiration, interception and splash induced erosion, ultimately for forest management and water resources. Plant Ecology, 153: 203-214.

Chapman G. 1948. Size of raindrops and their striking force at the soil surface in a Red Pine plantation. Transactions of the American Geophysical Union, 29: 664-670.

Daniel H A, Langham W H. 1936. The effect of wind erosion and cultivation on the total nitrogen and organic matter content of the soil in the Southern High Plains. Journal of the American Society of Agronomy, 28: 587-596.

Durigon V L, Carvalho D F, Antunes M A H, et al. 2014. NDVI time series for monitoring RUSLE cover management factor in a tropical watershed. International Journal of Remote Sensing, 2: 441-453.

Engman E T, Asce M. 1986. Roughness coefficients for routing surface runoff. Journal of Irrigation and Drainage Engineering, 112(1): 39-53.

Geißler C, Kühn P, Böhnke M, et al. 2012. Splash erosion potential under tree canopies in subtropical SE China. Catena, 91(5): 85-93.

Lal R. 2003. Soil erosion and the global carbon budget. Environment International, 29(4): 437-450.

LiaoY S, Yuan Z J, Zheng M G, et al. 2019. The spatial distribution of Benngang and the factors that influence it. Land Degradation and Development, 30: 2323-2335.

Lowrance R, Williams R G. 1989.Carbon movement in runoff and erosion under simulated rainfall conditions. Soil Science Society of America Journal, 53(5): 1615-1616.

McCool D K, Foster G R, Mutchler C K, et al. 1987. Revised slope steepness factor for the universal Soil Loss Equation. Transactions of the ASAE, 5: 1387-1396.

Morris J, Zhang N N, Yang Z J, et al. 2004. Water use by fast-growing Eucalyptus urophylla plantations in southern China. Tree Physiology, 24(9): 1035-1044.

Richardson C W, Foster G R. 1983. Estimation of erosion index from daily rainfall amount. Transactions of the ASAE, 26(1): 153-157.

Schönbrodt S, Saumer P, Behrens T, et al. 2010. Assessing the USLE crop and management factor C for soil erosion modeling in a large mountainous watershed in Central China. Journal of Earth Science, 21(6): 835-845.

Scott D F, Maitre D L, Fairbanks D. 1998. Forestry and streamflow reductions in South Africa: a reference system for assessing extent and distribution.Water SA, 24(3): 187-199.

Sefano C D, Ferro V, Pampalone V. 2017. Applying the USLE family of models at the sparacia(south Italy)experimental site. Land Degradation Development, 28: 994-1004.

Sharda V N, Samraj P, Samra J S, et al. 1998. Hydrological behaviour of first generation coppiced bluegum plantations in the Nilgiri sub-watersheds. Journal of Hydrology, 211: 50-60.

Starr G C, Lal R, Malone R, et al. 2000. Modeling soil carbon transported by water erosion processess. Land degradation and development, 11(1): 83-91.

Wang Z Y, Wang G J, Li C Z, et al. 2005. A preliminary study on vegetation-erosion dynamics and its applications. Science in China Series D: Earth Sciences, 48(5): 689-700.

William M P, Ian C. 2000. Some hydrological effects of changing forest cover from eucalypts to Pinusradiate. Agricultural and Forest Meteorology, 100: 59-72.

Williams J R. 1995. The EPIC model//Singh V P. Computer Models of Watershed Hydrology. Colorado: Water Resources Publications, Highlands Ranch.Chapter 25: 909-1000.

Williams J R, Berndt H D. 1977. Sediment yield prediction based on watershed hydrology. Transactions of the ASAE, 20(6): 1100-1104.

Yirdaw E, Luukkanen O. 2003. Indigenous woody species diversity in Eucalyptus globulusLabill. ssp. globulus plantations in the Ethiopian highlands. Biodiversity and Conservation, 12: 567-582.

Zhou Z C, Shangguan Z P. 2007. The effects of ryegrass roots and shoots on loess erosion under simulated rainfall.Catena, 70: 350-355.

第 8 章　红壤典型侵蚀区土壤固碳与调控

土壤碳库的变化与大气 CO_2 等温室气体浓度变化密切相关（Worrall et al.，2007）。土壤固碳是应对气候变化必须重视的部分，也是《京都议定书》认可的固碳减排的途径之一（Follett，2001）。我国土壤有机碳含量远低于世界土壤有机碳含量的平均值，土壤存储有机碳空间大，固碳潜力巨大。

除通过增加植被覆盖度而固碳外，水土流失治理也可以通过改变微地形来减少地表径流有机碳损失、通过改善土壤理化特性来实现土壤碳固存。因而，侵蚀区的固碳与调控尤其要注重与水土流失治理技术的结合。尽管我国土壤固碳与调控研究已经有了一些积累，但是有关水土保持措施增汇减排技术的有效性研究还十分薄弱（王义祥，2011）。为此，我们在应用水土保持措施进行土壤固碳技术与实践方面进行了试验和探讨。本章首先介绍了当前与增碳密切相关的水土流失治理实践，然后从坡面和流域两个空间尺度评估了水土流失治理的增碳效益。结合本书前文的相关研究成果，本章最后提出了我国红壤侵蚀区土壤碳调控的对策与建议。

8.1　红壤侵蚀区土壤固碳技术与调控实践

根据本书研究的成果，结合试验推广站水土保持、植被恢复经验，在五华县水土保持试验推广站建立了南方典型侵蚀区土壤增碳技术示范区与水土保持科普基地（图 8.1），构建了以生物措施为主结合工程措施的综合治理模式，应用马尾松、木荷、红锥、香樟、山竹、相思等树种，重建先锋群落，配置糖蜜草、百喜草、狗牙根等草本植物。相关措施可以快速提升土壤地力，实现土壤固碳减排，防治水土流失，恢复林下立体植被，重建复合植被群落，维持生态平衡（彭少麟，2003）。

依据五华县水土保持试验推广站建立的多种植物试验筛选区，我们筛选出了以马尾松和木荷为主的乔木植物，以糖蜜草、百喜草、狗牙根为主的草本植物，并将其作为生态恢复与土壤固碳的主要先锋植物。现将几种常见的固碳技术分述如下。

1. 马尾松栽培与增碳技术

马尾松是保持水土、涵养水源、调节气候、净化空气、绿化荒山荒坡、土壤固碳的优良先锋树种。其为深根型乔木，主根发达，穿透能力强，侧根、须根繁多，并有菌根共生，能沿石缝穿透延展，在裸露的石缝中和干旱瘠薄地均可扎根

图 8.1   南方典型侵蚀区土壤增碳技术示范区

生长，但在大部分侵蚀区生长缓慢，常见"老头松"现象。在地力条件较好的区域，马尾松短时间内生物量增加较大，可在数年内成林，具有较好的固碳效果。据1998 年数据估算，广东省松林（马尾松、湿地松与杉木林）的面积为 $4.97 \times 10^{6}\,hm^{2}$，土壤碳储量为 $6.17 \times 10^{11}\,kg$（彭少麟，2003）。红壤侵蚀区表土大量流失，土壤贫瘠，地力条件差。马尾松种植时，应选大苗带土栽植，并施用有机肥或腐殖酸类肥料。栽植后连浇两遍水，7 天以后再浇 1 次。以后每年施肥抚育 1～2 次，第 4 年如尚未郁闭，继续抚育 1 次。此外，为了防治松毛虫、松干蚧壳虫、松梢螟等病虫害，不宜营造大面积单纯马尾松林。马尾松土壤培肥增碳技术主要包括施用化肥、施用有机肥以及乔灌草措施结合的增碳技术。

1）无机肥对土壤有机碳的增碳作用

无机肥对马尾松土壤有机碳的增碳作用主要体现在无机肥为矿质肥料，其具有成分单一、有效成分高、易溶于水、分解快、易被根系吸收等特点。无机肥能增加土壤速效养分含量，提高土壤供肥强度和土壤碱解氮含量。长期均衡施用 N、P、K 化肥可以明显增加全 N、速效 P、速效 K 和土壤有机质等养分。例如，不均衡施用化肥不仅会造成土壤有机碳含量下降，而且还会导致活性有机碳含量下降。

2）有机肥对土壤有机碳的增碳作用

有机肥主要包括人畜粪便、秸秆、动物残体等，还包括饼肥、堆肥、沤肥、厩肥、沼肥、绿肥、专用肥、垃圾肥等。有机肥的主要肥效特点如下：一是显著增加土壤有机质含量，施用有机肥料最重要的作用就是增加土壤的有机质，有机肥对改善土壤结构、养分、能量、酶、水分、通气和微生物活性等都有十分重要的影响；二是养分持效期长，有机肥含有植物需要的大量营养成分，对植物的养分供给比较平缓持久，有很长的后效。施用有机肥可明显提高土壤总有机碳和活性有机碳的含量。在马尾松林施用有机肥能迅速改善土壤结构，增加林下植被，并达到控制土壤侵蚀、提高土壤肥力和增强土壤碳汇功能的目的。

3）马尾松林下乔灌草快速恢复对于土壤有机碳的固持作用

马尾松林改造的关键是快速恢复林下植被、重建稳定的复合植被群落结构。运用乔灌草植被群落结构进行治理，采用多树种混交模式，选用耐瘠薄耐干旱、快速生长的阔叶树种，如木荷、红锥、杨梅等，增加阔叶树种比例，达到改造单一的马尾松纯林，形成针阔混交林及乔灌草、多层次多树种稳定的林分结构的目的。与 20 世纪 80 年代侵蚀劣地景观相比，源坑河小流域生态环境得到了很大的改观（图 8.2）。乔灌草结合、多树种混交的模式对于土壤有机碳的固持作用要好于单一树种模式。

(a)　　　　　　　　　　　　　　　(b)

图 8.2　侵蚀区马尾松林植被恢复景观（a）与 20 世纪 80 年代侵蚀区马尾松林植被景观（b）对比

2. 木荷栽培与固碳技术

木荷种植后要薄土覆盖，以焦泥灰为好，厚度约 0.5 cm。其种植季节在 2～3 月，在 4 月中、下旬平均气温达 18℃ 左右时发芽出土，出土期约 30 天。造林从 12 月下旬苗木落叶后至次年 2 月中旬放叶前均可进行。木荷纯林生长较差，与马尾松行间混交造林以及在马尾松的疏林地造林效果更好。木荷生长较快，深根型乔木，主根发达，抗风，是改善土壤结构、提高肥力、涵养水源、保持水土的优良树种。木荷与马尾松组成混交林（图 8.3），不仅能防火、防松毛虫危害，在马尾松林中补植木荷还有利于提高植被的固碳能力。

图 8.3　马尾松与木荷混交林

3. 糖蜜草栽培与固碳技术

全球草地生态系统的碳储量约占陆地植被总碳储量的 25%（de Fries et al.，1999；Mooney et al.，2001），我国天然草地是面积最大的陆地生态系统，在减少与固定 CO_2 过程中具有重要的作用。种草固碳的有效性已被证实，而且植被覆盖下的土壤才能够持续固碳。糖蜜草营养生长期长、草质柔软、适口性好，是优良的牧草，也作为幼龄果园的水保植物，可以起到土壤固碳的作用（黎华寿和蔡庆，2007）。

糖蜜草的种子或扦插繁殖，播种量 1.5kg/hm^2，播种前要求种子除芒；扦插宜在 3～4 月进行，用长约 10 cm、带 2～3 节的成熟茎扦插。糖蜜草适应性强，喜温热，不耐霜冻，极耐干旱和酸瘠土壤，非常适宜在南方水土流失严重的红黄壤上种植，其生长迅速茂密，覆盖性强，根系发达且具韧性。研究表明，其是优良的提升土壤肥力、防治土壤侵蚀的先锋植物，并对土壤固碳有很好的作用（图 8.4）。

图 8.4　糖蜜草栽培试验区

4. 百喜草栽培与固碳技术

实践证明，栽植百喜草对于治理侵蚀退化红壤、增加土壤碳含量也是一种行之有效的措施。百喜草种植时采用条播或撒播，播后覆盖一层土壤，覆盖厚度不超过 1 cm。建植草坪时采用撒播，播后覆盖无纺布保湿，10～20 天出苗，苗期较长，注意杂草危害。百喜草长到 8 cm 时可以进行第一次修剪，修剪高度 5cm。每年春夏到秋季施一次复合肥，每次不超过 $30g/m^2$（图 8.5）。百喜草治理区与对照区相比，土壤碳储量显著增大，土壤肥力也得到了一定的提升。

图 8.5　百喜草栽培试验区

5. 狗牙根栽培与固碳技术

狗牙根种子未经处理时发芽率很低，经过脱壳处理、营养繁殖后可提高种子发芽率，对杂交种多采用根茎和匍匐茎营养繁殖。播种时应精细整地，施足底肥。狗牙根匍匐茎可蔓延地面，质地粗，耐践踏，茎叶茂盛，可长成致密的草皮，对固堤护坡防治水土流失非常有效（图 8.6）。

图 8.6　狗牙根栽培试验区

6. 崩岗治理与增碳措施

在崩岗口修建谷坊、拦砂坝，崩壁削坡，集水区开挖排水沟等工程措施的基础上，因地制宜种植林、草、乔灌草相结合的植被。林草一般选择根系发达、耐干旱、耐瘠薄、适应性强的植物种类，适宜的树、草种有葛藤、绢毛相思、马尾松、木荷、枫香、湿地松、大叶相思、桉树、竹子、胡枝子、香根草、糖蜜草、山毛豆、铁芒箕等。与 20 世纪 80 年代单竹坑崩岗泛滥、沟壑纵横的情况相比，目前小流域内植被覆盖明显增加，崩岗侵蚀已得到了有效的控制（图 8.7）。

7. 生物炭的水土保持增碳措施

目前，我国绝大部分土壤的有机碳含量低于 100 t/hm^2，低于世界平均水平 121 t/hm^2，耕层土壤碳密度是全球平均值的 70%，旱地耕层土壤碳密度仅为欧盟平均值的 1/3，可见，我国土壤生态系统具有巨大的固碳减排潜力（李飞跃和王建飞，2013；Sheng et al.，2016）。我国具有丰富的生物质废弃物资源，将农林废弃物热解生产生物炭并还田具有巨大的固碳潜力。目前，生物炭的生产技术主要包括慢速热解、快速热解、气化热解和微波热解，既可以用干物质生产生物炭，也

图 8.7　单竹坑崩岗治理景观效果对比图

可以利用湿物质如污泥等制备生物炭（李卓瑞等，2011）。若以生物炭形式对废弃生物质进行封存，我国每年缓解温室效应总潜力为 $5.45×10^8t$，净固碳潜力约 $5.32×10^8t$，其中，焚烧部分以生物炭固存，每年平均固碳量可达 $9.6×10^7t$（姜志翔等，2013；李飞跃和王建飞，2013）。陈威等（2015）根据生命周期评价方法评估"水稻秸秆–生物炭–还田"整个过程的固碳潜力（以 CO_2 排放当量计），以我国 2012 年露天焚烧的水稻秸秆为原料热解生产生物炭并还田，估算其总固碳潜力为 $4.77×10^7t$，其中生物炭土壤封存固碳潜力为 $3.65×10^7t$，占总固碳潜力的 78.4%，代替化石燃料燃烧减少排放 $7.78×10^6t$，增加作物生长固碳为 $3.46×10^6t$。潘根兴等（2011）认为，若水稻秸秆全部转化为生物黑炭，我国稻田可增加碳汇 $2.0×10^7t$。张阿凤等（2011）探讨了一种秸秆燃烧和转化生物炭以及农业应用整个系统全生命周期的温室气体的排放量和碳汇清除量计量的方法，并运用该方法对秸秆生物炭的生产和稻田施用的总效应进行了初步评估。

　　生物炭具有独特的结构特征与理化性质（如含碳量高、孔隙结构丰富、比表面积大、吸附能力强、理化性质稳定），其可作为土壤改良剂，通过改善土壤质量、改变土壤容重和孔隙度、增加土壤团聚体结构数量、改良土壤水动力学效应以及提高土壤肥力，从而达到保水保肥的目的（Liu et al.，2012；Jindo et al.，2012；文曼，2012；颜永毫等，2013）。土壤的持水能力取决于土壤孔隙的分布和连通性等结构特征，而且土壤纹理和土壤有机质对其的影响程度也较大（Li et al.，2012）。国外相关研究表明，生物炭加入土壤后增加土壤的孔隙度和表面积，增加土壤持水能力，减少水土流失的发生，而且还可改善压实土层的入渗（Novak et al.，2016）。Kuoppamakid 等（2016）发现，生物炭的施用减少了径流量以及径流中养分的浓度；Hseu 等（2014）通过模拟降雨发现，施用生物炭后孔隙度的增加使得土壤有效水含量显著增加，土壤流失量降低 35%～90%。有研究发现，生物炭通过增加大团聚体的含量来减少土壤流失量（Liu et al.，2012；Jien and Wang，2013），施加生物炭可以降低土壤密度，增加土壤孔隙度和田间持水量，提高土壤吸渗和蓄水能力，减小径流与土壤侵蚀，有效控制水土流失。但由于生物炭具有质轻、降低土壤密实度的特点，若遇高强度集中降雨时，会增加生物炭和土颗粒流失的可能（吴媛媛等，2016；魏永霞等，2017；吴昱等，2017；张翼鹏，2018），因此生物炭结合其他水土保持措施应用于土壤固碳可起到事半功倍的效果。

8.2　坡面尺度典型植物措施减蚀、减少碳流失效益分析

植被茎叶可以削弱雨滴的能量，其根系也可以耗散水径流的侵蚀能量（余新晓等，2006），植被覆盖对降低土壤侵蚀量具有重要意义（吴秉礼等，2003；Wang et al.，2005；Schönbrodt et al.，2010）。现今使用最为广泛的 USLE 模型和 MUSLE 模型中均采用植被覆盖和管理因子（Kinnell et al.，2014；Wischmeier and Smith，1978），简称 C 因子，定量表达植物对土壤侵蚀的影响，其值介于 0～1，其值越大土壤侵蚀越严重（Wischmeier，1960；Özhan et al.，2005）。C 因子是 USLE/RUSLE 模型中最重要的影响因子（Zhao et al.，2013），对 C 因子的研究源于 20 世纪 50 年代的美国（Wischmeier，1960），而我国对 C 因子的研究始于 20 世纪 80 年代（张岩等，2002），相关学者在植被覆盖度与 C 因子数值关系式（江忠善等，1996；蔡崇法等，2000；刘宝元等，2010）、不同作物及管理措施下的 C 因子数值变化（唐寅等，2010）、流域及区域尺度的 C 因子估算（Cinnirella et al.，1998）以及 C 因子间的与遥感影像波段关系式（Kefi et al.，2011，2012）等方面做了大量富有成效的研究。但现有研究多关注于农作物不同生育阶段的植被覆盖度差异对 C 因子的影响（张岩等，2001；Gabriels et al.，2003），而南方红壤区多常绿木本植物，其植被覆盖度季节性变化较小、林下雨溅蚀作用依然较强，其影响 C 值变化的主导因素（植被盖度或降雨）可能与农作物有所不同。而当前关于自然生植物 C 值变化，特别是降雨对 C 值的影响研究还较少。此外，以往研究多依据 C 因子的定义计算 C 值，忽略了不同植被或耕作条件下土壤 K 因子的差异（张岩等，2001）。当前南方红壤区植被类型、植被盖度、降雨及土壤交互影响下的 C 因子变化情况尚不明确。为此，我们利用 2011 年 1 月～2013 年 12 月源坑河小流域野外径流小区的水沙观测数据，对中国南方红壤区几种常见植物的 C 值变化及其影响因素进行了相关研究，以期为相关植物水保效益综合评价提供参考。

径流小区在建设之初，同一坡面的土壤 K 因子也许可视为一致，但经过数年的植被生长，其 K 因子可能会发生变化。故本书在计算 C 值时考虑了土壤 K 因子的差异，采用 Williams（1990）在 EPIC 模型中发展的土壤可蚀性因子 K 值

估算方法，测算各径流小区的土壤 K 值（表 8.1）。其计算公式为

$$K = \left\{0.2 + 0.3\mathrm{e}^{\left[-0.0256S_a\left(1-\frac{S_i}{100}\right)\right]}\right\}\left(\frac{S_i}{C_l + S_i}\right)^{0.3}\left[1 - \frac{0.25C}{C + \mathrm{e}^{(3.72-2.95C)}}\right]\left[1 - \frac{0.7S_n}{S_n + \mathrm{e}^{(-5.51+22.9S_n)}}\right]$$

$$(8.1)$$

式中，K 为土壤可蚀性因子；S_a 为砂粒含量（0.05～2 mm），%；S_i 为粉粒含量（0.002～0.05 mm），%；C_l 为黏粒含量（<0.002mm），%；C 为有机碳含量，%；$S_n=1–S_a/100$，式中各参数均采取实测方法确定。

表 8.1　径流小区土壤粒径组成及 K 因子值

小区	砂粒含量（%）	粉粒含量（%）	黏粒含量（%）	有机质（%）	K 值
裸土小区	40.200	25.200	34.600	0.489	0.249
桉树小区	36.600	27.600	35.800	0.447	0.263
松树小区	40.700	26.800	32.500	0.212	0.262
糖蜜草小区	41.300	24.000	34.700	0.292	0.248

根据 USLE 模型的定义，C 值为有植被覆盖或实施田间管理的土壤流失量与同等条件下清耕休闲地上的土壤流失量之比 [式（8.2）]。而实际情况是由于植被覆盖和管理措施的差异，各径流小区的土壤 K 因子数值未必相同。因而，本章采用 USLE 模型比值法 [式（8.3）]，求得各径流小区的 C 值。本章中所有径流小区的 SL、P 值均一致，此外在同一地点相同时间段内各径流小区的 R 因子也近似一致，裸土坡面径流小区，其 $C_{裸露}$ 值可近似为 1。因而，式（8.3）可简化、变换为式（8.4），基于 2011 年 1 月～2013 年 12 月的次降雨水沙监测数据，将不同时段的土壤流失量监测数据及径流小区 K 因子值代入式（8.4），从而可计算出径流小区不同时间尺度的 C 值。

$$C_{植物} = \frac{A_{植物}}{A_{裸露}} \tag{8.2}$$

$$\frac{A_{植物}}{A_{裸露}} = \frac{R_{植物} \times K_{植物} \times \mathrm{SL}_{植物} \times C_{植物} \times P_{植物}}{R_{裸露} \times K_{裸露} \times \mathrm{SL}_{裸露} \times C_{裸露} \times P_{裸露}} \tag{8.3}$$

$$C_{植物} = \frac{A_{植物} \times K_{裸露}}{A_{裸露} \times K_{植物}} \tag{8.4}$$

式中，A 为土壤流失量；R 为降雨和径流侵蚀因子；K 为土壤可蚀性因子；SL 为地形因子；C 为植被覆盖和管理因子；P 为治理措施因子；下角标植物表示有植被覆盖区域，下角标裸露表示无植被覆盖区域。

1）C 值的季节变化

据式（8.4）计算出了各径流小区 2011 年 1 月~2013 年 12 月春（3~5 月）、夏（6~8 月）、秋（9~11 月）、冬（12~2 月）、雨季（4~10 月）及旱季（11~3 月）的 C 值（表 8.2）。

表 8.2　各径流小区 C 值季节变化

小区	C 值					
	春	夏	秋	冬	雨季	旱季
桉树小区	0.779	0.831	0.836	0.727	0.810	0.841
松树小区	0.684	0.783	0.765	0.686	0.740	0.804
糖蜜草小区	0.723	0.797	0.781	0.827	0.762	0.837

由表 8.2 可知，各径流小区 C 值随季节变化有所不同，其中桉树小区、松树小区为（$C_{秋}≈C_{夏}$）>（$C_{春}≈C_{冬}$），糖蜜草小区为 $C_{冬}$>（$C_{夏}≈C_{秋}$）>$C_{春}$。各径流小区中 $C_{夏}$ 与 $C_{秋}$ 数值较为相近，桉树小区、松树小区、糖蜜草小区夏秋两季 C 值变幅分别为 0.66%、2.27%、2.05%；桉树小区、松树小区中 $C_{春}$ 与 $C_{冬}$ 数值也较为接近，二者变幅分别为 6.59%、0.37%；而糖蜜草小区的 $C_{春}$ 与 $C_{冬}$ 数值相差较大，变幅为 12.57%。所有小区均呈现 $C_{旱季}$>$C_{雨季}$，桉树小区、松树小区、糖蜜草小区雨季与旱季的 C 值变幅分别为 3.63%、8.03%、8.92%，其中桉树小区的变幅最小，糖蜜草小区变幅最大。不同植物 C 值随季节变化情况表明，夏秋两季各径流小区的 C 值均较为稳定，而春冬两季木本植物 C 值较草本植物稳定，这可能主要受植被覆盖变化影响。桉树小区的 C 值受雨旱季节演替变化较小，表明桉树具有一定的抗旱、抗涝性能，其水保效益受旱涝影响较小，可能适宜旱涝频发区水土流失防护。

不同植物径流小区间的 C 值，在春、夏、秋三季均呈现 $C_{桉树}$>$C_{糖蜜草}$>$C_{松树}$，而在冬季却表现为 $C_{糖蜜草}$>$C_{桉树}$>$C_{松树}$。糖蜜草在冬季枯萎是导致糖蜜草小区 C 值增大的关键因素，说明常绿性木本植物在冬季的水保效益要优于草本植物。不同植物间 C 值在春、夏、秋、冬的差异系数分别为 0.07、0.03、0.05、0.10，在冬季各植物 C 值差异性最大，夏季差异性最小。在雨季和旱季的 C 值均呈现 $C_{桉树}$>$C_{糖蜜草}$>$C_{松树}$。松树小区在一年四季中其 C 值均为最小，这可能与松树为常绿乔木、四季植被覆盖度变化较小，且密厚的冠层及散落地表的针叶能有效减低雨滴的溅蚀有关，表明在南方红壤区松树是一种具有较稳定水保效益的植物。

2）C 因子月份变化

图 8.8 为 2011 年 1 月~2013 年 12 月各植物径流小区 C 因子月均值变化情况，其中桉树小区为 C_{11}>C_8>C_{12}>C_4>C_{10}>C_7>C_9>C_5>C_6>C_2>C_3>C_1；松树小区为

$C_{11}>C_8>C_7>C_4>C_9>C_{12}>C_2>C_3>C_6>C_5>C_1>C_{10}$；糖蜜草小区为 $C_2>C_4>C_{11}>C_8>C_7>$ $C_3>C_6>C_9>C_{12}>C_{10}>C_5>C_1$。三种植物径流小区 C 值月际变化趋势较为一致，普遍存在 11 月、8 月、7 月、4 月等月份 C 值较大、6 月、5 月、1 月等月份 C 值偏小的现象。各径流小区，特别是木本植物径流小区 C 值月际变化趋势与降雨变化趋势较为近似。桉树小区、松树小区、糖蜜草小区在各月份间的差异系数分别为 0.11、0.10、0.14。在同等降雨条件下，不同植物的 C 值月际变化差异，这可能与不同植物的月际植被覆盖变化有关。木本植物特别是松树，在一年中植被覆盖变化较小，而糖蜜草年内植被覆盖变化较大，致使其 C 值差异系数最大。

在 1 月、2~4 月、5~12 月这 3 个时段 C 值的最大小区分别为松树小区、糖蜜草小区、桉树小区。其中，1 月为 $C_{松树}>C_{桉树}>C_{糖蜜草}$；2~4 月为 $C_{糖蜜草}>C_{桉树}>$ $C_{松树}$；5 月、6 月、8~11 月的 C 因子月均值顺序为 $C_{桉树}>C_{糖蜜草}>C_{松树}$；7 月、12 月为 $C_{桉树}>C_{松树}>C_{糖蜜草}$。不同小区的 C 值变化可能受植被类型、植被生长及降雨影响，2~4 月糖蜜草处于从枯萎到萌芽的过程，该时段糖蜜草小区的植被覆盖度也为全年最小，使得在相同降雨条件下，该时段糖蜜草小区的 C 值为 3 种植物中最大。据调查，2 月是糖蜜草植被覆盖度最小的月份，如图 8.8 所示，2 月糖蜜草小区的 C 值为全年最大，表明草本植物 C 值受植被覆盖影响较大。而在同等降雨条件下，几乎整个雨季桉树小区的 C 值均为最大，表明桉树 C 值可能受降雨影响较大，这可能也是桉树小区较其他植物小区更易发生水土流失的原因。此外，经差异性统计分析发现，桉树小区与松树小区的 C 值月均值差异显著（$P<0.05$），而桉树小区与糖蜜草小区、糖蜜草小区与松树小区的 C 值月均值差异不显著（$P>0.05$），并非木本植物间的 C 值差异就比草本植物间 C 值的差异小，表明草本植物与木本植物 C 值是受植被盖度、降雨、树形及下垫面交互作用的结果，草本植物与木本植物株高差异的影响不占主导。

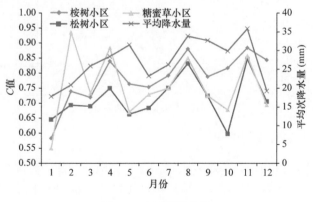

图 8.8　C 因子月均值

3）C 因子与降雨的关系

降雨是水土流失的主要外营力，其对 C 值大小具有重要影响（Zhao et al.，2013）。将次降水量与桉树小区、松树小区、糖蜜草小区的 C 值进行相关分析表明，其具有一定的相关关系，相关系数分别为 0.360、0.349、0.291（n=131）。在次降雨时间尺度，其 C 值受植被覆盖等因素影响的差异性较大，降水量与 C 值的相关性可能受其影响。故将次降水量划分为 10～20 mm、20～30 mm、30～40 mm、40～50 mm、>50 mm 共 5 个降雨区间（据统计，该径流小区能产流的降水量下限为 10 mm），求取每个降雨区间的平均次降水量，并对各降雨区间依次赋值为 1、2、3、4、5。如图 8.9 所示，各植被小区 C 值均随降雨区间的增大而增大，在各降雨区间内，桉树小区、松树小区、糖蜜草小区的 C 值与其降雨区间内的平均次降水量呈现较好的正相关关系，其相关系数分别为 0.912、0.909、0.822（n=5）。在不同降水量区间内，植被覆盖等影响因素此消彼长，其影响的差异性较次降雨尺度较小，降雨对 C 值的影响作用显现，降水量与 C 值的相关关系较次暴雨尺度有所增强。各植物 C 值与降雨的相关系数表明，与草本植物相比，木本植物的 C 值受降雨影响更大。这可能与植物的植株高度有关，木本植物植株普遍较高，其林下雨滴的落差远大于草下雨滴的落差，使得林下雨滴对地表的溅蚀力依然较大，并影响其 C 值大小。

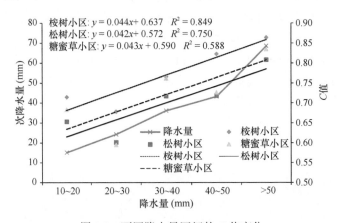

图 8.9　不同降水量区间的 C 值变化

4）C 因子与植被类型的关系

一般情况下，植物在生长过程中随着生长年限的增加，乔灌植物的生物量会有所增加，其植被覆盖度也会相应地提高，其 C 值会相应的下降。由表 8.3 可知，2011～2013 年各径流小区 C 值呈现如下变化：桉树小区为 $C_{2011}<C_{2012}<C_{2013}$，松树小区、糖蜜草小区为 $C_{2011}<C_{2013}<C_{2012}$。各径流小区 C 值并未随着时间的推移、

植被覆盖的增大而呈现减小的趋势，且桉树小区 C 值与桉树小区覆盖度变化趋势刚好相反，表明桉树小区 C 值受植被覆盖度影响较小。而桉树小区 C 值变化趋势恰与同期降水量的变化趋势一致，可见相较于植被覆盖度，桉树小区 C 值可能受降雨的影响更大。这可能与桉树小区的下垫面、树形及植株高度变化有关。桉树林下杂草较少，地表多裸露，致使桉树林地表对降雨及径流的消能作用较差。加之桉树树冠较高，树形笔直，使得桉树的林下雨滴仍具有较大的溅蚀力，且树干流长驱直下，冲刷裸土地表，致使桉树小区在同等降雨条件下更易于发生水土流失，C 值偏大。此外，随着桉树生长年限的增加，其植株高不断增大，林下降雨的溅蚀作用也随之增强。降雨对桉树小区 C 值的影响增强，致使桉树随着树龄的增加 C 值逐渐增大。可见，在降雨作用下，木本植物 C 值除受植物覆盖度影响外，其植株高的影响也不容忽视。通过对各径流小区次降雨间 C 值差异性分析发现，各径流小区次降雨 C 值变异系数分别为 0.18（桉树小区）<0.23（松树小区）<0.30（糖蜜草小区）。在同一降雨条件下，木本植物的 C 值较草本植物的稳定。由于植物 C 值变化主要受降雨及植物覆盖度影响，而由对 C 值与降雨的关系分析可知，木本植物受降雨的影响要大于草本植物，因而可以认为草本植物较大的 C 值变幅可能主要是由植被季节性覆盖度变化造成的。

表 8.3　各小区侵蚀模数及 C 值年际变化

小区	侵蚀模数 [t/(km²·a)]			C 值		
	2011 年	2012 年	2013 年	2011 年	2012 年	2013 年
裸土小区	2625.14	2955.32	5879.05	1	1	1
桉树小区	1976.05	2595.05	5256.69	0.715	0.834	0.849
松树小区	1617.18	2499.57	4882.11	0.587	0.806	0.791
糖蜜草小区	1549.26	2496.21	4749.78	0.594	0.850	0.813

由表 8.3 可知，2011 年、2013 年各径流小区的 C 值呈现 $C_{桉树}>C_{糖蜜草}>C_{松树}$，2012 年呈现 $C_{糖蜜草}>C_{桉树}>C_{松树}$。依据 2011～2013 年各小区的侵蚀模数及 K 值计算出桉树小区、松树小区及糖蜜草小区的 C 值分别为 0.814、0.748、0.772。3 年间松树小区的 C 值均为最小，而松树小区的植被覆盖度与桉树小区接近，且小于糖蜜草小区，可见仅用植被覆盖度来衡量植物 C 值有待商榷。虽然 3 年间糖蜜草小区的 C 值均大于松树小区，但其间各径流小区侵蚀模数均呈现 $A_{桉树}>A_{松树}>A_{糖蜜草}$，这可能是由 $K_{桉树}>K_{松树}>K_{糖蜜草}$ 造成的。可见，植被对水土流失的影响不仅体现为截雨、消能，也体现在对土壤物理性质的影响上。此外，相比裸土小区，桉树小区、松树小区、糖蜜草小区的水土流失减幅分别为 14.2%、21.5%、23.2%，均具备一定的水保效益。松树小区及糖蜜草小区均具有较好的水保效益，桉树小区略逊，应加强桉树林的林下植被保护和恢复。

综上所述，各径流小区 C 值随季节变化有所不同，其中木本植物呈现（$C_{秋}≈C_{夏}$）>（$C_{春}≈C_{冬}$），草本植物呈现 $C_{冬}$>（$C_{夏}≈C_{秋}$）>$C_{春}$，且均呈现 $C_{旱季}$>$C_{雨季}$。在 1 月、2~4 月、5~12 月的 3 个时段的 C 值最大值分别为松树小区、糖蜜草小区、桉树小区，各径流小区间普遍存在 11 月、8 月、7 月、4 月等月份 C 值较大，6 月、5 月、1 月等月份 C 值偏小的现象，相较木本植物，草本植物的 C 值受植被覆盖影响更强。降雨对 C 值大小具有重要影响，各植被径流小区 C 因子值均和降雨区间呈现较好的线性关系，且木本植物植株较高，林下雨滴的溅蚀作用依然较大，使得相对于草本植物，木本植物的 C 值受降雨影响更大些。3 年间桉树小区、松树小区、糖蜜草小区的 C 值分别为 0.814、0.748、0.772，但由于 $K_{桉树}$>$K_{松树}$>$K_{糖蜜草}$，小区间的侵蚀量仍呈现 $A_{桉树}$>$A_{松树}$>$A_{糖蜜草}$，植被对水土流失的影响不仅体现为截雨、消能，也表现为对土壤物理性质的影响。3 种植物中糖蜜草、松树水保效益较好，桉树略逊。

上述水土保持植物措施在减少水土流失的同时，也减少了土壤有机碳的流失量。由表 8.3 可知，相对于裸土小区而言，2011~2013 年径流小区内桉树小区、松树小区和糖蜜草小区减蚀量分别为 0.16 t、0.25 t、0.27 t。此外，由采样分析可知，桉树小区、松树小区和糖蜜草小区表土的平均有机碳含量分别为 5.97g/kg、5.99g/kg、9.48 g/kg。可见，在植物措施作用下，2011~2013 年桉树小区、松树小区和糖蜜草小区的年均有机碳减少流失量分别为 0.32 kg、0.50kg、0.85 kg。按等面积换算，面积分别为 1 km^2 的桉树小区、松树小区及糖蜜草小区的年有机碳减少流失量可达 3.18 t、4.99 t、8.53 t，植物水保措施的固碳作用明显。

8.3　小流域尺度水土保持措施土壤固碳调控

参照《土壤侵蚀分类分级标准》的植被覆盖度划分标准，将乌陂河流域植被覆盖度划分为 5 个等级：<10%（极低覆盖度）、10%~30%（低覆盖度）、30%~45%（中低覆盖度）、45%~60%（中覆盖度）、>60%（高覆盖度）。通过遥感分析及对乌陂河流域植被覆盖度进行分级发现（图 8.10），2013 年流域植被极低覆盖度、低覆盖度、中低覆盖度、中覆盖度、高覆盖度分别为 8.45%、14.57%、16.90%、25.73%、34.34%；2016 年流域植被极低覆盖度、低覆盖度、中低覆盖度、中覆盖度、高覆盖度分别为 6.83%、7.72%、9.32%、10.33%、65.79%。经过流域综合治理之后中低覆盖度及以下的区域均有所减小，而高覆盖度的区域增加了 31.45%。

将流域植被覆盖度图与流域坡度图进行叠置分析发现，流域<5°、5°~15°、15°~25°、25°~35°、>35°等区域的植被覆盖度分别为 48.05%、52.63%、54.51%、

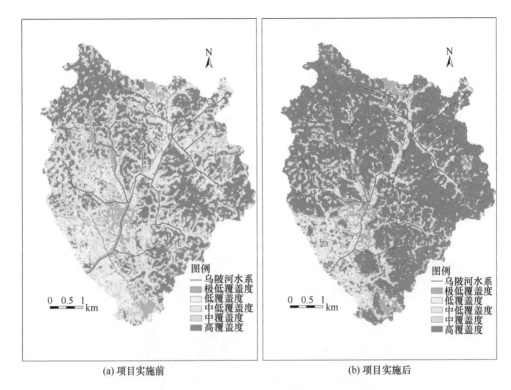

(a) 项目实施前　　　　　　　　　　　　　(b) 项目实施后

图 8.10　项目实施前后流域植被覆盖度情况

54.80%、54.72%。将流域植被覆盖度图与流域坡向图进行叠置分析发现，平地、北向、东北向、东向、东南向、南向、西南向、西向、西北向等区域植被覆盖度分别为 50.03%、54.98%、54.28%、54.14%、54.27%、53.60%、49.52%、50.80%、56.81%。通过分析发现，乌陂河流域内，植被在不同坡度、坡向的空间分布近似一致。

在 ArcGIS 中通过空间分析模块，对 2013 年与 2016 年的乌陂河流域植被覆盖图进行叠置分析。分析发现，2013~2016 年流域植被覆盖度级别的转移变化情况中（表 8.4），多数区域的植被覆盖度级别保持不变，而植被覆盖度级别发生变化的区域主要朝其邻近植被覆盖度级别转变，其中以中覆盖度向高覆盖度的转变尤为明显。保持不变的区域为 45.61%，植被得到恢复，植被覆盖度级别提高的区域为 49.07%，而植被退化，植被覆盖度级别降低的区域为 5.32%。其中，植被覆盖度退化为极低、低、中低、中的区域面积分别为 88.2 hm^2、51.57 hm^2、28.26 hm^2 和 12.6 hm^2；而植被覆盖度恢复为低、中低、中、高的区域面积分别为 80.55 hm^2、197.82 hm^2、281.25 hm^2 和 1106.46 hm^2。由此可知，流域植被覆盖度整体呈现提高趋势，且植被恢复为高覆盖度的区域尤为明显。

表 8.4　2013～2016 年流域植被覆盖度转移情况　（单位：hm²）

覆盖度		2013 年植被覆盖度变化面积				
		极低	低	中低	中	高
2016 年植被覆盖度变化面积	极低	**143.73**	44.19	13.95	10.17	19.89
	低	80.55	**130.14**	38.61	10.98	1.98
	中低	38.88	158.94	**90.63**	23.94	4.32
	中	18.45	101.79	161.01	**56.79**	12.6
	高	5.4	59.58	269.64	771.84	**1127.25**

图 8.11 为乌陂河流域 2013 年与 2016 年植被覆盖度转换图，将植被覆盖度转换图叠加在空间分辨率为 2 m 的高分一号遥感影像之上，可以分析植被覆盖度级别变换区域的变化原因。通过分析可知，植被退化的区域主要为新增建筑物区、

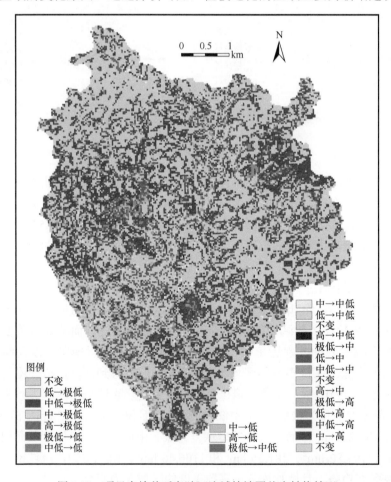

图 8.11　项目实施前后乌陂河流域植被覆盖度转换情况

崩岗发育区，建筑施工破坏了原有植被，致使植被覆盖度下降，而崩岗的崩塌及其坡面的水蚀作用，也致使该区域的植被退化，有的甚至直接由高覆盖植被退化为裸地。而植被覆盖度增加的区域主要包括人工水土保持林、自然林、部分稳定崩岗体及其拦沙坝的植被恢复区域。此外，当地居民逐步以天然气、电取代薪柴能源，这也是流域植被覆盖度提高的重要原因。

由图 8.11 可知，在人工植物种植、山林封禁自然植被的恢复作用下，流域植被覆盖度得到了有效提高。此外，流域工程措施的实施为流域植被生长提供了较好的立地条件，也为流域植被恢复提供了有利条件。以源坑河小流域为例，相较 2015 年，小流域在外源性碳输入及植被固碳的作用下，2016 年水稻田、疏林地、干流沉积区、弃耕地、支流沉积区、活跃崩岗区、有林地的有机碳含量均呈现不同程度的增加（表 8.5）。通过遥感影像解译，结合实地调查，水稻田、疏林地、干流沉积区、弃耕地、支流沉积区、活跃崩岗区、有林地的面积分别为 0.13 km²、0.48 km²、0.17km²、0.06km²、0.14km²、0.30 km² 和 2.84 km²。可计算出，在水土保持耕作措施、植物措施及工程措施的综合作用下，流域表层土壤（0～0.2m）的增碳总量为 31.87 t，其中水稻田、疏林地、干流沉积区、弃耕地、支流沉积区、活跃崩岗区、有林地的增碳量分别为 3.64 t、4.32 t、0.51 t、0.48t、1.68t、4.20 t 和 17.04 t。此外，植物新增生物量是重要的碳汇库，其定量化计算尚需进一步的研究。

表 8.5　乌陂河流域不同地类 0～20 cm 土壤有机碳储量及增长速率

地类	土壤有机碳含量（g/kg）		0～20 cm 土壤有机碳储量（t/hm²）		土壤有机碳储量增长速率 [t/（hm²/a）]
	2015 年	2016 年	2015 年	2016 年	
水稻田	62.52	72.8	1.70	1.98	0.28
荒草地	12.52	9.06	0.34	0.25	−0.10
疏林地	12.98	16.24	0.35	0.44	0.09
干流沉积区	2.61	3.69	0.07	0.10	0.03
弃耕地	12.96	15.91	0.35	0.43	0.08
支流沉积区	4.39	8.92	0.12	0.24	0.12
活跃崩岗区	4.6	9.84	0.13	0.27	0.14
有林地	12.18	14.25	0.33	0.39	0.06
灌木林	22.44	20.5	0.61	0.56	−0.05
水库沉积	3.98	1.78	0.11	0.05	−0.06
裸土小区	7.55	9.14	0.21	0.25	0.04
桉树小区	5.82	6.13	0.16	0.17	0.01
松树小区	6.4	5.57	0.17	0.15	−0.02

综上分析可知，实施水土保持耕作措施、植物措施及工程措施可在一定程度

上增加土壤碳的含量，具有较好的增碳效果，同时，相关植物措施及工程措施也可通过减少水土流失进而达到一定的固碳效果（图 8.12）。由第 7 章 7.6 节的结论可知，随着植物覆盖度的增加及水土保持工程措施的实施，流域土壤侵蚀强度及有机碳流失量呈现下降趋势，其中 2015 年、2016 年的有机碳流失量分别为 404.01t、382.70t，小流域年土壤有机碳流失减少量为 21.31t。可见，流域水土保持措施具有较好的碳汇作用，流域水土保持措施的年固碳、增碳量分别为 4.01 t/km^2、5.99 t/km^2。

(a) 茶园　　　　　　　　　　　　　　(b) 梯田景观

图 8.12　广东省梅江流域水平种植的茶园（a）和具有 600 多年历史的坪山梯田景观（b）

8.4　红壤侵蚀区土壤碳调控的对策与建议

红壤侵蚀区土壤固碳调控是一个系统工程，也是一项复杂的、长期的、协同性的工作。在把握红壤侵蚀区的土壤碳空间分布特征、红壤侵蚀区碳流失的侵蚀机理、红壤有机碳的稳定性，以及红壤侵蚀区土壤有机碳的微生物学性状等机理机制的基础上，针对我国南方红壤侵蚀区土壤有机碳偏低的现状，提出了我国红壤区土壤碳调控对策和建议。

（1）红壤区的固碳调控应紧密结合流域水土流失综合治理工作。红壤区侵蚀面积大，且侵蚀强度大。本书研究结果表明，土壤侵蚀区表层土壤有机碳受淋溶作用影响强烈，向下迁移明显；底层土壤有机碳在较厚深度上持续受到表层有机碳的影响，土壤有机碳组分并非全部为稳定组分。因此，在红壤的固碳调控实践中，应重点把握表层的土壤有机碳含量变化。土壤有机碳的流失包含随径流流失和随泥沙流失两种途径，随泥沙流失的有机碳量约占总流失量的 95%。因此，可以认为，土壤流失是区域碳流失的最主要途径，水土流失治理也应作为流域固碳调控的首要手段。

（2）流域碳调控及水土保持应综合考虑植被恢复和工程措施。本书的研究表明，植被恢复措施对土壤水稳性团聚体的分布产生较大影响，植被恢复下的土壤水稳性大团聚体含量基本高于裸地土壤。因此，在红壤的固碳调控实践中应增加地表植被覆盖，从而提高土壤水稳性大团聚体的含量。但对次降水量大于 50 mm 的降雨事件，植被措施的减水、减沙效益有所下降。因此，鉴于南方红壤区暴雨次数多、暴雨强度大的特点，在实施坡面植被措施的同时，必须配套坡面及沟道工程措施。

（3）崩岗侵蚀与林下侵蚀是红壤区独特而普遍的水土流失类型，应针对这两种侵蚀类型研发相关的水土保持和固碳技术。针对活跃型崩岗，根据"上拦下堵中间保"的基本原则，把握"疏导消能、固沙防冲、分类治理、防治结合"的技术要点。具体的措施如下：在崩岗顶部开天沟进行拦排集雨径流；在总汇流口筑高坝谷坊并在单个谷坊内进行拦沙固土；在崩岗内进行植树种草；对于长且破碎的坡面，实行开水平带分段造林，营造层层的植物篱，既缩短坡长、消减径流，又增加植被覆盖，节节拦蓄泥沙。针对林下侵蚀劣地，则应侧重防治措施对林地群落生态功能的改善，提升林地水土流失防治综合效益，实现区域中、长期的水土保持和生态防护目标。分析林地土壤供肥特性和植物需肥规律，针对性地补充林地土壤相对缺乏的养分，全面提升土壤肥力。同时，探索并应用合适的土壤改良剂，构建林地土壤肥力提升、结构改善和水土保持的综合防治技术体系。

（4）开展土壤微生物在水蚀作用下有机碳稳定性中的角色研究。传统黑箱研究重点关注的是某一时间或时间段有机碳状态，具体过程中的动态机理还并不十分清楚。土壤微生物作为土壤碳周转的重要角色，其在水力侵蚀作用下的动态变化及其对有机碳稳定性的影响是打破传统黑箱研究的关键，也是串联土壤–大气碳周转的必要环节。尽管土壤微生物在全球土壤碳循环中的研究已相对较多，且取得了较大的研究进展，但水蚀过程中土壤碳循环的微生物作用机制相对匮乏。其中，土壤微生物在水蚀过程中自身的群落组成变化特征及其在水蚀影响下土壤碳动态过程中的作用的时空变化特征是今后研究的重要方向。因此，进一步阐明土壤微生物在水蚀作用下土壤碳动态过程中扮演的角色是明晰水蚀作用下有机碳稳定机理的关键。

（5）水力侵蚀是一个长期的、随机的自然事件，而土壤有机碳的稳定性受到包括气候、土壤、微生物等众多因素的影响，因此水力侵蚀对有机碳稳定性的影响的时间和空间均存在较大不确定性。从某个或某几个因素探讨这一过程中的相关作用机理，能够从一定程度上窥探出局部的信息，但不能从整体上把握全部的规律或机制。而从土壤生态系统角度探讨有机碳稳定性过程就是从更复杂、更接近现实的环境中考虑相关问题，从而有利于准确估算有机碳的去向，更加深入阐明相关作用机理。总之，水力侵蚀影响下的有机碳稳定性变化过程是土壤生态系统中的一个子过程，并不独立于土壤生态系统存在，从整个土壤生态系统角度探讨相关机理是必然的要求。

　　总之,红壤侵蚀区的水土保持措施既能防止水土流失,又具有较好的固碳效果。侵蚀区的固碳调控研究与实践是一个综合性的课题,需要多角度拓展、多学科渗透、多种措施综合。随着科学的发展、研究的不断深入、新技术的不断涌现,未来针对侵蚀区的固碳调控技术势必更为综合和全面。

参 考 文 献

蔡崇法, 丁树文, 史志华, 等. 2000. 应用 USLE 模型与地理信息系统 IDRISI 预测小流域土壤侵蚀量的研究. 水土保持学报, 14(2): 19-24.

陈威, 胡学玉, 张阳阳, 等. 2015. 水稻秸秆热解生物炭固碳潜力估算. 环境科学与技术, 38: 265-270.

江忠善, 王志强, 刘志. 1996. 黄土丘陵区小流域土壤侵蚀空间变化定量研究. 土壤侵蚀与水土保持学报, 2(1): 1-9.

姜志翔, 郑浩, 李锋民, 等. 2013. 生物炭技术缓解我国温室效应潜力初步评估. 环境科学, 34: 2486-2492.

黎华寿, 蔡庆. 2007. 水土保持工程植物运用图解. 北京: 化学工业出版社.

李飞跃, 王建飞. 2013. 中国粮食作物秸秆焚烧排碳量及转化生物炭固碳量的估算. 农业工程学报, 29: 1-7.

李卓瑞, 王定美, 周顺桂, 等. 2011. 一种湿法制备生物炭的装置 ZL201110458540.0.

刘宝元, 毕小刚, 符素华, 等. 2010. 北京土壤流失方程. 北京: 科学出版社.

潘根兴, 林振衡, 李恋卿, 等. 2011. 试论我国农业和农村有机废弃物生物质碳产业化. 中国农业科技导报, 13: 75-82.

彭少麟. 2003. 热带亚热带恢复生态学研究与实践. 北京: 科学出版社.

唐寅, 代数, 蒋光毅, 等. 2010. 重庆市坡耕地植被覆盖与管理因子 C 值计算与分析. 水土保持学报, 24(6): 53-59.

王义祥. 2011. 不同经营措施下果园土壤有机碳库特性及固碳潜力研究. 福州: 福建农林大学博士学位论文.

魏永霞, 冯鼎锐, 刘志凯, 等. 2017. 生物炭对黑土区坡耕地水土保持及大豆增产效应研究. 节水灌溉, 5: 37-41.

文曼. 2012. 黄土高原地区生物炭的土壤水动力学效应. 杨凌: 西北农林科技大学硕士学位论文.

吴秉礼, 石建忠, 谢忙义, 等. 2003. 甘肃水土流失区防护效益森林覆盖率研究. 生态学报, 23(6): 1125-1137.

吴昱, 赵雨森, 刘慧, 等. 2017. 秸秆生物炭对黑土区坡耕地生产能力影响分析与评价. 农业机械学报, 48: 247-256.

吴媛媛, 杨明义, 张风宝, 等. 2016. 添加生物炭对黄绵土耕层土壤可蚀性的影响. 土壤学报, 53: 81-92.

颜永毫, 郑纪勇, 张兴昌. 2013. 生物炭添加对黄土高原典型土壤田间持水量的影响. 水土保持学报, 27: 120-125.

余新晓, 张学霞, 李建牢, 等. 2006. 黄土地区小流域植被覆盖和降水对侵蚀产沙过程的影响.

生态学报, 26(1): 1-8.

俞巧钢, 叶静, 马军伟, 等. 2012. 山地果园套种绿肥对氮磷径流流失的影响. 水土保持学报, 26(2): 6-10.

张阿凤, 程琨, 潘根兴, 等. 2011. 秸秆生物黑炭农业应用的固碳减排计量方法学探讨. 农业环境科学学报, 30: 1811-1815.

张岩, 刘宝元, 史培军, 等. 2001. 黄土高原土壤侵蚀作物覆盖因子计算. 生态学报, 21(7): 1050-1056.

张岩, 袁建平, 刘宝元. 2002. 土壤侵蚀预报模型中的植被覆盖与管理因子研究进展. 应用生态学报, 13(8): 1033-1036.

张翼鹏. 2018. 多年连续施加生物炭的坡耕地水土保持与节水增产效应. 哈尔滨: 东北农业大学硕士学位论文.

Cinnirella S, Iovino F, Porto P, et al. 1998. Anti-erosive effectiveness of Eucalyptus coppices through the cover management factor estimate. Hydrological Processes, 12(4): 635-649.

de Fries R S, Field C B, Fung I, et al. 1999. Combining satellite data and biogeochemical models to estimate global effects of human-induced land cover change on carbon emissions and primary productivity. Global Biogeochemical Cycles, 13(3): 803-815.

Follett R F. 2001. Soil management concepts and carbon sequestration in cropland soils. Soil and Tillage Research, 61: 77-92.

Gabriels D, Ghekiere G, Schiettecatte W, et al. 2003. Assessment of USLE cover-management C-factors for 40 crop rotation systems on arable farms in the Kemmelbeek watershed, Belgium. Soiland Tillage Research, 74(1): 47-53.

Hseu Z Y, Jien S H, Chien W H, et al. 2014. Impacts of biochar on physical properties and erosion potential of a mudstone slopeland soil. The Scientific World Journal, 602197: 1-10.

Jien S H, Wang C S. 2013. Effects of biochar on soil properties and erosion potential in a highly weathered soil. Catena, 110: 225-233.

Jindo K, Sánchez-Monedero M A, Hernández T. 2012. Biochar influences the microbial community structure during manure composting with agricultural wastes. Science of the Total Environment, 416: 476-481.

Kefi M, Yoshino K, Setiawan Y. 2012. Assessment and mapping of soil erosion risk by water in Tunisia using time series MODIS data. Paddy and Water Environment, 10(1): 59-73.

Kefi M, Yoshino K, Setiawan Y, et al. 2011. Assessment of the effects of vegetation on soil erosion risk by water: a case of study of the Batta watershed in Tunisia. Environmental Earth Sciences, 64(3): 707-719.

Kinnell P I A. 2014. Modelling event soil losses using the $Q_R EI_{30}$ index within RUSLE2. Hydrological Processes, 28(5): 2761-2771.

Kuoppamaki K, Hagner M, Lehvavirta S, et al. 2016. Biochar amendment in the green roof substrate affects runoff quality and quantity. Ecological Engineering, 88: 1-9.

Li D, Duan Y, Zhang S. 2012. Soil moisture measurement and simulation: a review. Advances in Earth Science, 27: 424-434.

Liu X H, Han F P, Zhang X C. 2012. Effect of biochar on soil aggregates in the Loess Plateau: Results from incubation experiments. International Journal of Agriculture and Biology, 14: 975-979.

Mooney H, Roy J, Saugier B. 2001. Terrestrial Global Productivity: Past, Present and Future. San Diego: Academic Press.

Novak J, Sigua G, Watts D. 2015. Biochars impact on water infiltration and water quality through a compacted subsoil layer. Chemosphere, 142: 160-167.

ÖzhanS, BalcA N, ÖzyuvaciN, et al. 2005. Cover and management factors for the universal soil-loss equation for forest ecosystems in the Marmara region, Turkey. Forest Ecology and Management, 214(1-3): 118-123.

Schönbrodt S, Saumer P, Behrens T, et al. 2010. Assessing the USLE crop and management factor C for soil erosion modeling in a large mountainous watershed in Central China. Journal of Earth Science, 21(6): 835-845.

Sheng Y Q, Zhan Y, Zhu L Z. 2016. Reduced carbon sequestration potential of biochar in acidic soil,. Science of the Total Environment, 572: 129-137.

Wang Z Y, Wang G J, Li C Z, et al. 2005. A preliminary study on vegetation-erosion dynamics and its applications. Science in ChinaSeries D: Earth Sciences, 48(5): 689-700.

Williams J R. 1990. The erosion-productivity impact calculator(EPIC)model: a case history. Philosophical Transactions of the Royal Society B: Biological Sciences, 329(1255): 421-428.

Wischmeier W H. 1960. Cropping-management factor evaluations for a universal soil-loss equation. Soil Science Society of America Journal, 24(4): 322-326.

Wischmeier W H, Smith D D. 1978. Predicting Rainfall Erosion Losses-A Guide to Conservation Planning. Agricultural Handbook NO.537.Washington DC: USDA-ARS.

Worrall F, Burt T, Adamson J, et al. 2007. Predicting the future carbon budget of an upland peat catchment. Climatic Change, 85: 139-158.

Zhang A F, Cui L Q, Pan G X, et al. 2010. Effect of biochar amendment on yield and methane and nitrous oxide emissions from a rice paddy from Tai Lake plain, China. Agriculture Ecosystems and Environment, 139: 469-475.

Zhao WW, Fu B J, Qiu Y. 2013. An upscaling method for cover-management factor and its application in the Loess Plateau of China. International Journal of Environmental Research and Public Health, 10(10): 4752-4766.